# IoT
# システム
# EMC

編：電気

IoT 時代のシステム
調査専門委員会

Internet Of Things

## まえがき

インターネットは「いつでも，どこでも，誰とでも」つながるための，いわば「ヒト」のためのネットワークとして進展してきた．2000 年代当時，その目指す社会は「ユビキタスネットワーク社会」と呼ばれ（平成 16 年版情報通信白書，総務省），それからさらに 20 年経過した今，インターネットはパソコンや携帯端末だけでなく，各種センサ，電化製品，自動車，ドローン，産業用機械，医療機器など物理的な「モノ」を接続する IoT（Internet of Things：モノのインターネット）に進化し，「超スマート社会」，いわゆる Society 5.0，の実現を牽引することが期待されている（平成 29 年版情報通信白書）．IoT では，収集した大量のデータ（いわゆるビッグデータ）を分析し，人工知能（AI）によって最適な解を提示する，あるいは相互に機器を制御することが可能になる．その結果，IoT によって，サイバー空間と現実の世界との融合が進展し，人々によりよい暮らしをもたらすことが期待されている．平成 30 年版情報通信白書によれば，2020 年代には本格的な IoT 社会が到来し，約 350 億台の IoT 機器がネットワークに接続されることを予測している．実に全世界の人口を 80 億人とすれば，1 人当たり 4 台という膨大な数である．

IoT は人々の暮らしに大きな変革をもたらすイノベーションである一方で，多くの課題も指摘されている．多様な IoT サービスを創出するためには，膨大な数の IoT 機器を迅速かつ効率的に接続する技術や，異なる通信規格の IoT 機器や複数のサービスをまとめて効率的かつ安全にネットワークに接続する技術等の共通基盤（プラットフォーム）技術が必要である．収集されたデータが IoT プラットフォーム上で流通するためにはデータ主権（データ所有者がデータの保存場所と使用状況を完全に制御し，管理する権利）に関する議論や，これを担保するための仕組み作りも必要である．したがって，IoT プラットフォームを社会実装するには国際標準やデファクトの獲得は欠かせない．

IoT プラットフォームに接続する機器やシステムが増えるということは，おのずとサイバー攻撃の標的になる危険が高まる．また，多数の機器への電力供給方法が複雑化し，環境発電やワイヤレス給電などの，よりユーザビリティの高い電力供給技術も使われるようになる．したがって，IoT 時代では EMC（電磁両立性）技術を取り巻く状況も大きく変わる．想定を超える多数の IoT 機器が，スマートグリッドに見られる多様な電力機器と隣接するようになれば，電磁環境の保全はこれまでに

も増して重要かつ困難な課題となる．社会の安全・安心を維持し続けるためには，EMC 技術の発展も欠かせない．

　こうした問題意識のもと，IoT 時代の各種システムのありようを EMC の観点で調査することを目的として，電気学会電磁環境技術委員会に「IoT 時代のシステムと EMC 調査専門委員会」（AEMC1049）が 2018 年 4 月に設置された．2020 年 1 月までは 2 ヶ月に 1 回のペースで委員会を開催していたものの，それ以降はコロナ禍により思うように調査が進まなかったが，2021 年 8 月に開催した第 16 回の委員会をもって調査活動を終了し，本報告書をとりまとめた．

　この 3 年半の間に，920 MHz 帯の特定小電力無線局や MHz 帯の電力線通信の規制緩和が進展し，ミリ波（28 GHz 帯）を含む 5G 携帯電話の商用サービスも開始された．GAFAM（Google, Amazon, Facebook, Apple, Microsoft）に対抗すべく様々な IoT プラットフォームが実装され始めており，それらが提供するデジタルツインや CPS（Cyber Physical System），ひいては DX（Digital Transformation）が，製造現場にとどまらず，様々な分野の自律運転や自律制御，スマートシティなどに，急速に進展されようとしていることを本書では述べている．また，IoT 時代に対応する電波シールドや吸収体，ノイズ抑制シート，EMI フィルタ，フェライト，プリント配線板設計やその EMC モデリングとビッグデータ分析といった EMC 技術の最新動向を収録している．

　本書では取り上げていないが，IoT を利活用する新しい EMC 技術分野の創生（イノベーション）を筆者は期待している．例えば，IoT によって稠密な電磁環境のモニタリングが可能となる．また従来は電磁妨害を与える機器と受ける機器とが通信できなかったが，今後は相互に通信できるようになる可能性が高くなるし，通信できないとしても AI 等を駆使した分析や予測によって，システム全体で電磁環境を保全できるようになることが期待できる．従来の EMC 技術は単に電気電子情報機器単体で，かつ出荷時の性能を担保するに留まっていたが，IoT を利活用すれば自身の経年劣化や故障に伴う妨害発生を抑えたり，システム全体で協調しながら電磁環境を保全したりするための技術に進化すると考えている．本書がこうしたイノベーションの一助になれば幸いである．

　最後に，本書を著す機会を与えていただいた電気学会電磁環境技術委員会と，お世話いただいた出版委員会の方々に感謝する．

2023 年 12 月

電気学会　IoT 時代のシステムと EMC 調査専門委員会

委員長　都築 伸二

# 目 次

（ ）は執筆者名

まえがき（都築 伸二） iii

## 第1章 IoT 時代では EMC 技術を取り巻く状況も大きく変わる（都築 伸二） 1

1.1 はじめに 1

1.2 IoT と CPS 2

1.3 国内外の情勢 4

1.4 IoT プラットフォーム 6

1.5 IoT を支える要素技術 7

参考文献 8

## 第2章 各国の IoT 推進体制や動向 9

2.1 第4次産業革命（都築 伸二） 9

2.2 米国（NIST, IIC）（都築 伸二） 10

2.3 ドイツ（Industrie 4.0）（都築 伸二） 14

2.4 欧州（FIWARE/IDS/GAIA-X）（都築 伸二） 17

2.5 国内の製造現場における無線通信の活用の現状と課題（板谷 聡子） 20

2.6 IEC SyC Smart Energy の活動状況（徳田 正満） 27

参考文献 40

## 第3章 IoT システムの構成技術 43

3.1 LPWA-LoRa 無線通信技術（都築 伸二） 43

3.2 NB-PLC 通信技術とその応用（下口 剛史） 51

3.3 高速 PLC 通信技術とその利用拡大を目指
した法制度（電波法施行規則）の動向（脇坂 俊幸） 64

3.4 5G およびローカル 5G 通信技術の実際（前田 昌也） 71

3.5 環境磁界発電技術（田代 晋久） 81

3.6 ワイヤレス給電技術と交通システム応用（松木 英敏） 86

3.7 ドローン駐機時ワイヤレス充電技術（尾林 秀一） 94

3.8 マイクロ波 WPT の制度化と取り組み（藤本 卓也） 101

3.9 kW クラスの磁界結合型電力伝送技術（尾林 秀一） 112

3.10 無人航空機（ドローン）の商用周波電界および

| | | |
|---|---|---|
| | 磁界イミュニティ評価法の検討（椎名 健雄） | 117 |
| 3.11 | IoT 機器のサプライチェーンにおけるセキュリティリスク（林 優一） | 130 |
| | 参考文献 | 141 |

**第 4 章　IoT の導入事例と EMC 問題　149**

| | | |
|---|---|---|
| 4.1 | 東芝の IoT プラットフォーム（尾林 秀一） | 149 |
| 4.2 | 日立製作所の IoT プラットフォーム（松島 清人） | 151 |
| 4.3 | 東京電力の IoT プラットフォーム（石毛 浩和） | 155 |
| 4.4 | IBM の IoT プラットフォーム（櫻井 秋久） | 161 |
| 4.5 | 東京電力のドローンに関わる取り組み（石毛 浩和） | 164 |
| 4.6 | V2H のエミッション試験法と V2G・スマートシティの<br>EMC 課題（森 晃） | 172 |
| 4.7 | IoT 技術を活用した鉄道保全技術（松島 清人） | 182 |
| 4.8 | ペースメーカ等医療機器と EMC（日景 隆） | 192 |
| 4.9 | 無線 IoT システムを用いた防災・減災，<br>防疫への取り組み事例（都築 伸二） | 199 |
| 4.10 | LPWA を用いた斜面変状監視システムの概要（安原 英明） | 204 |
| 4.11 | オープンデータを利活用したスマートシティの推進（都築 伸二） | 212 |
| 4.12 | スマートシティにおける人材育成の課題（米谷 雄介） | 216 |
| 4.13 | STNet における IoT・AI 取り組み事例（野口 英司） | 225 |
| | 参考文献 | 233 |

**第 5 章　IoT 時代における EMC 技術　239**

| | | |
|---|---|---|
| 5.1 | 電磁波の吸収と遮蔽ならびに最新の研究紹介（栗原 弘） | 239 |
| 5.2 | 新しいシールド材料の技術（松崎 徹） | 253 |
| 5.3 | ケーブルのシールド技術（松崎 徹） | 255 |
| 5.4 | 電子機器のノイズ対策（坪内 敏郎） | 257 |
| 5.5 | ノイズ抑制シートと EMI フィルタ（原田 公樹） | 264 |
| 5.6 | フェライトの技術紹介と対策事例（松崎 徹） | 273 |
| 5.7 | パターンレイアウトの電気特性に着目したプリント配線板の<br>EMC 設計（原田 高志） | 283 |
| 5.8 | プリント配線板の EMC モデリングとビッグデータ分析（池田 浩昭） | 290 |
| 5.9 | 電気自動車の EMC 規格（塚原 仁） | 300 |
| 5.10 | 先進運転支援システム（ADAS）のイミュニティ試験（森 晃） | 309 |
| | 参考文献 | 312 |

電気学会

IoT 時代のシステムと EMC 調査専門委員会　委員一覧

| | | |
|---|---|---|
| 委員長 | 都築 伸二 | （愛媛大学） |
| 幹事 | 渡邊 陽介 | （三菱電機） |
| | 奥村 浩幸 | （パナソニック） |
| 委員 | 石毛 浩和 | （東京電力ホールディングス） |
| （五十音順） | 大前 彩 | （日立製作所）　2019 年 9 月まで |
| | 小田 康雄 | （NTT ファシリティーズ）　2021 年 6 月まで |
| | 尾林 秀一 | （東芝）2020 年 10 月から |
| | 川崎 邦弘 | （鉄道総合技術研究所） |
| | 坂根 広史 | （産業技術総合研究所）　2019 年 8 月から |
| | 櫻井 秋久 | （IBM；現在はシステムデザイン研究所） |
| | 佐藤 豊 | （産業技術総合研究所）　2019 年 8 月まで |
| | 椎名 健雄 | （電力中央研究所）　2019 年 4 月から |
| | 下口 剛史 | （住友電気工業） |
| | 白方 雅人 | （東北大学）　2018 年 7 月まで |
| | 鈴木 正俊 | （東芝）　2020 年 10 月まで |
| | 高草木 恵二 | （PLC-J）　2020 年 9 月まで |
| | 多氣 昌生 | （首都大学東京） |
| | 田代 晋久 | （信州大学） |
| | 塚原 仁 | （日産自動車；現在は日本品質保証機構） |
| | 徳田 正満 | （東京大学） |
| | 林 優一 | （奈良先端科学技術大学院大学） |
| | 原田 公樹 | （トーキン） |
| | 原田 高志 | （トーキン EMC エンジニアリング） |
| | 舟木 剛 | （大阪大学） |
| | 松木 英敏 | （東北大学）　2018 年 7 月から |
| | 松島 清人 | （日立製作所）　2019 年 9 月から |
| | 宮崎 千春 | （三菱電機）　2020 年 8 月まで |
| | 森 晃 | （トヨタ自動車） |
| | 山崎 健一 | （電力中央研究所）　2019 年 4 月まで |
| | 山下 洋治 | （電気安全環境研究所） |
| | 脇坂 俊幸 | （PLC-J）　2020 年 9 月から |

## 執筆者一覧（五十音順）

| | |
|---|---|
| 池田　浩昭（日本航空電子工業） | 第5章 |
| 石毛　浩和（東京電力） | 第4章 |
| 板谷　聡子（NICT） | 第2章 |
| 尾林　秀一（東芝） | 第3，4章 |
| 栗原　弘　（TDK） | 第5章 |
| 米谷　雄介（香川大学） | 第4章 |
| 櫻井　秋久（システムデザイン研究所） | 第4章 |
| 椎名　健雄（電力中央研究所） | 第3章 |
| 下口　剛史（住友電工） | 第3章 |
| 田代　晋久（信州大学） | 第3章 |
| 塚原　仁　（日本品質保証機構） | 第5章 |
| 都築　伸二（愛媛大学） | 第1，2，3，4章 |
| 坪内　敏郎（村田製作所） | 第5章 |
| 徳田　正満（東京大学） | 第2章 |
| 野口　英司（STNet） | 第4章 |
| 林　優一　（奈良先端科学技術大学院大学） | 第3章 |
| 原田　公樹（トーキン） | 第5章 |
| 原田　高志（トーキンEMCエンジニアリング） | 第5章 |
| 日景　隆　（北海道大学） | 第4章 |
| 藤本　卓也（オムロン） | 第3章 |
| 前田　昌也（Rakuten Symphony） | 第3章 |
| 松木　英敏（東北大学） | 第3章 |
| 松崎　徹　（北川工業） | 第5章 |
| 松島　清人（日立） | 第4章 |
| 森　晃　（トヨタ自動車） | 第4，5章 |
| 安原　英明（愛媛大学；現在は京都大学） | 第4章 |
| 脇坂　俊幸（PLC-J） | 第3章 |

# IoT時代ではEMC技術を取り巻く状況も大きく変わる

## 1.1 はじめに

パソコンやスマートフォンなど従来のインターネット接続端末に加え，家電や自動車，ビルや工場など，世界中の様々なモノがインターネットへつながるIoT（Internet of Things）時代が到来している．令和3年版情報通信白書（総務省）によれば，図1.1のとおり2020年には約250億台のIoTデバイスがネットワークに接続されている[1]．2019年の世界の人口は77億人であるから，その3倍のデバイスがネットワークに接続されていることになる．スマートフォンや通信機器などの「通信」の全体に対する比率は35％（＝89.3/253）であることから，「ヒト」をつなぐためのInternetは，もはやデバイスもつなぐIoT基盤（プラットフォーム）へと進展しているとも言える．

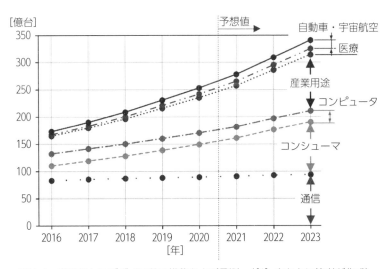

**図1.1** 世界のIoTデバイス数の推移および予測．（[1]をもとに筆者が作成）

図 1.1 によれば，「通信」市場はすでに飽和状態であり，他のカテゴリと比べて相対的に低成長であることが見込まれている．高成長が予測されているのは，デジタルヘルスケアの市場が拡大している「医療」，スマート工場やスマートシティが拡大する「産業用途（工場，インフラ，物流）」，スマート家電や IoT 化された電子機器が増加する「コンシューマ」，コネクテッドカーの普及による IoT 化の進展が見込まれる「自動車・宇宙航空」である[1]．

想定を超える多数の有線/無線の IoT デバイスが，スマートグリッドに見られる多様な電力機器と隣接するようになれば，電磁環境の保全はこれまでにも増して重要かつ困難な課題となる．IoT プラットフォーム上で実現する安全に係る制御装置（例えば自動運転車両のフィードバック回路）が誤動作したら生命に関わる事態になりうる．したがって，IoT 社会の安全・安心を維持し続けるためには，EMC（電磁両立性）技術の発展も欠かせない．

## 1.2 IoT と CPS

IoT（モノのインターネット）は言葉のとおり，各種センサ，電化製品，自動車，ドローン，産業用機械など様々な「モノ」を Internet などのネットワークに接続して大量のデータを集め，クラウド上でビッグデータ・AI（人工知能）処理された結果をフィードバックする，つまりサイバー空間と現実の世界とを相互につなぐための技術である．従来のセンサネットワークや M2M（Machine to Machine）では，所定のサービスを行うためにデータを収集してきた．つまり図 1.2 左図のように，従来はデータを閉じた縦串世界で使っていたが，IoT 時代になるとサイバー空間で相互に接続された横串状態になり，データが流通することによって，今までできなかった付加価値サービスを生み出せるようになる．このサービスのことは「コト」

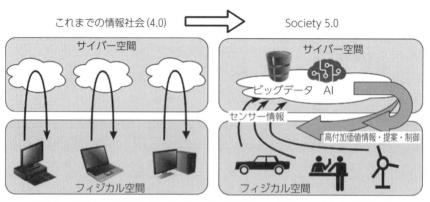

図 1.2 CPS により実現する Society 5.0 の仕組み．（[5] をもとに筆者が作成）

とか「モノゴト」と呼ばれ[2][3]，これを享受するのは「ヒト」であるため，広義のIoTは「モノ」「コト」「ヒト」を連携するためのネットワーク基盤（プラットフォーム）と考えてもよい[4]．

この広義のIoTの概念はCPS（Cyber Physical System）と呼ばれている．図1.2右図は，内閣府が主導するSociety 5.0の仕組みをCPSの考え方を用いて示している．これまでの情報社会（Society 4.0）では，サイバー空間に存在するクラウドサービス（データベース）にインターネットを経由して人がアクセスして，情報やデータを入手し，分析し，価値を生んできた．Society 5.0では，フィジカル空間のセンサからの膨大な情報がサイバー空間に集積される．集積されたビッグデータをAIが解析し，その結果がフィジカル空間の「ヒト」や「モノ」に様々な形でフィードバックされることで，これまでにはできなかった新たな価値が産業や社会にもたらされることになる[5]．

CPSは，もともとドイツや米国の研究所で検討されていた．図1.3は，ドイツのacatech（National Academy of Science and Engineering）によるCPSプラットフォームの概念図である．製造業を中心とした産業の高度化を行うというドイツ政府が提唱するIndustrie 4.0の実現のために，CPSをものづくりの現場に応用することを推奨している．「モノ」のIoT（Internet of Things）と「コト」のIoS（Internet

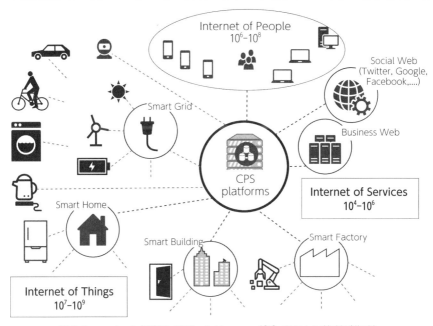

図1.3　acatech提案のCPS platforms．（[6]をもとに筆者が作成）

of Services）に加えて「ヒト」のIoP（Internet of People）の三つのドメインが相互に連携するプラットフォームである[6]．

米国のNIST（National Institute of Standards and Technology）が定義するCPSのコンセプトモデルを図1.4に示す．System-of-systems（SoS；ここではCPSプラットフォーム）上で，デバイスとシステム，あるいはシステムどうしが相互に作用する（Interactions）様を示している．図1.2と同じく，フィジカル空間の状態情報（つまり「モノ」の情報）がサイバー空間に送られ，（AI等で解析し）決定し，その結果がフィジカル空間にフィードバックされる．「ヒト」もCPSのフィードバックループに関与し，相互に関わる（Interactions）ことも描かれている．「コト」はこのモデルでは表現できていないが，図1.4のコンセプトを反映した後述のIIRA（Industrial Internet Reference Architecture）ではOperations，Application，Businessといった機能で表現されている（図2.2参照）．

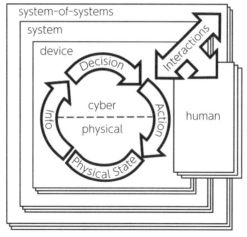

図1.4　NISTが定義するCPSのコンセプトモデル．（[7]からの転載）

## 1.3　国内外の情勢

上記のとおり，CPSをものづくりの現場に応用しようとしているのがドイツのIndustrie 4.0である．物理的な機械やセンサデバイス，あるいは非物質的なドキュメント（例：生産計画）などを，Industrie 4.0のサイバー空間とつなぐために「Administration Shell（管理シェル）」と呼ぶ標準化インターフェースを導入することによって，「機器の稼働情報や設置場所の温度，湿度といった情報などをビッグデータとして集め，パフォーマンスの低下などをAIによって検出し，より的確

に機器の保全を行う」といった実装を行う（2.3節参照）．

アメリカは，AT&T, Cisco, GE, IBM, IntelのIT企業5社が設立したIIC（Industrial Internet Consortium）がIoTを推進しており，製造業だけを対象としているのではなく，ヘルスケアや運輸，エネルギー，インフラ，資源開発など幅広い産業を対象としている．上記IIRAはこのIICが策定する参照アーキテクチャである（2.1節参照）．

日本の活動としては，国立研究開発法人情報通信研究機構（NICT）主導の，Flexible Factory Projectに本書では注目した．国内の製造現場における無線通信の課題を調査した結果，「様々なアプリケーションが免許不要周波数帯の無線規格を用いて独立に運用され，無線区間での干渉問題が生じるために，それらアプリケーションが必要とする通信品質が満足されず正常に動作しない」という問題が起こり始めていることを指摘している．対策としては，「多種多様なシステムの協調と共存」という新しい概念を取り入れたSRF（Smart Resource Flow）無線プラットフォームを提案している（2.5節参照）．

内閣府は，Society 5.0（超スマート社会）を実現するために，産学官・関係府省連携の下で，IoTを有効活用した共通のプラットフォーム（超スマート社会サービスプラットフォーム）の構築を推進している．

図1.5は，システム間の相互接続性やシステムの拡張性を確保するために設計さ

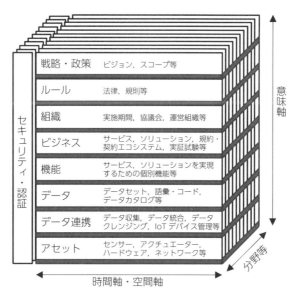

図1.5　Society 5.0リファレンスアーキテクチャ．（[8]からの転載）

れた Society 5.0 リファレンスアーキテクチャである．機能，データ，アセット等を層に分け，各層の構成要素とそれらの関係性を可視化し，システム全体を俯瞰するための設計図であり，関係者間で共通理解を図る際に用いられる[8]．策定にあたり参照された Reference Architecture Model Industrie 4.0（RAMI4.0）を後述の図2.4 に，またスマートシティのアーキテクチャに適用された例を図4.61 に示す．

Society 5.0 で創出される新しい価値として，効率的かつ効果的なインフラ維持管理・更新，自然災害に対する強靭な社会，高度道路交通システム，地域包括ケアシステムなどが挙げられている．したがって，これらを支える人命に関わるプラットフォームにおける EMC 問題は，十分に調査検討する必要がある．

IoT に直接関連する EMC 規格の標準化活動は今のところ行われていないようである．しかし，膨大な数の IoT 機器を迅速かつ効率的にネットワーク接続するようになるため，要求される電磁環境の質が従来とは異なってくる可能性がある．また，スマートメーターのように，元々は遠隔検針用途であったが，検針データを二次利用して見守りサービスも行うといったように，既設の装置が IoT 化される傾向にあるため，2.6 節に述べるスマートグリッド関連の EMC 問題も注視する必要がある．

## 1.4 IoT プラットフォーム

多様な IoT サービスの創出には，異なる通信規格の IoT 機器や複数のサービスをまとめて（SoS），効率的かつ安全にネットワークに接続する共通基盤（プラットフォーム）技術が必要である．また，プラットフォームを社会実装するには国際標準の獲得は欠かせない．そのプラットフォームに接続する機器やシステムが増えるということは，おのずとサイバー攻撃の標的になる危険も配慮しなければならない．

Society 5.0 を早期に実現するために策定した「統合イノベーション戦略 2019」（内閣府）では，アーキテクチャの設計やプラットフォームの実装の場としてスマートシティを定めている．Society 5.0 のフィジカル空間で行うセンシングや信号処理等の技術は日本の強みを発揮できる部分であり期待されている．一方，サイバー部分では，GAFAM（Google，Amazon，Facebook，Apple，Microsoft）や中国企業群にデータやプラットフォームを独占されることが危惧されている．スマートシティを支える都市データや都市 OS（Operating System）は，限られた者に独占されることなく，セキュリティの確保や個人情報の適切な扱いを前提とした上で，地域住民や新規ビジネス等に対し広く開かれたものである必要がある（4.11 節参照）[9]．

同様の危機感を有する EU では，欧州委員会の官民プログラムで「FIWARE」と呼ばれるプラットフォームをいち早く開発し運用していること，データ主権（デー

タ所有者がデータの保存場所と使用状況を完全に制御し，管理する権利）を担保するための「GAIA-X」プロジェクトが始まっていることなどを2.4節で紹介する．

本調査専門委員会委員が所属する会社が提供するIoTプラットフォームの概要は4.1〜4.4節で解説する．各社が得意とする分野や特徴が加味された事例紹介となっている．

## 1.5 IoTを支える要素技術

IoTを支える通信技術として，5G携帯無線技術が注目されている．IoT向けのLPWA（Low-Power Wide-Area）サービスであればNB-IoTやLTE-Mがある（3.4節参照）．一方，携帯回線ではなくLPWAに特化した無線としては，920 MHzを用いる特定小電力無線局の一種であるLoRa無線が3.1，4.9および4.10節で紹介されている．有線通信としては，スマートメーターなどで用いられているkHz帯を使用するNarrow Band（NB）PLC（電力線通信）や，MHz帯を使用する高速PLCの規制緩和が進展していることについては3.2および3.3節で述べられている．

発電/給電技術としては，3.5節に環境磁界発電，3.6〜3.9節にワイヤレス給電技術を取り上げている．後者については各種交通システムやドローンへの応用が紹介されており，3.10節ではドローンの電磁界イミュニティ評価技術についても考察されている．電磁波を通じた情報漏えいの脅威については3.11節で解説されている．

多様な電源のもう一つの例として，電気自動車に蓄電した電気を，家庭の電気として使用するV2H（Vehicle to Home）や，電力網（Grid）に送るV2Gを取り上げ，これらに関わるEMC技術や課題が4.6節で述べられている．

鉄道保全のためにIoT技術を活用した事例や，ペースメーカ等医療機器とEMC問題についても4.7節と4.8節にそれぞれ採録している．多数の無線IoT機器が想定を超える密度で隣接する状況を本書では危惧しており，この課題に近いのが，ペースメーカ等医療機器と携帯電話などの無線機との離隔距離問題である．想定される状況を多数試験しても十分とは言えず，IoTで危険予知的なサービスを実現する必要性が委員会でも議論された．

高密度で設置されるIoTデバイスを，多様な電力機器や電源から隔離するために必要な技術がシールドや吸収体であり，動向の調査結果が5.1〜5.3節に述べられている．5.4節以降には，ノイズ抑制シート，EMIフィルタ，フェライト，プリント配線板設計やそのEMCモデリング・ビッグデータ分析，電気自動車，先進運転支援システム（ADAS）といったIoT時代に対応するEMC技術の最新動向を収録している．

## 参考文献

[1] IoT デバイスの急速な普及，令和 3 年情報通信白書，第 1 部，総務省．

[2] ICT の進化と「コトづくり」の広がり，平成 25 年版情報通信白書，第 1 部，第 1 節，3(1)，総務省．

[3] 中小企業診断協会，平成 28 年度調査・研究事業 スマート IoT ビジネスにおける中小企業支援マニュアル 報告書，https://www.j-smeca.jp/attach/kenkyu/honbu/h28/smart-iot.pdf，参照 Sep. 11, 2021.

[4] 小笠原治，IoT で進化する「ものづくり」で勝つための戦略〜「良いスパイラル」を組む IoT 本来の姿〜，JECCNEWS，第 543 号，2015. 12. 1, https://www.jecc.com/news/upload_files/201512p2-3.pdf，参照 Sep. 11, 2021.

[5] Society 5.0「科学技術イノベーションが拓く新たな社会」説明資料，内閣府，https://www8.cao.go.jp/cstp/society5_0/，参照 Sep. 12, 2021.

[6] Securing the future of German manufacturing industry, Recommendations for implementing the strategic initiative INDUSTRIE 4.0, Final report of the Industrie 4.0 Working Group, acatech, Figure 4, April 2013.

[7] Cyber Physical Systems Public Working Group, Framework for Cyber-Physical Systems, Release 1.0, NIST, Figure 1, May 2016.

[8] 戦略的イノベーション創造プログラム（SIP）第 2 期，「ビッグデータ・AI を活用したサイバー空間基盤技術におけるアーキテクチャ構築及び実証研究」に係る公募要領，NEDO，2019 年 5 月，https://www.nedo.go.jp/content/100892465.pdf，参照 Sep. 13, 2021.

[9] 統合イノベーション戦略 2019，閣議決定，内閣府，令和元年 6 月 21 日．

# 各国のIoT推進体制や動向

## 2.1 第4次産業革命

2016年1月にスイス・ダボスで開催された第46回世界経済フォーラム（World Economic Forum；WEF）の年次総会（通称「ダボス会議」）の主要テーマとして「第4次産業革命の理解（Mastering the Fourth Industrial Revolution）」が取り上げられた[1]．WEFでは，これまでの産業革命と第4次産業革命を表2.1のように定義している．まず，第1次産業革命では，家畜に頼っていた労力を蒸気機関など機械で実現した．第2次産業革命では，内燃機関や電力で大量生産が可能となった．第3次産業革命では，電子工学の進展により，IT・コンピュータ・産業用ロボットによる生産の自動化（オートメーション化）・効率化が進展した．第4次産業革命は，現在進行中であり，その一つがサイバー空間と物理的な世界と人間が融合する環境（CPS；Cyber-Physical System）とされている．

産業革命の覇権をとった国は，第1次がイギリス，第2次はアメリカ，第3次の前半は日本であった．では第4次産業革命は誰が先導するのか，注目される．

この「第4次産業革命」という言葉が一般的に認識し始められた由来は，ドイツで2010年に開催されたハノーバー・メッセ2011で初めて公に提唱されたIndustrie 4.0であると言われており，国家レベルの構想がいち早く打ち出された．以降，各国で，第4次産業革命を意識した国家戦略や関連の取り組みが進められている．日本では「Society 5.0」，タイでは「タイランド4.0」，イギリスでは「High Value Manufacturing（HVM）」，フランスでは「Industrie du Futur（産業の未来）」，中国では「中国製造2025」，韓国では「Manufacturing Innovation 3.0」と各国で様々な名称がつけられている．

以降の節では米国，ドイツ，そしてEUの取り組みを紹介する．また，EMC問題の観点からNICTのFlexible Factory Project（FFPJ），およびIECのSyC Smart Energy（スマートエネルギーシステム委員会）の活動状況を紹介する．

表2.1　各産業革命の特徴.（[1] からの転載）

| 産業革命 | 特徴 |
|---|---|
| 第1次 | 18 世紀後半. 蒸気・石炭を動力源とする軽工業中心の経済発展および社会構造の変革. イギリスで蒸気機関が発明され, 工場制機械工業の幕開けとなった. |
| 第2次 | 19 世紀後半. 電気・石油を新たな動力源とする重工業中心の経済発展および社会構造の変革. エジソンが電球などを発明したことや物流網の発展などが相まって, 大量生産, 大量輸送, 大量消費の時代が到来. フォードの T 型自動車は, 第2次産業革命を代表する製品の1つと言われる. |
| 第3次 | 20 世紀後半. コンピュータなどの電子技術やロボット技術を活用したマイクロエレクトロニクス革命により, 自動化が促進された. 日本メーカのエレクトロニクス製品や自動車産業の発展などが象徴的である. |
| 第4次 | 2010 年代以降. デジタル技術の進歩と, IoT の発展により, 限界費用（注1）や取引費用（注2）の低減が進み, 新たな経済発展や社会構造の変革を誘発するとされる. |

(注1) デジタルデータは, 複製や伝達が容易であり, これらを行うための追加的な費用（限界費用）がかからないため
(注2) 取引費用とは, 相手を探す費用, 交渉する費用, 取決めを執行する費用. つまり, 経済活動に必要な複数の主体の間のやりとりのコスト.

## 2.2　米国（NIST, IIC）

　米国では, 2013 年に始まった Smart America Challenge を皮切りに, CPS の社会実装に向けた取り組みが進められてきた. 2014 年 3 月に, AT&T, Cisco, GE, IBM, Intel が米国国立標準技術研究所（NIST）の協力を得て, 産業用（Industrial）IoT（IIoT）の推進を目指すコンソーシアム Industrial Internet Consortium（IIC）を立ち上げるなど, 業界を挙げた取り組みを加速させている[1].

　この IIC（Web page での呼称は The Industry IoT Consortium）は, 非営利のコンピュータ技術標準の推進団体 Object Management Group（OMG）の下部組織であり, オープンなメンバーシップにより運営されている. 2022 年現在, およそ 120 の企業・団体・大学が名を連ねている[2]. 製造, ヘルスケア, エネルギー, 輸送, 小売, 行政（スマートシティ）など, 幅広い産業分野での IoT の実現を推進している.

　特に重視されている活動が, テストベッドである. IoT ソリューションモデルを構築したベンダが主導で, エコシステム構築のため, 協力企業や顧客を IIC 参加企業内で募り, その協力企業とともに, テストプロジェクトや実顧客への実装プロジェクトを進め, 実用性を検証している. 現在 26 のテストベッドが公表されている[3]. そのうち日本のメーカが参画しているものを表2.2 に示す[4].

表2.2 中の，Factory Automation Platform as a Service は，製造現場（FA）と情報システム（IT）をシームレスに統合するオープンな FA-IT 連携プラットフォームの検証プロジェクトである．三菱電機は独自の FA 統合ソリューション「e-F@ctory（イーファクトリー）」の IoT 対応を強化すべく，製造現場のデータを現場で分析・一次処理するための FA エッジデバイス・アプリケーションの開発と，シーケンサ・駆動装置等の FA 関連製品を担当した．また日立とインテルはクラウドと IoT ゲートウェイ等の IT 関連製品を担当した[5]．

表中の Factory Operations Visibility & Intelligence（FOVI）は，「工場の見える化」をテーマとした IoT のソリューションモデルであり，IIC において日本初のテストベッドとして承認された[6]．

表2.2　日本企業が参画している IIC のテストベッド

| Testbed 名 | 対象産業分野 | スポンサー／Resources, Supporting | 進捗状況 |
|---|---|---|---|
| Deep Learning Facility（ディープラーニングの設備利用） | 建築・設備エネルギー関連事業・ユーティリティ事業 | 東芝／DELL EMC | 検証中 |
| Factory Automation Platform as a Service（工場自動化プラットフォームサービス） | 製造 | 三菱電機／日立，インテル | 完了 |
| Factory Operations Visibility & Intelligence（工場オペレーションの見える化とインテリジェンス） | 製造 | 富士通，Cisco[(注1)] | 完了 |
| Negotiation Automation Platform（交渉自動化プラットフォーム） | 製造，輸送・物流 | NEC/Fraunhofer IOSB, Kabuku, Korea Electronics Technology Institute | 検証中 |
| Precision Crop Management（精密な農作物管理） | 農業 | サカタのタネ | 完了 |
| Retail Video Analytics（小売ビデオ分析） | 小売 | Microsoft, NEC | 完了 |
| Smart Printing Factory（スマート印刷工場） | 製造 | Real-Time Innovations, 東芝，Microsoft ／富士フイルム，IBM，富士通 | 完了 |

（注1）https://www.iiconsortium.org/pdf/Insight-FOVI-2018-06-21.pdf から引用

幅広い産業分野で使われる多様な IoT システム間での相互運用を可能にするためには，アーキテクチャを共通にしておく必要がある．IIC では，図 2.1 に示す NIST が定義する CPS の機能アーキテクチャを用いている．サイバーフィジカル・ドメインと Internet ドメインとの 2 つに分けられている[7]．サイバーフィジカル・ドメインでは，センサデータに基づいて所望の制御を行い，アクチュエータによる何らかの応答が実世界に戻り，さらにその結果をセンサで観測する，といった一連のループ制御の様子が示されている．Internet ドメインでは，自分のサイバーフィジカル・ドメインや他のシステムから収集したデータを情報に変換し，その情報を分析して，システムの目的（Business）や用途（Application）に応じて，必要な action を現実世界に戻す機能を表現している．

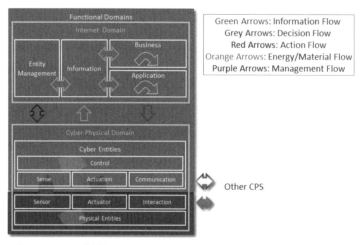

図 2.1　NIST が定義する CPS の機能アーキテクチャ．（[7] からの転載）

IIC の参照アーキテクチャ IIRA（Industrial Internet Reference Architecture）を図 2.2 に示す．IIRA は，主に ISO/IEC/IEEE 42010 規格に基づいて，IIoT システムの開発・運用方法をモデル化している．図 2.1 の機能ドメインに加えて，接続性や分散データ管理といったシステム内やシステム間で横断的に働く（Crosscutting）機能を定義している．さらに，この図の例であればシステム特性として，Safety，Security といった信頼性（Trustworthiness）に特徴がある（契約行為に例えれば Service Level Agreement，SLA，と等価）ことを 3 次元で表現している[8]．

図 2.3 は，IIoT システムでよく用いられる 3 層（tier）アーキテクチャを示す．エッジ層，プラットフォーム層およびエンタープライズ層の 3 層であり，その間を Proximity（近接），Access および Service の 3 種類のネットワークで接続している．

# 米国（NIST, IIC）

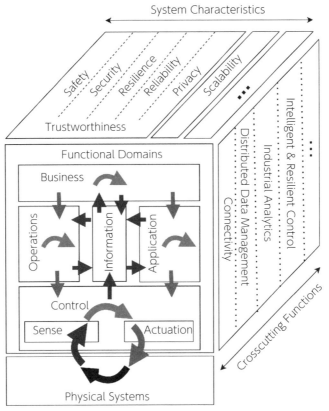

図2.2 IIRAの機能ドメイン，クロスカット機能およびシステム特性の関係．（[8]をもとに筆者が作成）

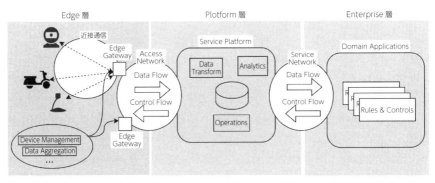

図2.3 IIRAの3層IIoTシステムアーキテクチャ．（[8]をもとに筆者が作成）

紙面の都合上省略するが，文献[8]には，この3層アーキテクチャと図2.2の機能ドメインとの対応が示されている．また，WAN（Wide Area Network）-LAN（Local Area Network）間ゲートウェイ中継器を経由する場合や，多層データバスで構成されるIIoTシステムのアーキテクチャも例示されている．

IIRAは，表2.2の他，スマートグリッド，輸送，スマートシティなど多様なテストベッドプロジェクトに適用され，システムアーキテクチャの設計を支援している．それらの結果をIIRAにフィードバックしながら継続的に改善している点がIICの活動の特徴である．

## 2.3 ドイツ (Industrie 4.0)

ドイツの官民連携プロジェクト「Industrie 4.0戦略」では，製造業のIoT化を通じて，産業機械・設備や生産プロセス自体をもネットワーク化し，注文から出荷までをリアルタイムで管理できるバリューチェーンの社会実装を目指している[1]．

これを推進する中核組織がPlattform Industrie 4.0である．2013年，ドイツの三つの工業会，情報通信（Bitkom），機械（VDMA）および電気電子（ZVEI），の共同プロジェクトとしてスタートした．2015年，企業にも門戸を開き，ボッシュ，SAP，シーメンス，ドイツテレコム，フエニックス・コンタクト，フォルクスワーゲン，BASF等多くの企業が参加している．企業や業界の垣根を越えて統一した標準をつくり，ビジネスプロセス（バリューチェーン）全体をネットワーク化できれば，デジタル化した情報が隅々まで流れるようになる．流れる情報から付加価値（プラグ＆プロデュース，予知保全など）が生まれ，新しいビジネスモデルやアプリケーションが創出されることを目指している[9]．

図2.4が，2014年4月に発表された，Industrie 4.0のための参照アーキテクチャモデル「Reference Architecture Model Industrie 4.0（RAMI4.0）」である．縦軸は，管理可能な単位（レイヤー）の積み上げでArchitecture Layersを表現している．

左側の横軸は，IEC 62890規格にしたがって，アセット（詳細は後述．ここでは例として機械とする）のライフサイクルを表す．「タイプ（＝製品になる前の青写真・設計図・試作品）」と「インスタンス（＝製品）」に区別している．「タイプ」の開発・試作が完了し，生産部門で実際の製品が製造されると「インスタンス」になる．DevelopmentからProductionまでは大概，当該アセットの開発製造メーカ（例えば機械メーカ）にて行われる．その後，当該アセットは顧客（例えば自動車メーカ）に納入され，当該顧客企業の例えば生産システムに活用される，といったライフサイクルが表現できる[9]．

右側の横軸は，IEC 62264（製造作業におけるオブジェクトのモデル化）規格と 61512（バッチ制御システムの標準化）規格に基づいて，システムの粒度を階層で表している．ただし，Industrie 4.0 に適用するために，Connected World, Field Device および Product 層が追加されている．

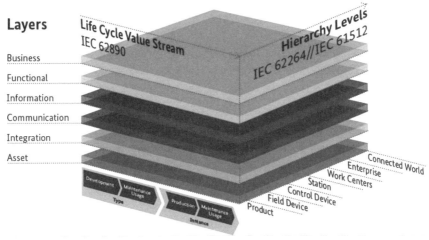

図 2.4 Reference Architecture Model Industrie 4.0 (RAMI4.0)．（[10] からの転載）
Graphic © Plattform Industrie 4.0 and ZVEI

アセットには，物理的な生産設備（例：機械）や非物質的なドキュメント（例：生産計画）など，Industrie 4.0 のサイバー空間とつなぐ必要がある「もの」すべてが含まれる．物質的，非物質的に関わらず，それらのアセットを Industrie 4.0 の世界に結び付けるために使用されるのが「Administration Shell（管理シェル）」と呼ばれる通信インターフェースであり，アセットを Industrie 4.0（I4.0 と略す）コンポーネントに変える．これにより，サイバー世界でプロパティや状態を保存したり，他のコンポーネントとデータを共有したりすることができるようになる．

図 2.5 では，アセットが機械の例であり，管理シェルを用いて I4.0 コンポーネント化した様を示している．管理シェルが Digital 世界（通信層，Data 層，機能層，ビジネス層）を表現し，機械自身は実世界である．言い換えると，各アセット（Thing）には，それぞれ管理シェルが必要であり，管理シェルどうしは別途定める I4.0 通信にてコネクトされ，Industrie 4.0 のサイバー空間での統合が可能になる[11]．なお TCP/IP の上位通信プロトコルには OPC-UA（Open Platform Communications-Unified Architecture；IEC 62541）を用いることが推奨されている[12]．

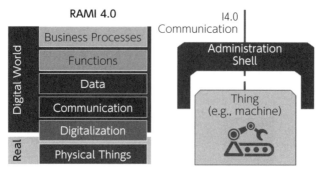

図2.5 Administration Shellによる Industrie 4.0 コンポーネント化例．（[11] からの転載）

図2.6はIICとI4.0がそれぞれモデル化するIoTシステムの志向の違いを図示したものである．つまり，IICが業界を超えた幅広い適用性と相互運用性を重視しているのに対し，サプライチェーンサービス志向のI4.0は製造業に特化している[12][13]．

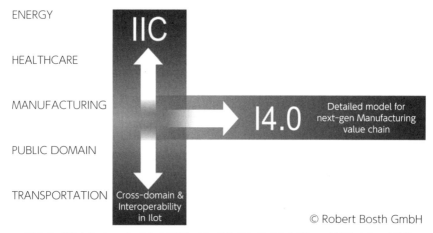

図2.6 IICとIndustrie 4.0の目指しているIoTシステムの違い．（[13] からの転載）

図2.7には，IIRAの機能ドメインおよびCrosscutting機能と，RAMI4.0のArchitecture Layersとを比較しており，概ね対応していることを示している[12][13]．

# 欧州（FIWARE/IDS/GAIA-X）

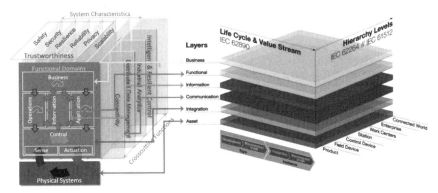

**図 2.7** IIRA の Functional Domains および Crosscutting Functions と RAMI 4.0 の Architecture Layers との対応．（[13] からの転載）
© Robert Bosch GmbH

## 2.4 欧州（FIWARE/IDS/GAIA-X）

4.11 および 4.12 節で述べるとおりスマートシティ間でサービスやデータが相互に効率よく流通するようになることを目的としたプラットフォームとして注目されているのが本節の FIWARE であり，欧州の官民連携プロジェクトで開発・実証されたオープンソースソフト（OSS）である．

欧州研究開発フレームワーク計画（The Framework Programmes for Research and Technological Development；略称 FP）の第 7 次計画（FP7）「次世代インターネット官民連携プログラム（The Future Internet Public-Private Partnership；FI-PPP）は，2011 年からの 5 年間で，総額 3 億ユーロ（約 390 億円）の予算で遂行された．その中の一つのプロジェクトが FI-WARE である．FI-WARE プロジェクトは，FI-CORE プロジェクトに引き継がれたのち，さらに継続して普及推進するために 2016 年に設立されたのが非営利団体「FIWARE Foundation e.V.」である[14]．

FIWARE の特徴は，ソフトウェア間のインターフェースとして NGSI（Next Generation Service Interfaces）を用いる点である．NGSI は Open Mobile Alliance（モバイル事業者／ベンダ中心の標準化団体）で標準化されたオープンなインターフェースであり，クロスドメインのデータ流通を実現している．また，NGSI ではデータの構造（データモデル）についても規定している．後述の図 4.65 に示すとおり，NGSI データモデルは，現実に存在するモノ・コトを "Entity" として定義し，そのモノ・コトがもつ特徴を "Attribute"（属性と呼ぶ）として定義する．さらに個々の属性には，その属性を説明するデータとして "Metadata" を付与する．こ

うして実世界の物理オブジェクト（例えば図4.66のバス）を，一意となる識別子や属性，関連する付加情報を含めたコンテキストとして，標準化されたデータモデルで管理することによって，異なる業種間でもデータの相互参照を可能としている．志向している産業分野はスマートシティ以外にSmart Agrifood（農業），Smart Energy，Smart Robotics，Smart Industry等である[15]．

図2.8には，FIWAREが提供するSmart Industryソリューションのリファレンスアーキテクチャを示す．データ収集/蓄積レイヤに位置するOrionは，ロボット等の機械，IoTセンサ，および情報システムからの情報を統合するContext Brokerである．なおこのBrokerは，異なる組織に属する異なるシステムの情報を，別々のサイロで利用するのではなく，統合し活用する，いわゆる情報のサイロ化を解消するために使うコア技術である．Context情報とは「現在何が起こっているか」を記述した情報であり，例えば，スマートシティであれば街で起きていること（交通状況，空気の質，駐車場の空き状況，位置情報など）などであり，宅配サービスであれば現在の場所や配達予定時間などにあたる．

図2.8中のIDAS IoT Agentは，センサに接続し，複数のIoT通信プロトコル（MQTT，CoAP/OMA-LWM2M，OneM2Mなど）を処理する．OPC-UAを用いたIoT Agentもサポートするので，RAMI 4.0との連携も可能である．

図中のKurentoは，受信したカメラ画像をリアルタイム処理してContext情報に変換するサーバソフトである．ROS（Robotic Operating System）-2ベースのロボットは，ROS-2でデフォルトの通信ミドルウェアであるFast RTPSを使って接続する．

IDS Connectorは，図2.9で述べるGAIA-Xのコア技術である．FIWARE Generic Enabler（GE；詳細は後述4.12.1項参照）と呼ばれるソフトウェアモジュールで提供されており，GitHubで入手できる[16]．

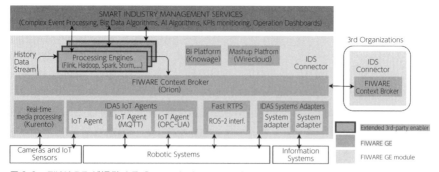

図2.8　FIWAREが提供するSmart Industryソリューションのリファレンスアーキテクチャ．（[17]をもとに筆者が作成）

# 欧州（FIWARE/IDS/GAIA-X）

　FIWAREなどのプラットフォーム上でデータを共有することによって，これまでにないビジネス価値の創出や利便性の向上が期待できる．組織間のデータ共有を進める上では，「どのデータを」「いつ」「誰と」共有させるかといった，本来データを提供する側の意思で決められるべき権利を保護する必要がある．しかしこの「データ主権」（data sovereignty）が，欧州以外のプロバイダーが支配している昨今のクラウドサービスでは，脅かされている課題がある．こうした背景からEUは，2020年2月に「欧州データ戦略（A European strategy for data）」を発表し，技術の開発と法律の整備を進める方針を打ち出した．データ提供者の意図に反して利用されることを防ぎつつ，社会全体で安全・公正にデータを共有し，利活用できる新しいデータ管理の仕組みをつくることを目指している．この戦略を具体的に実装するプロジェクトがGAIA-Xである[18]．

　「IDSコネクタ」は，その実装上のコア技術であり，IDSA（International Data Spaces Association）が定める技術コンポーネントである．図2.9にIDSコネクタを用いたデータ流通の様子を示す．「Data Usage Constraints」（データ開示条件）に従って，アクセスを制御（許可/ブロック）し，データ主権を保護する．データを送受信するクラウド，エッジコンピュータ，デバイスなどにIDSコネクタを実装し適切に設定を行うことで，法令や契約に基づくデータの開示や利用権限を制御できる．なおこのIDSAは，2016年ドイツのFraunhofer研究機構が立ち上げた団体であり，データ交換に関するIDS Reference Architectureを策定している[19]．

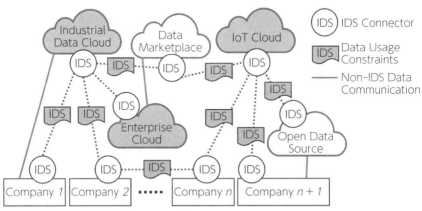

図2.9　GAIA-XにおけるIDSコネクタを用いたデータ流通．（[19]をもとに筆者が作成）

　GAIA-Xプロジェクトの立ち上げにおいては，前述のFIWARE Foundationも貢献しており，IDSAはFIWARE Foundationのメンバーでもある．

　IDSAとPlattform Industrie 4.0との関係は，図2.10のように説明されている．

Plattform Industrie 4.0 は製造業に特化した縦串である．一方，IDSA はデータとその流通の標準化を製造業だけでなく，金融，小売，エネルギーなど他の産業やサービス分野を横断的にカバーする横串である[20]．加えて上記 FIWARE も Context Broker にて分野横断の Context 情報の流通を実現し，また IDS connector をはじめ各種 GE と呼ばれるソフトウェアモジュールを供給する役割も担っている．このように 3 者は補完関係にあり，連携しながら欧州のディジタルプラットフォームを戦略的に構築している．さらに IIC とも連携関係にあり，IoT プラットフォームの巨大連合が出来上がっている[21]．

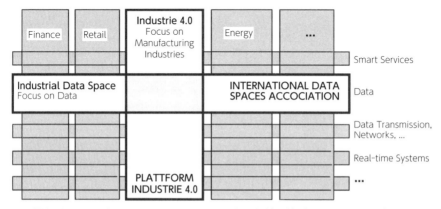

図 2.10　IDSA と Plattform Industrie 4.0 との関係．（[20] をもとに筆者が作成）

## 2.5　国内の製造現場における無線通信の活用の現状と課題

### 2.5.1　はじめに

　製造現場ではこれまで有線通信が主に利用されてきたが，柔軟性のある製造ライン実現のための 5G やローカル 5G を含む，無線通信利用への期待が高まっている．一方で，製造現場における無線通信の利活用には独特の課題があり，複数の異なる無線通信技術が共存するためには通信に用いられる電波の性質と課題を正しく理解する必要がある．本節では，製造現場における無線利用環境に関する調査や課題分析の国内事例として Flexible Factory Project の活動紹介を通し，無線通信の活用とそのための課題を紹介する．

### 2.5.2　製造現場における無線通信技術の利活用の動向

　現在，製造現場で使われる通信のうち無線のシェアは 6 % に過ぎないが，市場規模は年率 32 % という勢いで伸びている[22]．製造現場における無線通信技術への適

用としては，①製造システムの柔軟性を高めるため特定の有線通信区間を無線通信技術で置き換える，②現場からの情報収集や現場への情報配信を行うという大きく二つの用途がある．

①の場合は，多品種少量生産の流れの中で製造途中に検査工程を設けるインライン化と，ラインの頻繁な組み換えの発生に起因する．図2.11は検査装置を含むライン組み換えのイメージ図である．白と黒の数字が記載された四角は個別の工程を表し，黒い四角の工程は検査工程であり，工程の情報のみならず，検査情報が工程管理サーバに送られている．

ラインの組換えは，生産数の変化や製品の変更，工程改善によるものなどにより発生し，生産性を高めるために，より頻繁にライン組み換えが可能な製造システムを構築することが求められている．しかしながら，製造機器や検査機が有線ネットワークにより制御・管理されている場合，ライン組換えのたびに有線ネットワークの再配線のために，コストと時間が発生している．このため，製造機器や検査情報を無線通信にて制御・管理できることが強く求められている．

図2.11　ライン組み換えイメージ

②に関しては，例えば，現在は工具の状況把握や加工中の製品の品質管理に関して，熟練工の勘・コツ・経験に頼っている部分を管理できる数値情報などに置き換えることが求められており，そのための情報収集が必要とされている．情報収集をするためのセンサ等の設置が必須であるが，図2.12に示されるように，製造現場で稼働している設備は，15年にわたって使用される機器が40％を超えるとの調査結果もあり，すでに導入されている製造システムに対して後付けでセンサ等を設置するために無線通信の利活用に期待が高まっている．

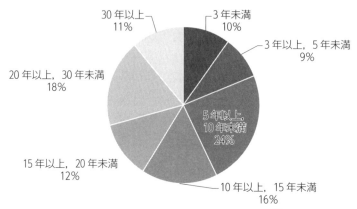

図 2.12 製造現場における設備の使用年数[23]

### 2.5.3 Flexible Factory Project

製造現場のような狭い空間では，無線通信の利活用には独特の課題がある．国立研究開発法人情報通信研究機構（NICT）では，製造現場で IoT 化を推進し，無線通信を活用したスマート工場実現のため Flexible Factory Project（FFPJ）を立ち上げ，稼働中の工場における多種類の無線通信性能評価実験を行っており（図 2.13），複数の企業と業界の垣根を越えて協力しながら，製造現場における環境と用途に応じた適応的無線制御方式の実現を目指している[24][25]．プロジェクトは 2015 年 6 月にスタートし，現在も継続中である．この活動では，現場の声を研究開

図 2.13 Flexible Factory Project による実験の様子

発にフィードバックするための取り組みを積極的に行っており，現場のニーズに合わせて無線通信に関する様々な調査や実験を実施している．

FFPJにおけるこれまでの実験等を通して明らかになった，製造現場において無線通信技術を使いこなすための課題は以下の3点である．

①ダイナミックな無線環境の変化

製造現場には金属体などの遮蔽物が多く，人やものなどが移動する．製造工程における段取り替えやシステムの電源の入り切り，レイアウト変更や新規ラインの導入など，異なるオーダーで環境が変化し，すべての場合を想定した固定的な無線システムの運用に限界がある．

②多様な無線環境

工場の立地によっては外来波の影響を考慮しなければならない．例えば住宅地近接型の工場では，自社システムのみ把握しているだけでは無線通信環境を評価するには不十分であると言える．また，製造システムが通信を阻害するようなノイズ源になる場合もある．

③混在する異種システム

システムごとに個別最適化された設備や，工程ごとに段階的に異種の無線システムが導入されるのが一般的であり，システム全体の最適化が困難である．

図2.14は，ある製造現場でスペクトラムアナライザを用いて測定した電波強度のデータであり，横軸が時刻，縦軸が周波数を示している．対象の工場では工具の無線化がWi-Fiを用いて行われており，上部の太い帯が無線工具によるWi-Fi通

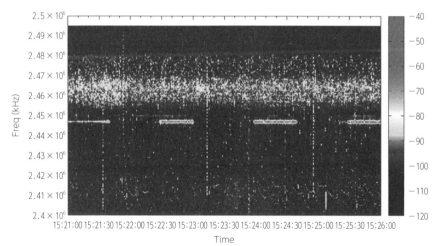

図2.14 異種無線の共存（Wi-Fiと独自無線）[26]

信を表している．その下に見える，狭い帯域を周期的に占有しているのがISM帯を利用した他のシステムの通信であると思われる．他のシステムでアサインされているWi-Fiのチャネルと，この独自無線通信の使っている周波数帯が近いと，干渉することになる．

### 2.5.4　製造現場における無線通信の現状

　本項では，製造現場における無線通信の現状について最近の事例をもとに紹介する．

　無線の導入が進んでいない工場では，製造機器から発生するノイズにより通信が阻害されることを危惧する声が多い．しかしながら，現段階では製造機器から発生するノイズは1GHz以下であり，無線LANなどに利用される2.4GHzや5GHz等，ISM帯において通信に大きな影響を及ぼすノイズが製造機器自体から発生することを確認した事例はない．一方で，製造現場におけるワイヤレス電力伝送などが積極的に導入され始めると，利用される周波数帯によっては，通信に大きな影響を及ぼす可能性がある．

　無線の導入が進んでいる工場において，最近特に増えている事例が，スマートウォッチ，スマートフォン，タブレットなどに標準的に利用されているWi-FiとBluetoothの二つの通信方式が同じチップに実装されたデュアルチップといわれる統合無線通信機が用いられるケースである．現場で特に意識しないまま異なる通信方式が混在してしまう事例が発生しており，注意が必要である（図2.15）．

　また，同一の建屋で無線通信を使ったアプリケーションが急増し，"電波が見えない"ために問題発生時の原因特定がなかなかできない事例も増えてきている．例えば，無線LANを使った新しいシステムの導入数を増やすにあたり，適切と思われる利用法に従ってチャネルの割り当てを行っても，通信機の実装の状態や様々な数値を読み取る際に設定されている閾値などの状態によっては，他チャンネルの電波が想定以上に大きくなり，問題が発生する事例も報告されている．

　このように，無線の導入が進み始めている工場では，異種の無線を用いたシステムや通信方式が混在することで，問題が発生する事例がいくつか報告されている．これらは，個別に最適化された状態で段階的に導入されることに基因する．図2.16は，製造現場における"制御"，"品質"，"表示"，"管理"，"安全"の5つのアプリケーションのカテゴリごとの代表的な無線ユースケースの許容遅延を示している．現状導入されているアプリケーションとしては，品質（インライン検査など），管理（予防保全など）のカテゴリを中心に，10ミリ秒以上の遅延を許容する無線ユースケースが多いことが分かる．これらのアプリケーションはデータが到達するまで

# 国内の製造現場における無線通信の活用の現状と課題

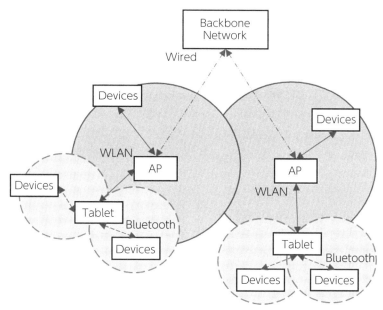

図 2.15　Wi-Fi と Bluetooth の混在

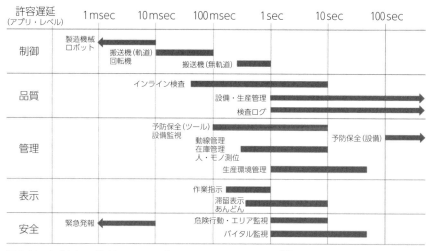

図 2.16　無線活用が期待されるアプリケーションと許容遅延[27]（バーの幅の遅延時間のものが存在し，矢印はその方向にさらに短い遅延が必要であったり，長い遅延が許されたりするものを表す.）

にある程度の遅延時間が許されるということを意味するため，うまく譲り合いをさせるような協調制御技術により，安定したシステム運用が可能になる場合がある．

　一方で，ロボット制御や緊急発報など情報が届くタイミングの正確性や緊急度の高さから1ミリ秒以下の遅延が求められる無線ユースケースも存在し，5Gやローカル5Gにおける超高信頼低遅延通信（Ultra-Reliable and Low Latency Communications, URLLC）への期待が高い．このため，今後の5G，ローカル5Gにおいては，特に低遅延と大容量とをある程度のレベルで両立させなければならないアプリケーションに対して，28 GHz帯のような高い周波数帯をうまく適用できることが求められている．

### 2.5.5　Smart Resource Flow 無線プラットフォーム

　NICTでは，上述のFFPJの活動を通して得られた知見を活かし，異種無線通信の協調制御により無線通信を安定化させるSmart Resource Flow（SRF）無線プラットフォームの研究開発を推進している．SRF無線プラットフォームは多種多様な無線機器や設備をつなぎ，安定に動作させるためのシステム構成であり，同一空間内に共存する他のアプリケーションの通信状況を監視して通信に使用するチャネルや通信速度を適応的に制御することで，無線区間での干渉を回避して通信遅延を抑制する．なお，フレキシブルファクトリパートナーアライアンス（FFPA）により，2019年9月に，SRF無線プラットフォームの技術仕様書 ver. 1.0が発行されている[28]．

　SRF無線プラットフォームでは，Field Manager（管理サーバ）が複数の無線システム間のリソースの調整を行うグローバル制御を行い，SRF Gateway/Device（無線機器）が単一の無線システム内の通信を最適化するローカル制御を行う（図2.17参照）．本プラットフォームは，無線環境センサからの情報をもとに，グローバル制御とローカル制御が協調連携して，他のアプリケーションの通信状況に応じて通信に使用するチャネルや通信速度を適応的に制御することで，無線区間での干渉を回避して通信遅延の抑制を実現する．

　NICTは，2020年10月にSRF無線プラットフォームの異種無線協調制御の機能の実証実験を稼働中の工場で実施した[29]．実証実験では，Field Manager（管理サーバ）からの制御により，適切な通信経路に切り替えることで，遅延を大幅に低減できることを示した．今後は，本実証実験の結果を活かし，工場において安定した無線通信を利活用できるプラットフォームとして実用化を目指し，研究開発および標準仕様の策定と認証制度の整備を推進していく予定である．

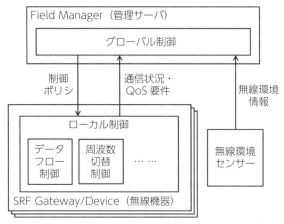

図 2.17　SRF 無線プラットフォームの機能構成図[28]

### 2.5.6　おわりに

　製造機器や製造システムの無線化は製造機器ごとの個別対応で進められており，現在および将来にわたる製造現場全体を一つのシステムとして考えた場合の最適な無線通信技術の利用や，通信資源の配分まで想定することなく無線通信の導入が進められているケースがほとんどである．このため，無線通信を用いた製造システムの導入が進むにつれ，すでに導入された無線通信を利用したシステムとの競合が懸念される．製造現場においては，用途に応じた無線通信方式や利用周波数等の利用に関する指針と，それに基づいた製造機器設計や運営を実現することが重要である．さらに，各種無線通信方式や利用されている周波数帯の特徴と，無線を用いるシステムの特性を考慮した柔軟な異種無線協調制御技術が実現されれば，製造現場における無線導入がさらに促進されると考えられる．今後は，外部からの遠隔監視や遠隔制御のニーズも高まっていることから，End-to-End で経由するネットワーク全体を通しての，低遅延化や遅延保証などが鍵となる．5G，ローカル 5G においては，特に低遅延と大容量とをある程度のレベルで両立させなければならないアプリケーションに対して，28 GHz 帯のような高い周波数帯をうまく扱うことが求められている．

## 2.6　IEC SyC Smart Energy の活動状況
### 2.6.1　まえがき

　地球温暖化を防止する有力な方法として，太陽光発電システムや風力発電システムの導入が世界中で積極的に進められているが，これらの発電システムは配電網に

分散されており，かつ時間的な変動が激しいため，これらの発電システムと電力ユーザを効果的に制御し，最適化できる送配電網（スマートグリッド）が国際的に注目されている．また，スマートグリッドを発展させ，都市全体の$CO_2$削減を目指したスマートシティやスマートコミュニティに関する検討も活発になっている[30][31][32][33][34][35][36]．スマートグリッドでは，発電した電力を貯蔵する必要があるが，電気自動車のバッテリーが有力な貯蔵設備として取り上げられている．また，電力の発電と消費を記録管理するスマートメーターや，それらを有機的に結びつける通信システムである電力線通信や SUN（Smart Utility Networks）等の無線通信も重要な設備である．

　スマートグリッドでは，電気エネルギーを発電・伝送・貯蔵する設備が存在するため，それらの設備からの電磁放射，すなわちエミッションの問題が存在する．事実，太陽光発電システムからの電磁エミッションに関する規格は，最近，CISPR（無線障害特別委員会）/SC-B（工業・科学・医療用装置のエミッション規格を作成）で作成されたところである．また，電気自動車への充電設備に対するエミッション規格も，CISPR/SC-D（自動車のエミッション規格を作成）で作成されたところである．さらに，電気自動車や家電製品等に充電する場合，無線で電力を伝送する無線電力伝送も最近注目を集めているが，その設備から漏えいされる電磁界に関するエミッション規格も総務省で 2015 年に答申され，現在，CISPR，ITU-R（ITU（国際電気通信連合）の無線通信標準化部門）で国際標準化が検討されたところである．一方，スマートグリッドを構成する設備は様々な電磁環境に曝されているため，電磁妨害波によってそれらの設備が誤動作する可能性があり，最悪の場合は，スマートグリッド内の送電が停止する可能性もある．欧州では低速の電力線通信を使用したスマートメーターがすでに多数設置されているが，インバータ機器等で発生する数十 kHz の妨害波による電力線通信障害が顕在化しており，IEC（国際電気標準会議）でそれに対する検討が行われている．このように，エミッションとイミュニティの両方を包含した EMC（Electromagnetic compatibility：電磁両立性）に関する問題が，スマートグリッドにとっても重要な課題となっている[37][38][39][40][41][42][43]．

　以上の状況を受けて，スマートグリッドにおける EMC 問題に関して，国内外の状況を整理するとともに，EMC に関連する国内外規制の違いによって生じるスマートグリッドの展開方法に関する違い等を明確にすることを目的として，2011 年4 月に「スマートグリッドと EMC 調査専門委員会」を新規に設置した．その結果，各国におけるスマートグリッドの概況，スマートグリッドに関する国際標準化動向等に関しては当初の目標通どおりに調査でき，また，スマートメーター，スマート

ホーム，スマートグリッド，スマートコミュニティ等の基本構成に関してもほぼ調査することができたため，2014 年 3 月末に「スマートグリッドと EMC 調査専門委員会」は解散した．本調査委員会の報告書は「スマートグリッドと EMC —電力システムの電磁環境設計技術—」というタイトルで単行本として発行されている[44]．

しかし，スマートグリッドに関する検討は始まったばかりであり，今後様々に発展する可能性があるため，今後も継続して調査する必要がある．また，スマートメーター，スマートホーム，スマートグリッドおよびスマートコミュニティについてはまだ実証実験段階のため，EMC について検討した例が少ない．このため，これらの EMC 問題についても今後も引き続き調査する必要がある．このような状況を受けて，今までの「スマートグリッドと EMC 調査専門委員会」をベースとして，上記の課題を検討するため，「スマートグリッド・コミュニティの EMC 問題調査専門委員会」を 2014 年 10 月に設置した．本調査専門委員会では，以下の七つのWG（Working Group）を組織して調査を実施し，2018 年 10 月に電気学会の技術報告を発行した[45]．

①欧州電気標準化委員会（CENELEC）におけるスマートメーターの EMC 問題調査 WG

② 2 kHz〜150 kHz の EMC 問題調査 WG

③スマートグリッドの雷障害/ 雷保護問題調査 WG

④自動車からホーム（V2H：Vehicle to Home）への電力伝送における EMC 問題調査 WG

⑤自動車におけるワイヤレス電力伝送（WPT：Wireless Power Transfer）の EMC 問題調査 WG

⑥家電情報機器におけるワイヤレス電力伝送（WPT）の EMC 問題調査 WG

⑦ Smart EMC 検討 WG

スマートグリッドのシステムに関する IEC の上部組織としては，戦略グループの SG3（Strategic Group 3）が 2008 年 11 月に設立され，システム委員会を設立するための評価組織として SEG2（Systems Evaluation Group 2）が 2014 年 2 月に設立された．SEG2 の報告書をもとにして，SyC Smart Energy（スマートエネルギーシステム委員会）が 2014 年 6 月に設立された．

本節では，最初に，スマートグリッドの構成を説明し，次に，IEC におけるスマートグリッドと EMC の関連組織を紹介し，次に，スマートグリッドに存在する EMC 課題を説明する．最後に，IEC のスマートエネルギーシステム委員会の活動状況を紹介する．

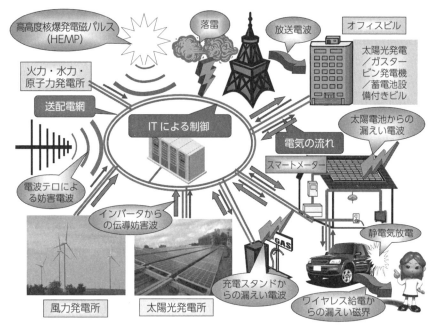

図 2.18　スマートグリッドの概略構成とその EMC 課題[41][42][43][44][45][50]

### 2.6.2　スマートグリッドの構成

スマートグリッドの概念図とそこに存在する EMC 課題を図 2.18 に示す[45]．従来から存在する原子力発電所，火力発電所，水力発電所に加えて，再生可能なエネルギー源である風力発電所や太陽光発電所が蓄電池を介して送配電網に接続されている．図には，電気の流れも示しているが，上記の発電所からは，送配電網に一方向の電気が流れている．一般住宅の屋根には，太陽電池モジュールが設置されており，太陽光で発電した電気を住宅内で使用するとともに，電気自動車のバッテリーにも充電している．夜になり，太陽光での発電が停止した場合は，電気自動車のバッテリーや送配電網から電気が供給される．逆に，家庭で余った電気は，スマートメーターを経由して送配電網に供給する場合もある．

図で示したオフィスビルでは，太陽光発電やガスタービン発電機を設備しており，余剰電力を蓄電池設備で蓄積することができるため，オフィスビルで消費する電気の大部分を発電することが可能な状態である．しかし，電力が不足した場合は，送配電網から供給され，逆に，電力が余った場合は，送配電網に電気を供給する．電気自動車用の充電スタンドでは，一般の電気自動車に急速充電する設備を保有している．

# IEC SyC Smart Energy の活動状況

　スマートグリッドでは，上記の発電設備や送配電網，および一般の住宅やオフィスビルをIT（情報技術）で制御している．風力発電や太陽光発電は，気象条件に従って激しく変動する傾向をもっており，電力不足に陥る場合がある．そのときには，需要家の電気設備を制御して，電力不足を解消するようにコントロールする．

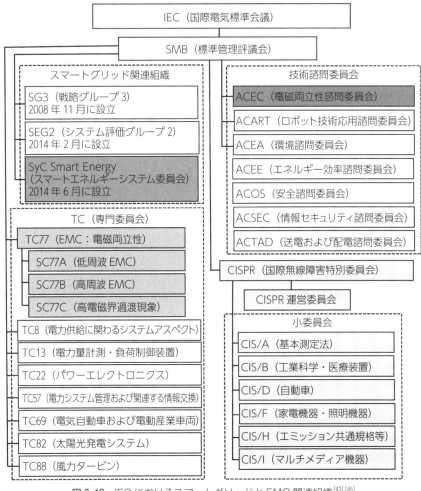

図2.19　IECにおけるスマートグリッドとEMC関連組織[43][45]

## 2.6.3　IECにおけるスマートグリッドとEMCの関連組織

　電気電子機器の国際標準化機関としてIEC（国際電気標準会議）が存在するが，その中でEMC（電磁両立性）関連規格を作成している主要な組織を図2.19に示

す[45]．EMC 基本規格や共通規格を作成する組織として，CISPR（国際無線障害特別委員会）と TC77（第 77 専門委員会：EMC 規格を担当）が存在する．また，それらの調整をするとともに，製品委員会の EMC 規格をサポートする組織として ACEC（電磁両立性諮問委員会）が存在する．CISPR では，ISM（工業・科学・医療）装置，自動車，家電機器・照明装置，マルチメディア機器等の EMC 製品群規格も作成している．一方，スマートグリッドの EMC に関連する製品委員会として，TC13（電力量計測・負荷制御装置），TC22（パワーエレクトロニクス），TC69（電気自動車および電動産業車両），TC82（太陽光発電システム），TC88（風力タービン）等がある．また，スマートグリッドのシステムに関連する製品委員会として，TC8（電力供給に関わるシステムアスペクト），TC57（電力システム管理および関連する情報交換）等がある．

スマートグリッドのシステムに関する IEC の上部組織としては，戦略グループの SG3（Strategic Group 3）が 2008 年 11 月にサンパウロで開催された SMB（Standard Management Board：標準管理評議会）で設置することが決定された．その後，システム委員会を設立するための評価組織として SEG2（Systems Evaluation Group 2）が 2014 年 2 月に開催された SMB ジュネーブ会議で設置が承認された．SEG2 の報告書をもとにして，スマートグリッドならびに，熱およびガスの分野での相互作用を含めた SyC Smart Energy（スマートエネルギーシステム委員会）が 2014 年 6 月に設立された．そして，2014 年 11 月の IEC2014 東京会合において，SG3 議長 R. Schomberg 氏（フランス：EDF 社）が，SyC Smart Energy の国際議長に就任することが決定された．

## 2.6.4 スマートグリッドに存在する EMC 課題

無線受信機の受信障害を防止するため，ほとんどすべての機器からの妨害波が CISPR のエミッション規格に従って規制されているため，スマートグリッドを構成する機器もこのエミッション規格を満たす必要がある．一方，スマートグリッドを構成する機器は，落雷，静電気放電，放送電波，電波テロによる意図的な妨害電波，最近北朝鮮の核実験により懸念されている高高度核爆発電磁パルス HEMP（high altitude nuclear electromagnetic pulse）[46][47][48][49][50]等の様々な電磁環境に曝されるため，そのような環境でも誤動作せずに正常に動作させる必要がある[45]．すなわち，電磁妨害波に対してイミュニティのある機器でスマートグリッドを構成する必要がある．また，スマートメーターを電力線通信で制御する方法が検討されているが，電力線通信が接触型調光器等に影響を及ぼすエミッション問題や，各種電力機器に使用されているインバータからの伝導妨害波により電力線通信が誤動作

するイミュニティ問題が存在する．さらに，電気自動車にワイヤレス給電する方法も検討されているが，この場合は漏えい磁界が他の機器に及ぼす影響ばかりでなく，人体に及ぼす影響も考慮する必要がある．

### 2.6.5 スマートグリッド関連規格のマッピングツール[43]

SG3 テルアビブ会議で，図 2.20 に示すように，スマートグリッドの構造と規格マッピングツールをもとにして作成されたスマートグリッド関連規格マッピングツールが提案された[51]．基本的な構造は，欧州と米国で検討された SGAM（スマートグリッドアーキテクチャモデル）をベースにしている．横軸のドメインは，発電・送電・配電・分散電源・消費のエネルギー変換チェーンと通信，横断的機能を示しており，縦軸のゾーンは，プロセス・ステイション・フィールド・オペレーション・エンタープライズ・マーケットで表される電力システム管理のハイアラーキーを示している．また，横軸と縦軸で構成される平面には，エネルギー卸売市場，エネルギー小売市場，企業，電力システム運用，発電プラント，共通変電所，配電自動化，分散エネルギー，AMI（スマートメーター設備），工業自動化，電気自動車設備，住宅・ビル自動化，通信インフラ，横断的機能等のクラスターが存在する．クラスターを構成する各要素をクリックすると，関連する規格が表示される．規格

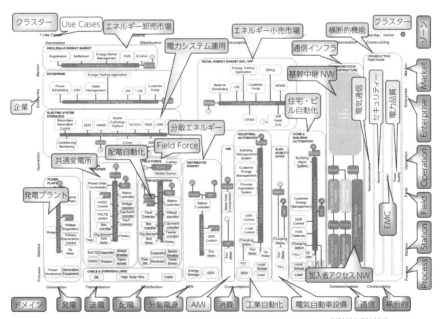

図 2.20 スマートグリッド関連規格マッピングツールの構成[42][43][44][51][52]

の種類としては，IEC規格ばかりでなく，EN（欧州規格），IEEE規格，ANSI（米国規格），NISTIR（NIST（米国標準技術研究所）Interagency or Internal Report），ISO/IEC規格等の規格も網羅されている．一方，通信インフラとしては，大別して，加入者アクセスネットワークと基幹中継ネットワークが存在する．さらに，横断的機能にはEMCが存在しており，それ以外に，電気通信，セキュリティ，電力品質が存在している．

EMC規格としては，IEC 61000（all parts），IEC TR 61000-3-13（MV，HVおよびEHV電力系統において不平衡設備を接続する場合のエミッション限度値の評価），IEC TR 61000-3-14（低電圧電力系統において妨害を発生する設備を接続する場合のエミッション限度値の評価），IEC TR 61000-3-15（低電圧電力系統の分散電源システムに対する低周波エミッション・イミュニティ要求の評価），IEC TR 61000-3-6（中圧・高圧電力系統に接続される機器に対する高調波電流発生限度値の評価法），IEC TR 61000-3-7（中圧・高圧電力系統に接続される機器に対する電圧変化，電圧揺動およびフリッカの限度値の評価法）等のTC/SC77で作成された規格がリストされている．また，EN 55022（情報技術装置からの妨害波の許容値と測定法），EN 55024（情報技術装置におけるイミュニティ特性の限度値と測定法），EN 55032（マルチメディア機器の妨害波），EN 550XX Series，EN 61000 Series，EN 61000-6のEMC共通規格等のENがリストアップされている．CISPR規格ではなく，ENがリストアップされているのは，欧州におけるSGAMをベースに作成されている名残ではないかと思われる．

### 2.6.6 SGAM (Smart Grid Architecture Model) とスマートエネルギーへの拡張

SGAMの構成を図2.21に示すが，Component Layerは図2.20に示した2次元の構造と同じである．その2次元の構造に図2.4と同様な相互接続レイヤ（Interoperability Layer）の軸を設定したものが3次元のSGAMになる．相互接続レイヤでは，相互接続が求められているサービスや機能をそれらの機能レベルに応じて配置している，複数のレイヤとして表現されている．これらのレイヤは，ビジネス（Business）レイヤ（市場構造や規制を配置）と，ファンクション（Function）レイヤ（スマートグリッドで実現されるサービスを物理的実装から独立に配置），情報（Information）レイヤ（物理的実装やファンクションの間でやり取りされる情報構造を配置），通信（Communication）レイヤ（機器間の情報伝送のためのプロトコルや機構を配置），機器（Component）レイヤ（機器の物理的実装を配置）からなる[53]．

SGAMのComponent Layerを示した図2.20をスマートエネルギーのアーキテ

# IEC SyC Smart Energy の活動状況

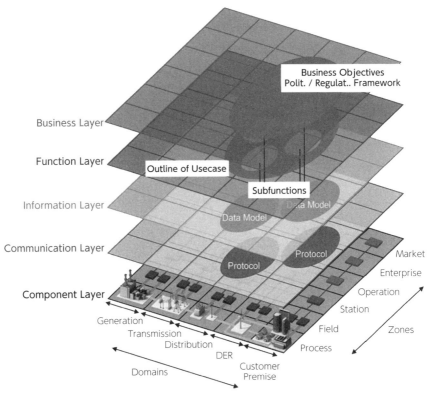

図 2.21　SGAM (Smart Grid Architecture Model) の構成[42][51][52]

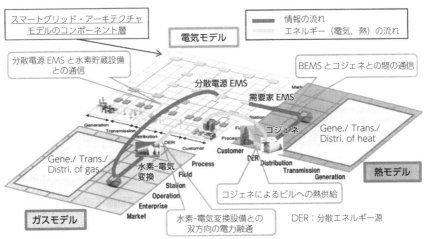

2016/5/31 IET SyC Smart Energy 国内委員会資料　　2016© Japan Smart Community Alliance

図 2.22　スマートエネルギー・アーキテクチャモデルの構成[52][55]

クチャモデルに拡張した構造を図 2.22 に示す[52][55]．SGAM の電気モデルに対して，ガスモデルと熱モデルの Component Layer を設置し，それらを相互に結び付けるようにした構造になっている．

### 2.6.7 スマートエネルギーシステム委員会の検討体制

スマートエネルギーシステム委員会の検討体制を図 2.23 に示す．CAG (Chairman & Advisory Group) は，AG (Advisory Group) と WG の Convenor および IEC/CO のメンバで構成されて，スマートエネルギーシステム委員会全体の戦略，協調および教宣を検討する．CAG の Convenor は R. Schomberg 氏（フランス：EDF 社）である．AG1 (Advisory Group 1)（TC Forum）は，関連 TC，関連標準化機関（ISO，ITU）との連携や情報共有を行っており，R. Schomberg 氏が Convenor を務めている．WG2 (Development Plan) は，AG1 からの情報と WG3 からの情報をインプットし，将来を見通した規格策定の方向性を策定し，関係 WG へアウトプットする．林秀樹氏（日本：東芝）が WG2 の Convenor を務めている．WG3 (Road Map) は，ロードマップの策定，既存規格と要求条件のギャップ／重複解析，規格間のマッピングを実施し，L. Guise 氏（フランス）が Convenor を務

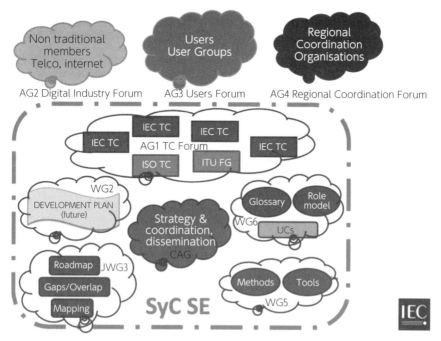

図 2.23 スマートエネルギーシステム委員会（SyC SE）の検討体制

めていた．その後，WG3 は，ISO/IEC JTC1 SC41（IoT と関連技術）とともに，IEC Smart Energy Roadmap というタイトルの JWG3（Joint Working Groups 3）に変更することが認められた（SyCSmartEnergy/138/RQ）．JWG3 の Convenor は O. Genest 氏（フランス）と M. Jardim（フランス）である．WG5（Methodology）は，方法論，ツール開発を行い，R. Apel 氏（ドイツ）が Convenor を務めていたが，現在は M. Uslar 氏（ドイツ）が Convenor を務めている．WG6（Generic Smart Grid Reqirement）は，用語，ロールモデル，ユースケースの策定を実施し，A. Ulian 氏（フランス）が Convenor を務めている．

AG2（Digital Industry Forum）は，通信，インターネット関係との連携と情報共有を実施することになっていたが，現在は，活動していない．AG3（Users Forum）は，ユーザグループ（規格のユーザ，システムのユーザ等で構成）との連携と情報共有を実施することになっていたが，現在は，活動していない．AG4（Regional Coordination Forum）は，各国機関・団体との連携と情報共有を実施しており，Convenor は R. Schomberg 氏である．

筆者が委員になっている WG2 における当面の優先項目として以下の項目が挙げられるが，現時点（2022 年 4 月）では①を残してすべて完了し，7 項目からなる Version 2 に向かっている．

①相互接続性向上のための標準プロファイリング

②分散型電源（DER：Distributed Energy Resource）の系統連系要件

③複数電源の安全性を考慮した設置基準

④ダイナミック・システム・マネジメント

⑤ IEC 61850（電力設備自動化用通信ネットワーク・システム）の拡張に関するガイダンス

⑥ DER に関する IEC 61850-7-420（基本通信構成―DER 論理ノード）のプロモーションと拡張

⑦スマート・ホーム／ビルディング・自動化システム

⑧大規模蓄電システムの系統連系

⑨ IPv4 と IPv6 の長期相互接続性サポートに関する戦略

⑩スマートエナジーのサイバーセキュリティ要求条件

⑪熱・ガスシステムを考慮したアーキテクチャモデル拡張（SGAM）

## 2.6.8　スマートエネルギーシステム委員会の成果物

スマートエネルギーシステム委員会が作成する成果物の一覧を**表 2.3** に示す．システム委員会（SyC）では，新たな文書形態である SRD（Systems Reference

Deliverable）を成果物とし，TS（Technical Specification：技術仕様書），TR（Technical Report：技術報告書），PAS（Publicly Available Specifications：公開仕様書）は策定しない．SRD の内容の例として，①標準化マップ，②ロードマップ，③共通用語などのデータベース，④アーキテクチャ，⑤ユースケース，などが想定されているが，SRD は normative な文書ともなりうる．表2.3 では，SRD の文書もあるが，SRD の規定ができたのが 2020 年中旬のため，それ以前に作成された成果物には，SRD が記載されていない．今後改版される場合には，SRD が記載されると考える．

　SyC では，IS（International Standard：国際規格）も開発できるが，SyC が IS の開発が必要であると確信する場合には下記手順に従う．従って，SyC が IS を作成する機会は非常に少ないと考える．

　①既存の TC に全体的に照合し，どの TC も関心がなく，

　②新 TC の設置を検討し，その見込みがない場合に，

　③SyC が IS を策定することについて SMB の許可を求める

　IEC SRD 62559 シリーズは，「ユースケースの方法論」を規定しており，SRD ではなく，TR になっている IEC TR 62559-1（パート 1：標準化における概念とプロセス）と IS になっている IEC 62559-3（パート 3：XML シリアル化形式へのユースケーステンプレート中間生成物の定義），および IEC SRD 62559-4（パート 4：IEC 標準化プロセスためのユースケース開発における最優良事例および標準化外の適用事例）が発行されている．

　IEC SRD 62913 シリーズは，「共通的スマートグリッド要件」を規定しており，IEC SRD 62913-1（パート 1：IEC システムアプローチに従って共通的スマートグリッド要件を定義するためのユースケース方法論に関する特定のアプリケーション），IEC SRD 62913-2-1（パート 2-1：グリッド関連ドメイン），IEC SRD 62913-2-2（パート 2-2：市場関連ドメイン），IEC SRD 62913-2-3（パート 2-3：グリッドドメインに結び付けられているリソース），および IEC SRD 62913-2-4（パート 2-4：電気輸送関連ドメイン）が発行されている．

　その他の成果物として，IEC TR 63097（スマートグリッド標準化ロードマップ），IEC SRD 63199（スマートエネルギーのドメインにおける第一優先の規格開発状況），および IEC SRD 63268（他のスマートグリッド利害関係者に接続されたスマートグリッドユーザに対するエネルギーとデータのインターフェース）が発行されている．一方，まだ発行はされていないが，サイバーセキュリティに関する TR として，「スマートエネルギー運用環境のためのサイバーセキュリティとレジリエンスのガイドライン」に関する情報が提供されている．

## 表2.3 スマートエネルギーシステム委員会が作成する成果物（2022年3月現在）

| 規格番号<br>[最新版：発行年月] | 規格名称 |
|---|---|
| IEC TR 62559-1<br>[Ed.1.0: 2019-01] | Use case methodology-Part 1: Concept and processes in standardization |
| IEC TR 62559-2<br>[Ed.1.0: 2019-04] | Power systems management and associated information exchange-Part 2: Use Cases and role model |
| IEC 62559-3<br>[Ed.1.0: 2017-12] | Use case methodology-Part 3: Definition of use case template artefacts into an XML serialized format |
| IEC SRD 62559-4<br>[Ed.1.0: 2020-03] | Use case methodology-Part 4: Best practices in use case development for IEC standardization processes and some examples for application outside standardization |
| IEC SRD 62913-1<br>[Ed.1.0: 2019-05] | Generic smart grid requirements-Part 1: Specific application of the Use Case methodology for defining generic smart grid requirements according to the IEC systems approach |
| IEC SRD 62913-2-1<br>[Ed.1.0: 2019-05] | Generic smart grid requirements-Part 2-1: Grid related domains |
| IEC SRD 62913-2-2<br>[Ed.1.0: 2019-05] | Generic smart grid requirements-Part 2-2: Market related domain |
| IEC SRD 62913-2-3<br>[Ed.1.0: 2019-05] | Generic smart grid requirements-Part 2-3: Resources connected to the grid domains |
| IEC SRD 62913-2-4<br>[Ed.1.0: 2019-05] | Generic smart grid requirements-Part 2-4: Electric transportation related domain |
| IEC TR 63097<br>[Ed.1.0: 2017-11] | Smart grid standardization roadmap |
| IEC SRD 63199<br>[Ed.1.0: 2020-07] | Top priority standards development status in the domain of smart energy |
| IEC SRD 63200<br>[Ed.1.0: 2021-08] | Definition of extended SGAM smart energy gird reference architecture model |
| IEC SRD 63268<br>[Ed.1.0: 2020-10] | Energy and data interfaces of users connected to the smart grid with other smart grid stakeholders-Standardization landscape |
| IEC Technology Report<br>Cyber security<br>[Ed.0.0: 2019-10] | Cyber security and resilience guidelines for the smart energy operational environment |

## 参考文献

[1] 三菱総合研究所，第4次産業革命における産業構造分析とIoT・AI等の進展に係る現状及び課題に関する調査研究報告書，総務省，2017年3月.

[2] Current Members, The Industry IoT Consortium, https://www.iiconsortium.org/cgibin/iicmembersearch/，参照 Aug. 26, 2022.

[3] Testbeds, IIC, https://www.iiconsortium.org/test-beds.htm，参照 Aug. 22, 2021.

[4] JETRO/IPA New York，インダストリアル・インターネット・コンソーシアム（IIC）の活動状況，JETRO ニューヨークだより 2021 年 2-3 月，https://www.jetro.go.jp/ext_images/_Reports/02/2021/ed2b5f3d1764dc9d/nyrp202103.pdf，参照 Aug. 22, 2021.

[5] IoT 活用によりモノづくりの変革に貢献，日立製作所・インテルと共同提案の「製造業向け IoT テストベッド」を IIC が承認，NEWS RELEASE，三菱電機，FA No.1609, 2016 年 6 月 30 日，http://www.mitsubishielectric.co.jp/news/2016/pdf/0630-b.pdf，参照 Aug. 22, 2021.

[6] 富士通の実践にもとづく IoT ソリューションモデルを IIC がテストベッドとして承認，PRESS RELEASE（サービス），富士通，2015 年 9 月 15 日，https://pr.fujitsu.com/jp/news/2015/09/15.html，参照 Aug. 22, 2021.

[7] Cyber Physical Systems Public Working Group, Framework for Cyber-Physical Systems, Release 1.0, NIST, May 2016.

[8] The Industrial Internet of Things, Industrial Internet Consortium, Volume G1: Reference Architecture, Version 1.9, June 19, 2019.

[9] 湯川久美子，Plattform Industrie 4.0 の管理シェルの概要，ロボット革命イニシアティブ協議会，IoT による製造ビジネス変革 WG 調査報告書，2018 年 9 月.

[10] RAMI4.0 – a reference framework for digitalisation, Plattform Industrie 4.0, https://www.plattform-i40.de/PI40/Redaktion/EN/Downloads/Publikation/rami40-an-introduction.html，参照 Aug. 18, 2022.

[11] Karsten Schweichhart, Reference Architectural Model Industrie 4.0 (RAMI 4.0), An Introduction, Plattform Industrie 4.0, https://ec.europa.eu/futurium/en/system/files/ged/a2-schweichhart-reference_architectural_model_industrie_4.0_rami_4.0.pdf，参照 Aug. 16, 2021.

[12] Shi-Wan Lin, et.al., Architecture Alignment and Interoperability, An Industrial Internet Consortium and Plattform Industrie 4.0 Joint Whitepaper, IIC:WHT:IN3:V1.0:PB: 20171205, 2017.

[13] Cooperation between Plattform Industrie 4.0 and Industrial Internet Consortium, Press release, 02/03/2016, https://www.plattform-i40.de/IP/Redaktion/EN/PressReleases/2016/2016-03-02-blog-iic.html，参照 Aug. 18, 2022.

[14] データを活用した持続可能な都市経営特集，NEC 技報，Vol. 71, No. 1, 2018 年 9 月.

[15] FIWARE Foundation, e.V., https://www.fiware.org/，参照 Aug. 22, 2021.

[16] COMPONENTS, FIWARE, https://www.fiware.org/developers/catalogue/，参照 Aug. 2, 2021.

[17] PAVING THE WAY FOR A DATA-DRIVEN INDUSTRY DIGITALISATION, FIWARE, https://www.fiware.org/wp-content/uploads/2018/04/Industry-Brochure_FIWARE.pdf，参照 Aug. 18, 2022.

[18] FAQs on the GAIA–X project, gaia-x, https://www.data-infrastructure.eu/GAIAX/Redaktion/EN/FAQ/faq-projekt-gaia-x.html?cms_artId=1825136，参照 Aug. 22, 2021.

[19] REFERENCE ARCHITECTURE MODEL, Version 3.0, IDSA, April 2019.

[20] REFERENCE ARCHITECTURE MODEL, Version 2.0, IDSA, April 2018.

[21] 欧州データ連携動向 改訂版〜Industry4.0/IDS/FIWARE/IIC〜，一般社団法人官民データ活用共通プラットフォーム協議会（DPC）官民実装促進委員会 第2回事例研究会，インターフュージョン・コンサルティング，2019 年 1 月 21 日，https://dpc-japan.org/ 資料 dl/，参照 Aug. 21, 2021.

[22] "Industrial Network Market Shares 2017 According To HMS", HMS Indusrial Networks, https://www.automationinside.com/article/industrial-network-market-shares-2017-according-to-hms, (2021 年 5 月 2 日参照)

[23] "生産設備保有期間等に関するアンケート調査", 経済産業省（2013）http://warp.da.ndl.go.jp/info:ndljp/pid/10217941/www.meti.go.jp/press/2013/05/20130531001/20130531001-2.pdf, (2021 年 5 月 2 日参照)

[24] 板谷，長谷川，雨海，尾関，江連，伊藤，竹内，小林，林，長谷川，丸橋，児島，"製造現場における多種無線通信実験—Flexible Factory 実現に向けて—", 信学技報，RCS2015-156, pp. 1-6. (2015 年)

[25] 雨海，板谷，長谷川，尾関，江連，伊藤，小林，林，長谷川，丸橋，児島，"製造現場における多種無線通信実験—ジッターとバーストロスの発生傾向—", 信学技報，ANS2015-85, pp. 33-38（2015 年）

[26] 板谷，児島，"Flexible Factory Project—製造現場の IoT 化と無線通信技術の活用", 信学技報，SRW2017-54, pp. 39-44（2017 年）

[27] "製造現場における無線ユースケースと通信要件（要約版）", https://www2.nict.go.jp/wireless/ffpj-wp.html（2021 年 5 月 2 日参照）

[28] "製造現場に混在する多様な無線通信を安定化する通信規格の技術仕様策定を完了～製造現場の様々な情報の可視化と統合管理を実現～", フレキシブルファクトリーパートナーアライアンス，2019 年 9 月 24 日，https://www.ffp-a.org/news/jp-index.html#20190924b（2021 年 5 月 2 日参照）

[29] "製造現場を支える無線システムの安定化技術の実験に成功～無線の可視化と異種システム協調制御で"止まらないライン"を実現～", 国立研究開発法人情報通信研究機構，2020 年 11 月 25 日，https://www.nict.go.jp/press/2020/11/25-1.html, (2021 年 5 月 2 日参照)

[30] 横山明彦，合田忠弘他：「スマートグリッドの構成技術と標準化」，日本規格協会 pp. 1-330（2010）

[31] 林泰弘他：「スマートグリッド学」，日本電気協会新聞部 pp. 1-203（2010）

[32] 谷口治人：スマートグリッドとは何か?, OHM，第 97 巻，第 7 号 pp. 17-23（2010）

[33] 伊藤慎介：スマートグリッドの海外動向と我が国の取り組み，OHM，第 97 巻，第 7 号 pp. 24-29（2010）

[34] 伊藤慎介：次世代のまちづくり構想「スマートコミュニティ」とは，OHM，第 98 巻，第 3 号 pp. 26-28（2011）

[35] 柏木孝夫：エネルギーシステムは一方向から双方向へ劇的に変化，OHM，第 98 巻，第 3 号 pp. 29-32（2011）

[36] 岡本浩：スマート社会実現に向けた電力会社の取り組み，OHM，第 101 巻，第 4 号 pp. 19-23（2014）

[37] 正田英介他：「スマートグリッドと EMC」，電磁環境工学情報 EMC，No. 272 pp. 13-55（2010）

[38] 徳田正満：「スマートグリッドと EMC の概要」，電磁環境工学情報 EMC，No. 283 pp. 21-30（2011）

[39] 徳田正満：「スマートグリッドと EMC の動向」，電磁環境工学情報 EMC，No. 296 pp. 32-57（2012）

[40] 徳田正満：「スマートグリッド時代の EMC」，電子情報通信学会誌，Vol. 96, No. 3 pp. 189-194（2013）

[41] 徳田正満：「スマートグリッドにおける電磁両立性（EMC）」，OHM, No. 7 pp. 82-87（2013）

[42] 徳田正満：「スマートグリッド時代における EMC の最新動向」，電磁環境工学情報 EMC，No. 308 pp. 45-82（2013）

[43] 徳田正満：解説論文 スマートグリッドにおける EMC 課題，電気学会論文誌 A, Vol. 138, No. 6 pp. 280-287（2018）

[44] 電気学会スマートグリッドと EMC 調査専門委員会編（委員長：徳田正満）：「スマートグ

リッドと EMC 一電力システムの電磁環境設計技術一」，科学情報出版 pp. 1-376 (2017)

[45] 電気学会スマートグリッド・コミュニティの EMC 問題調査専門委員会（委員長：徳田正満）:「スマートグリッドにおける EMC 課題」，電気学会技術報告，第 1448 号 pp. 1-44 (2018)

[46] 電気学会電磁環境情報セキュリティ技術調査専門委員会編（委員長：瀬戸信二）:「電磁波と情報セキュリティ対策技術」，オーム社 pp. 1-232 (2012)

[47] EMC 電磁環境ハンドブック（編集委員会委員長：佐藤利三郎）資料編（編集主査：徳田正満）:「EMC 規格規制」，三松 pp. 73-87 (2009)

[48] 電気学会電気電子機器のノイズイミュニティ調査専門委員会編（委員長：徳田正満）:「電気電子機器におけるノイズ耐性試験・設計ハンドブック」，科学技術出版 pp. 473-503 (2013)

[49] 徳田正満:「電子情報通信学会レクチャシリーズ D-16 電磁環境工学」，電子情報通信学会編，コロナ社 pp. 8-10 (2021)

[50] 徳田正満:「EMC 設計・測定試験ハンドブック」，科学情報出版 pp. 12-13 (2021)

[51] IEC Smart Grid Standards Mapping Tool, https://smartgridstandardsmap.com/

[52] CEN-CENELEC-ETSI – Smart Grids Coordination Group Phase 2 Documents: SG-CG/M490/K_ SGAM usage and examples,v3, p. 35 (2014), https://syc-se.iec.ch/wp-content/uploads/2019/10/SGCG_Methodology_SGAMUserManual.pdf

[53] Smart_Grid_Architecture_Model_SGAM_Source_Scheme_neutral, https://www.iec.ch/ords/f?p=103:252:615266302124349::::FSP_ORG_ID,FSP_LANG_ID:11825,25

[54] IEC SRD 63200 – SGAM Basics, IEC SRD 63200-SGAM basics-SyC Smart Energy

[55] 小川雅晴:「スマートエナジー・アーキテクチャ研究会活動紹介」，Japan Smart Community Alliance 国際標準化 WG（2017）

# 3 IoTシステムの構成技術

## 3.1 LPWA-LoRa 無線通信技術
### 3.1.1 概要説明

図 3.1 は，IoT 用無線としてよく用いられている各種無線システムを，通信速度と飛距離の平面で比較したものである．図中の LPWA は Low-Power Wide-Area の略号であり，低消費電力で低速であるが，飛距離は長い．携帯電話の LTE (Long Term Evolution, 4G に含まれる通信規格のひとつ) や 5G による，NB-IoT (Narrow Band IoT) や LTE-M (LTE for Machine-type-communication) といった携帯キャリアによる LPWA サービスと，ELTRES, LoRa/LoRaWAN, Sigfox (詳細は表 3.1 で述べる) といった LPWA 専用無線システムとに分類できる．筆者らの LoRa 無線の実績では，帯域幅 125 kHz で最低データ速度 293 bps に設定したときの飛距離は最長 60 km であった．

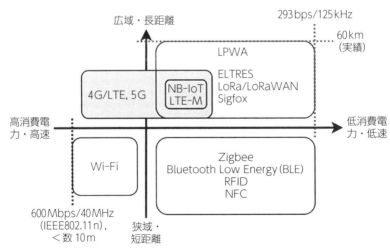

図 3.1 IoT 用各種無線システム比較．([1] をもとに作成)

LPWAと反対の特徴，つまり飛距離は短い（数 10 m 以内）が高速なのが Wi-Fi である．表 3.1 の IEEE802.11n 規格であれば，帯域幅 40 MHz でデータ速度は最大 600 Mbps とされている．Zigbee などは LPWA よりも高速（250 kbps）で，比較的低消費電力であるが，飛距離はせいぜい 100 m 以下である．

図 3.2（a）は世界の LPWA モジュール出荷台数推移であり，2020 年以降は予測値である．2020 年以降急激に台数が増える予想になっている．またその内訳が図 3.2（b）であり，LoRa が 50 %のシェアである．日本では Sigfox を用いた商材のほうが多いように筆者は感じているものの，LoRa は GitHub（例えば，https://github.com/Lora-net）等で関連ソフトウェアが公開されており，ユーザは多いと思われる．携帯キャリアが提供する LPWA は NB-IoT のほうが廉価であり，今後出荷台数が増えると予想されている．

表 3.1 は免許不要，つまり出力 20 mW の特定小電力無線局の比較である．フランス Sigfox 社が提供する Sigfox は 1 か国 1 社の独占展開であり，日本では京セラコミュニケーションシステム社の取り扱いである．同社のホームページ（https://www.kccs-iot.jp/area/，参照 Aug. 21, 2022）によれば，世界 75 か国，600 万 km$^2$，14 億人をカバーしており，国内人口カバー率 95 %とのことである．

ELTRES は SONY が開発し，ETSI LTN（Low Throughput Network）TS（Technical Specification）103 357 V1.1.1 の中の"Lfour family"として公開されている．LoRa に類似する変調方式であるが後発である分改良されており，飛距離は LoRa に比べて格段に長い．Sigfox は上りと下りで通信容量が非対称，ELTRES は上り専用であるため，筆者らは LoRa を使用している．

LoRa の変調方式は，米国 Semtech 社が開発したチャープ変調式スペクトル拡散

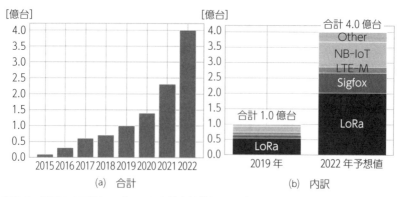

図 3.2 世界の LPWA モジュール出荷台数推移および 2020 年以降の予測値．[令和 2 年情報通信白書（総務省）をもとに作成]

表 3.1 免許不要な無線システムの比較

| | LPWA | Wi-Fi |
|---|---|---|
| 周波数帯 | 920MHz | 2.4GHz ／5GHz |
| 特徴 | Sigfox（フランス Sigfox 社；京セラコミュニケーションシステム社）1 か国 1 社の独占：独自仕様，国内人口カバー率 95％，非対称通信. | IEEE802 規格（Open std.），無料（自営網可），双方向通信. |
| | LoRa（Semtech 社）／LoRaWAN（LoRa Alliance が策定する Open std.）：無料（自営網可），双方向通信. | |
| | ELTRES（SONY 社）：LoRa に類似変調方式. 飛距離は抜群. 上りのみの通信. | |

| | LoRa | Wi-Fi |
|---|---|---|
| 飛距離 | 60 km 以下（実績） | 数十 m 以下（経験値） |
| データ速度/ 帯域幅とその変調方式 | ＞ 293 bps/125 kHz | ＜ 600 Mbps/40 MHz（IEEE802.11n） |
| | チャープ式スペクトル拡散変調，SISO（Single Input Single Output） | OFDM，MIMO（Multiple-Input Multiple-Output；4 ストリーム） |

（Chirp Spread Spectrum（CSS）modulation）である．その LoRa チップ（ISO/OSI モデルでいうところの物理層（PHY））上で動くデータリンク層が LoRaWAN であり，LoRa Alliance が策定するオープン規格である．プロトコルスタックは後述の図 4.46 を参照されたい．市販されている LoRa モジュールには独自のデータリンク層を実装し（LoRa Private と呼ばれる），上りと下りで対称な通信が可能なものもある．本節では，特に断らない場合は LoRa Private を単に LoRa と呼ぶ．

　図 3.3 は筆者らが使用している LoRaWAN 無線機の外観例である．図中に LoRaWAN と記したモジュール（約 16 mm 四方）内に Semtech 社の LoRa チップ SX1272[2] と 32 bit マイコンが内蔵されており，ソフトウェアを入れ替えたり，切り替えたりすることにより，LoRaWAN と LoRa Private を切り替えることができる．図 3.3 の場合は加速度センサのデータを Arduino（8bit）マイコンで取得し，UART（Universal Asynchronous Receiver/Transmitter）を経由して LoRaWAN 無線で送信している．単一型 $\lambda/2$ アンテナを使用しており，約 15 cm である．

　図 3.4 は，LoRa 無線の海上伝搬特性例である．離島の丘（標高 $h_1 = 144$ m）に送信機を設置し，その周辺の海域を小型船で操船した際の受信信号強度（RSSI）をプロットした結果である．図中の ITU-R P. 1546-3 の値は受信アンテナ高 R を 10 m としているが[3]，実際は図 3.3 相当の無線機を水面から 2 m 程度の高さの船内に設置した．操船海域の制約上 25 km 以内の距離での測定であったが，両者の傾

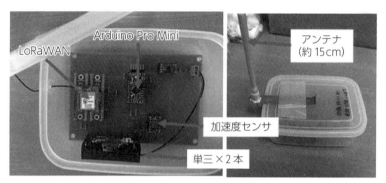

図 3.3 筆者らが使用している LoRaWAN 無線機の外観例

向は一致している．図 3.1 中の実績飛距離 60 km の場合は，$h_1 = 744$ m の場合であり，$h_1$ を高くすればするほど遠方との通信が可能となる．

図 3.4 では，最低感度が $-137$ dBm となる復調パラメータで受信している．図のとおり LoRa Private であれば約 60 dB の受信ダイナミックレンジ（リンクバジェット）を有していることが分かる．なお，LoRaWAN で通信するときは，筆者らの場合は最低受信感度が $-125$ dBm 程度に制限されており，遠距離通信の場合は注意が必要であった．

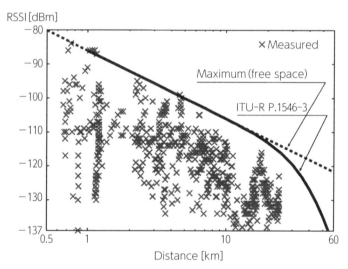

図 3.4 LoRa 無線の海上伝搬特性例．（送信機：海岸標高 144 m．受信機：小型船内，水面高 2 m；ITU-R P.1546-3 値：920 MHz, sea path, 50%time, R = 10 m）

## 3.1.2　LoRaWAN無線のSNR/RSSIの時間変動特性

筆者らは，市街地を流れる河川の水位を測定した結果を，LoRaWAN無線で2.8 km離れたGatewayに送信するシステムを運用している（4.9.1項参照）．そのGatewayの受信SNR（Signal-to-Noise Ratio）およびRSSI値の時間変動の様子を図3.5に示す[4]．測定期間は16日間である．途中5回測定が途絶えているのは，後述のとおり，他のLoRaWANデバイスが送信したパケットと衝突した際にデータを再送するのであるが，これが無限に繰り返された結果マイコンがデッドロックするというソフトウェアのバグのためである．図3.5 (a)は受信SNRの最大値/中央値/最小値それぞれの時間変動の様子を示している．中央値は±1 dB程度の変動であるが，最大値や最小値は±3 dB程度変動している．降雨との相関は強いとは言えないものの，中央値が連動している箇所が複数ある．図3.5 (b)はRSSI値の時間変動である．緩やかに15 dB程度の幅で変動している．また降雨と連動して劣化する傾向が見られる．

中山間地区（4.10節）でもSNR値やRSSI値の時間変動は見られたものの，降雨との相関はなかった．これらの原因は未だ明らかになっておらず，今後の課題である．以上を踏まえて筆者らは，LaRaWAN用Gateway局を設置する際にはRSSI値が15 dB程度時間変動することを見越して回線設計を行うようにしている．

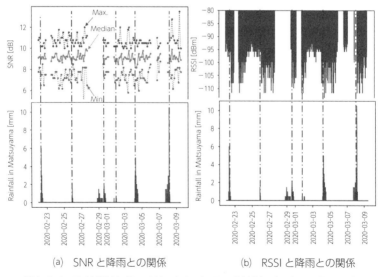

(a)　SNRと降雨との関係　　　(b)　RSSIと降雨との関係

図3.5　LoRaWAN無線のSNRおよびRSSI特性例．（干渉局2台の場合）

### 3.1.3 LoRaWAN 無線局どうしの干渉の影響

　無線機に干渉を与える妨害波は，他システム波，自波，および同一システム波の3種類である．LoRa は CSS 変調であるため，拡散利得によって狭帯域雑音や狭帯域信号の他システム波に対して耐性が高い．またシンボル時間 $T_S$ は $2^{SF}/BW$ で与えられる．ただし $2^{SF}$ は拡散率，BW は帯域幅である[2]．例えば最大の拡散率である SF ＝ 12，かつ BW ＝ 125 kHz の場合，$T_S$ ＝ 33 ms と長時間であるため，データ速度は遅い（293 bps）ものの，マルチパスによる遅延波で自波干渉が起きても影響は受けにくい．逆に最短の SF ＝ 6 の場合は $T_S$ ＝ 0.5 ms であるためデータ速度は速い（9.4 kbps）が，遅延による自波の影響は大きい．

　同一システム波，つまり同じ周波数を使う LoRa 無線機どうしの干渉に対しては，電波法にて以下二つの工夫がなされている[5][6]．

- キャリアセンス（送信し始める前に，すでに送信している他の無線局がいないことを確認する）を行う
- 200 kHz 幅の単位チャネルごとの送信時間の Duty 比を 10 ％（1 時間当たりの送信時間の総和が 360 s）以下にする．つまり残り 90 ％の 54 分間は休止する．複数の無線チャネルを同時に送信する装置の場合は，装置当たりの送信時間総和を Duty 比 20 ％（1 時間当たり 720 秒）以下にする．

　また，LoRa 固有の特長として，拡散率が異なるシンボルどうしは直交する，つまり相互に干渉しない[7]．加えて筆者らが使用している LoRaWAN システムでは図 3.6 のとおり通信に使用されるチャネルは五つの周波数をランダムにホップしている．

　図 3.5 において，途中 5 回測定が途絶えた原因は，LoRaWAN Gateway に隣接（離隔距離約 500 m）して設置された GPS トラッカ（干渉局と呼ぶ）2 台が，GPS 情報をそれぞれ非同期に 20 秒ごとに送信し続けパケットが衝突していたためである．上記のような LoRa 無線機どうしの干渉を防ぐ仕組みがあっても，キャリアセンスは不十分であり，一定の確率で衝突してしまうようである．

　図 3.7（a）には，干渉局，つまり隣接する GPS トラッカを 1 台にして衝突確率を下げた場合のパケット到着時間間隔特性を示す．図のとおり降雨とは無相関であった．図 3.7（a）のパケット到着時間間隔を頻度分布で示したのが図 3.7（b）である．頻度のピークが 2 カ所あり，それぞれ，水位データの送信間隔が 11 分ごとであることと，またその送信を失敗したときは直ちに再送せず Duty 比を 10 ％にするために最短でも 151 ミリ秒の間隔を空けていることを示している．この図の場合の再送率（再送回数と全受信パケット数との比）は 58 ％であった．図 3.7（b）中に破線で示している，水位データの送信間隔 11 分よりも長い間隔のパケットは，

# LPWA-LoRa 無線通信技術

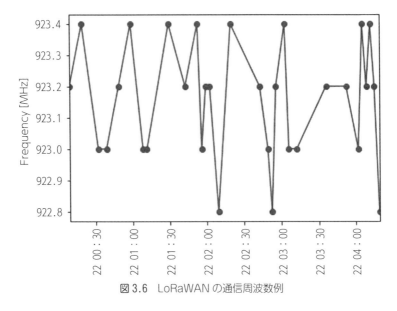

図 3.6 LoRaWAN の通信周波数例

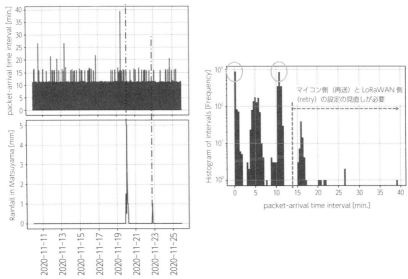

(a) パケット到着時間間隔と降雨の関係　　(b) パケット到着時間間隔の頻度分布

図 3.7 LoRaWAN パケットの到着時間間隔と降雨の関係．（干渉局 1 台の場合）

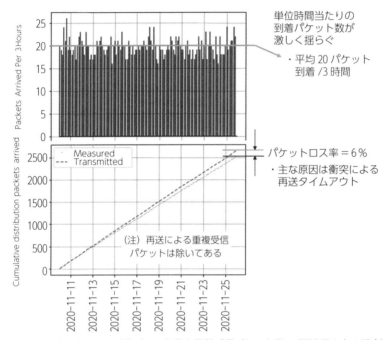

**図 3.8**　3 時間当たりの到着パケット数と累積受信パケット数．（干渉局 1 台の場合）

本来は不要である．マイコンの再送タイムアウトと LoRaWAN の retry 回数の設定の見直しを今後行う必要がある．

図 3.8 は，図 3.7 を 3 時間当たりの到着パケット数に書き直した結果と累積受信パケット数を示す．到着パケット数の平均は 20 パケット／3 時間であるが，激しく揺らいでいた様子を示している．しかし，受信総数で見ると，再送の効果によりパケットロス率は 6 % であったことが分かる．

### 3.1.4　まとめ

筆者らが使用している LoRa 無線機は，60 dB 程度のリンクバジェットを有していることを示した．

次に，降雨によって受信 SNR，および特に RSSI 値が影響を受けた事例を示した．降雨に関わらずこれらの瞬時値は変動するため，この変動を考慮して送受信機間距離を決定する必要があることを述べた．なお，紙面の都合上省略したが，降雨減衰よりも，草木の葉っぱによる減衰のほうが大きいため，葉っぱの多い季節や風によって木々が揺さぶられる場合は配慮が必要である．

リンクバジェットに余裕をもって回線設計できた場合は，パケットが欠落する確

率は低いこと，しかし遠方と近傍に複数のLoRaWAN局がある場合は，キャリアセンスは万全ではなく，衝突によるパケットの再送が頻発した事例を紹介した．マイコンの再送タイムアウトやLoRaWAN送信のretry回数の設定にあたって，配慮が必要であることを述べた．

## 3.2 NB-PLC通信技術とその応用

PLC（Power Line Communication；電力線通信）は，図3.9に示すように，100/200 V（50/60 Hz）を使用する電力線に，商用周波数よりも高い周波数の搬送波信号を重畳し通信を行う技術であり，使用する周波数範囲によって特徴が異なる．国内の例を参考にすると，10 kHz以下を使用する超狭帯域（Ultra Narrow Band, UNB）PLC，10〜450 kHzを使用する狭帯域（Narrow Band, NB）PLC，2〜30 MHzを使用する広帯域（Broad Band, BB）PLCに分類される．これらPLCの特徴を図3.10に示す．一般的に，ノイズレベルは，高周波ほど低くなる一方で，信号の減衰は，大きく増加する．速度は，高周波・広帯域になるほど高速になる．

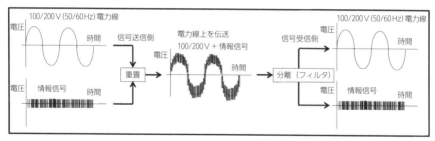

図3.9　PLCの概要[8]

各PLC方式の比較を表3.2に示す．IoTにおけるセンサネットワークの構築には，広範囲に分布するセンサ情報を，確実に，かつセキュアに収集する必要がある．NB-PLCは，通信距離が長く，データ長が比較的短いセンサ情報を適度な周期で収集することが可能な速度を有しており，IoT向け通信手段として適している．

国内の主な用途として，UNB-PLCは電力会社の配電自動化，NB-PLCはスマートメーターの自動検針，BB-PLC（高速PLCとも呼ばれる）は屋内LANの構築などに従来から使用されている．

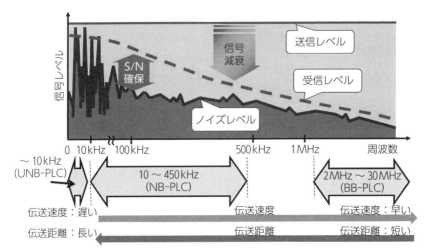

図 3.10 PLC の種別と特徴[8]

表 3.2 各種 PLC の比較[8]

|  | 超狭帯域電力線搬送<br>（UNB-PLC） | 狭帯域電力線搬送<br>（NB-PLC） | 広帯域電力線搬送<br>（BB-PLC） |
| --- | --- | --- | --- |
| 周波数帯域*1 | <10 kHz | 10 kHz～450 kHz | 2 MHz～30 MHz |
| 通信速度 | 数十 bps～数百 bps | 数 kbps～数百 kbps | 数 Mbps～1 Gbps |
| 通信距離 | ～数百十 km | ～数 km | ～数百 m |
| 応用先 | 配電自動化<br>スマートメーター<br>簡易 IoT・機器制御 など | スマートメーター<br>IoT・機器制御 など | 宅内 LAN，IoT・機器制御 など |
| IP 対応 | なし | あり | あり |
| 技術規格 | TWACS<br>Gridstream PLX 電流 PLC など | G3-PLC<br>PRIME など | HD-PLC<br>HomePlug AV, GP<br>G. Hn など |
| 国際標準 | なし | あり | あり |
| 備考 | 屋外・屋内利用可能 | 屋外・屋内利用可能 | 国内は主に屋内で利用 |

＊1　国内基準を参照

### 3.2.1　NB-PLC に適用された通信技術の特徴について

　NB-PLC の中で，国際規格の G3-PLC は，国内スマートメーターの通信技術の一つとして採用された．G3-PLC は，フランスの電力会社の EDF（Électricité de France）を中心とした G3-Alliance（現在 70 社以上が加盟）にて規格化が行われ，

ITU-T 勧告 G.9903 において物理層，データリンク層およびアダプテーション層の仕様が規定されている[9]．ロバストな通信を実現するために，信号の変復調には複数キャリアを使用する OFDM（Orthogonal Frequency Division Multiplexing）が用いられている．

従来から PLC の変復調方式は，図 3.11 に示す 4 方式が主に使用されてきた．特定の周波数のシングルキャリアを用いる方式やそれらを複数使用するマルチキャリア方式は，キャリアと同一周波数上にノイズや減衰が重なると，SNR が低下して伝送エラーを生じる場合があった．スペクトラム拡散（Spread Spectrum, SS）は，キャリアを幅広い周波数帯域に拡散させ，高い耐ノイズ性を実現できるが，高速性を得ることが難しい．G3-PLC は，直交変調方式を用いてキャリア間の干渉を押さえ周波数の利用効率を高めた OFDM によって，大きなノイズや減衰が重なったキャリアは使用せず，SNR が得られるキャリアを使用することでロバスト性と高速性を高めている．さらに，伝送エラーが発生した場合でもリードソロモンと畳み込み符号を組み合わせたエラー訂正機能を有している．各キャリアの一次変調方式には，3 種類の差動位相偏移変調（DBPSK，DQPSK，D8PSK）と 4 種類の位相偏移変調（BPSK，QPSK，8PSK，16QAM）に加えて，DBPSK もしくは BPSK において，時間領域と周波数領域の双方で繰り返しデータ伝送を行うことで冗長性を

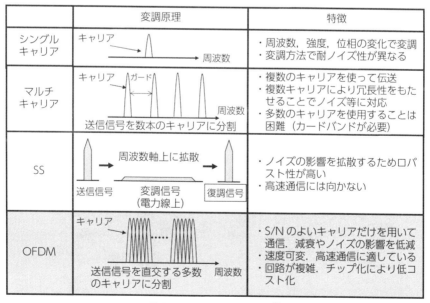

図 3.11　変復調方式の比較[8]

もたせた ROBO モードを規定しており，SNR がゼロの過酷な環境下でも伝送が可能である．G3-PLC は，各キャリアの SNR を検出して，一次変調方式や使用するキャリアをダイナミックに選択する Tone Mapping 機能をもち，伝送速度と安定性の最適化を行っている．

また，このロバストな変復調方式に加え，ホッピング技術により，さらに遠距離での通信の安定性を向上させている．従来は，1：1 同士の通信が主流であったが，伝送距離が長くなると，減衰の増加によりノイズの影響を受けやすくなり十分な SNR が確保できなくなる．ホッピング技術によって，直接通信ができない端末間でもその間の端末が中継を行うため，通信に必要な SNR を確保しながら，より遠距離の端末間の通信が実現できるようになった．

G3-PLC は，ホップのルーティングに LOAD-ng（The Lightweight On-demand Ad hoc Distance-vector routing protocol-next generation）を使用している．この方式は，図 3.12 に示すように通信を行いたいときに経路を作成する方式の一種で，省電力型ネットワークに有利な方法である．例えば，A→B→G でデータを伝送したいときに，B を経由して送れなかった場合に新たなルートの構築を行い，A→C→D→G といった迂回ルートを構成するため，特定端末間の SNR が低下して通信が不通になった場合でも，新たに SNR のよいルートを自動的に選択することで，よりロバストな通信が実現できる．G3-PLC は，最大 14 ホップをサポート

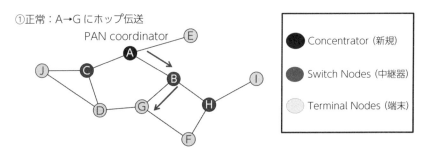

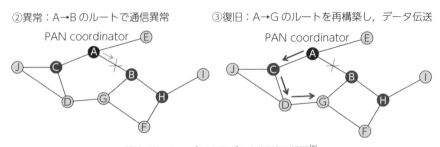

図 3.12　ホップによるデータ伝送の概要[8]

している.

　近年の IoT には，通信のセキュリティ確保が強く求められている．G3-PLC は，PLC レイヤにおいて AES128 を用いた暗号化処理がなされ，通信傍受に対する秘匿性対策がなされている．さらに，スマートメーター等への応用には，アプリケーションレイヤにおいて，メーター間で DLMS/COSEM を使った認証や暗号化がなされている．さらに PLC 自体は，先に述べたように各端末間の変復調に異なる変調度をもったキャリアを使用していることから，外部からすべてのキャリアがどのような変調を行っているかが分からないと復調が難しいといった特徴も有している.

　また，今後の IoT の進展により膨大な数のセンサデバイスが導入されることが予想されるため，数多くのデバイスとの接続性を考慮して IPv6 にも対応している.

　このように，G3-PLC のような NB-PLC は，IoT に必要な，広域に分布する多数のセンサ情報を確実に，かつセキュアに通信するための十分な考慮がなされている.

### 3.2.2　国際標準化に向けた対応について

　IoT に適した通信方式として，誰もが全世界でオープンに使用でき，確実な相互接続性を担保できる規格であることが求められる．従来から情報通信，自動車やスマートグリッドなどへの応用を念頭において，国際的な規格化団体が，各種 PLC の規格化を行ってきた．国際規格として，広帯域 BB-PLC は，ITU-T（International Telecommunication Union Telecommunication Standardization Sector）の G.hn 規格や IEEE（Institute of Electrical and Electronics Engineers）の IEEE 1901-2020 規格（HomePlug AV と HD-PLC の共存）が承認されている．また，国内外のスマートメーターに使用されている狭帯域 NB-PLC は，ITU-T において，G.9903（G3-PLC），G.9904（PRIME）や IEEE 1901.2 規格の承認がなされている.

　G3-PLC は，ITU-T G.9903 において，図 3.13 に示すように，物理層，データリンク層およびアダプテーション層の仕様が規定されており，PLC の接続性を担保している．また，国内では，同様に通信分野の標準を策定する TTC（Telecommunication Technology Committee）において標準化がなされている．国内の ECHONET Lite を使ったホームネットワーク向け通信インターフェースとして，G.9903 に準拠した JJ-300.11[10]が規定され，国内電波法 ARIB STD-T84[11]を遵守したパラメータが規定されている．この規格は，電力向けスマートメーター，AMI（Advanced Metering Infrastructure）や他の多くのスマートグリッドを構成する通信用途に応用されている．なお，相互接続性を確実に担保するために，G3-PLC の規格化母体である G3-Alliance は，フランスの LAN（Laboratoire des

Applications Numériques）と日本のテュフラインランドの2社を公式認証機関として，G3-PLCのモデムチップやスマートメーター向け製品やHEMS（Home Energy Management System）等の機器との接続認証を行う仕組みを設けている．これらの認証機関を用いて，数多くのプラットフォーム認証およびプロダクト認証による製品登録[12]がなされ，相互接続性を担保している．

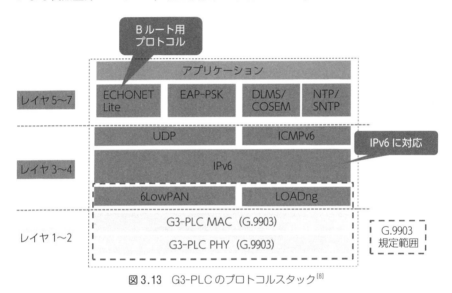

図3.13 G3-PLCのプロトコルスタック[8]

### 3.2.3 NB-PLCに対するEMCの観点から見た規制について

EMCに対する適用規格は，国際無線障害特別委員会CISPR（Comité international spécial des perturbations radioélectriques）によって，エミッションならびにイミュニティに関する規格が定められている．従来，PLCは，情報技術装置に分類されており，CISPR22およびCISPR24において規定されていたが，先ごろ音声・テレビ放送受信機とその関連機器に関するCISPR13およびCISPR20と合わせてマルチメディア機器としてCISPR32およびCISPR35に受け継がれている．PLCは，上記の規定において電源線に接続することから，電源ポートに対するエミッションの規定が定められている．まず，PLC信号を出力していない状態において，装置に対する伝導妨害波（雑音端子電圧：0.15〜30 MHz）ならびに放射妨害波（30 MHz以上）が規定されており，図3.14および図3.15に規定値を示す．

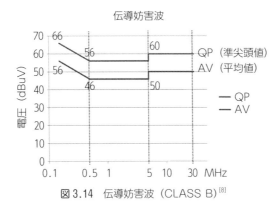

図 3.14　伝導妨害波（CLASS B）[8]

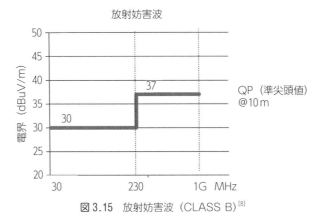

図 3.15　放射妨害波（CLASS B）[8]

　一方で，NB-PLC が通信の際に使用する信号出力は，表 3.3 に示すように各国のエミッション規定をもとに，国際的な規格化団体によって規定がなされている．なお，国内は，電波法によって規制されており，一般社団法人電波産業会：ARIB（Association of Radio Industries and Businesses）によって技術規格が制定されている．例として，表 3.3 において，PLC の普及とその利用が盛んな欧州を参考に，出力の規定値を図 3.16 および図 3.17 に示す．

表 3.3 国際的な EMC 規制を考慮した NB-PLC の搬送波出力の概要[8]

| | NB-PLC に対する規格 | 主な内容 |
|---|---|---|
| 日本 | ARIB（10 kHz～450 kHz）<br>➤STD-T84<br>特別搬送式デジタル伝送装置<br>（電波法施工規則 四十四条） | 変調方式：OFDM<br>• 搬送波出力 10 mW/10 kHz<br>• 漏えい電界強度 100 uV/m@30 m |
| 欧州 | CENELEC（3 kHz-148.5 kHz）<br>➤EN50065-1 | 搬送波出力（Peak）<br>3～9 kHz：134 dBuV<br>9～95 kHz：134-120 dBuV（logfで減少）<br>95～148.5：116 dBuV |
| | 規定なし（150 kHz～500 kHz）<br>➤P1901.2 参照 | • 搬送波出力<br>QP：15～105 dBuV（logfで減少）<br>AV：105～95 dBuV（logfで減少） |
| 米国 | FCC（9 kHz～490 kHz）<br>➤CFR（Code of Federal<br>Regulations）<br>Title47 Part15 | • 漏えい電界強度<br>2400/f(kHz)uV/m@300 m （f の逆数）<br>• 雑音端子電圧（150 kHz～500 kHz）<br>QP：−83.5-−93.5 dBm/Hz（logfで減少）<br>AV：−93.5-−103.5 dBm/Hz（logfで減少）<br>✓ 搬送波出力限界 欧州と同様 |

ARIB：Association of Radio Industries and Businesses
CENELEC：Comité Européen de Normalisation Électrotechnique
FCC：Federal Communications Commission

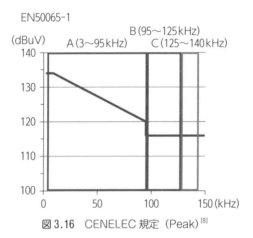

図 3.16 CENELEC 規定（Peak）[8]

# NB-PLC 通信技術とその応用

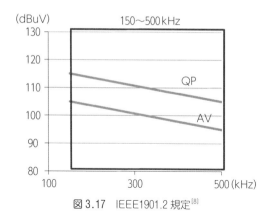

図 3.17　IEEE1901.2 規定[8]

なお，イミュニティについては，IEC 61000 規格による議論が進められている．

## 3.2.4　NB-PLC の応用について
### (1)　国内での応用事例

　NB-PLC は，国内外において，スマートメーターの自動検針用の通信方式として採用されている．国内では，2014 年から電力会社によるスマートメーターの設置が開始されており，電力会社からスマートメーターの電力検針値を収集（A ルート）するための通信方式として，表 3.4 に示す 920 MHz 特定小電力無線，携帯無線と PLC の 3 種類が選定されている．また，スマートメーターから宅内の HEMS と接続（B ルート）する通信方式として，920 MHz 特定小電力無線と PLC の 2 種類が選定されている．A ルートは，設置する場所の住宅の特徴を考慮した適材適所の通信方式の利用が想定されており，PLC は図 3.18 に示すように，主に集合住宅で使用されている．コンセントレータは，集合住宅の電気室に設置し，各住戸に設置されたスマートメーターと集合住宅内の配電線を用いて通信を行う．通信接続率は，PLC を使用した類似の実証例として，2011 年～2013 年に実施された経産省の「次世代型双方向通信出力制御実証事業」において，G3-PLC を用いた集合住宅での通信成功率を測定した結果，年間を通して再送処理がない状態でも平均 99.9 ％の成功率[13]が確認できている．再送処理を行うことで 100 ％の通信成功率を達成できる．実際に電力会社においてスマートメーターを導入以降，PLC は超高層マンションなどで良好な通信結果が得られていることが報告されている[14]．

表 3.4　各種通信方式の適用箇所の例[8]

| ルート | 設置場所 | 通信方式の候補 |
|---|---|---|
| A | 都市部，高密度・一般住宅地，郊外 | 特定小電力無線（920 MHz）携帯無線 |
| | 集合住宅，地下街 | 特定小電力無線（920 MHz）PLC |
| | 山間部 | 特定小電力無線（920 MHz）携帯無線 |
| B | 宅内（SM と HEMS 間） | 特定小電力無線（920 MHz）PLC |

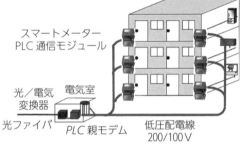

光ファイバと組み合わせ，新たな配線なしに，各部屋のスマートメーターにまで信号を伝送

図 3.18　集合住宅への PLC 適用例

　BルートPLCは，HEMSとの通信を行うため，TTC JJ-300.11 に準拠して，ECHONET Lite のノードプロファイル，およびスマート電力量メータークラスで規定された情報に従って通信を行う．また，スマートメーターとHEMSとの相互接続性を担保するために，AIF認証（アプリケーション通信インターフェース認証）が規定され，第3者機関による認証試験により接続性確認ができる仕組みが設けられている．

　民需向け用途でも，事業者がマンション1棟分の電気を一括で電力会社と高圧電力契約を行い，マンションの共用部ならびに各世帯に低圧に変換して供給する高圧一括受電マンションが増加しており，スマートメーターを用いた自動検針にもPLCが用いられている．集合住宅内のPLCの接続構成は，先のAルート同様に，図3.19に示すとおり電気室にPLCの親機が接続され，各住戸のスマートメーターに設置されたPLC子機を通して，30分ごとに電力使用量を収集している．電力会社と民需用途では，PLC親機から上位のメーターデータ管理システム（Meter Data

Management System；MDMS）への検針データを送信するための接続手順は異なるものの，通信回線にはどちらも携帯や光回線を使用している．また，Aルートと同様に，スマートメーターの負荷開閉器の制御信号を上位から制御するため双方向通信が行なえる．高圧一括受電マンションでは，スマートメーターの取り付け時に通信ルートの確保が必要となる．特に，既設マンションでは，後から通信線の布設ルートを確保することが困難といった課題がある．無線方式は，専用の通信線が不要であるものの，マンション内の入り組んだ構造に対して確実な通信を実現するために，複数の中継器の設置が必要となる場合があるという課題がある．一方 PLC 方式は，親となる PLC を電気室に設置すれば，配電用の電力線を使って各部屋のスマートメーターまで通信ができるため，専用の通信線が不要，かつ有線を使って安定した通信を実現できる利点がある．

国内では，スマートメーター以外への NB-PLC の応用例として，2020 年に JR 高輪ゲートウェイ駅構内の LED 照明の制御に使用した例が文献[15]に紹介されている．従来は，LED 照明とその制御に電力線と通信線が必要であったが，電力線を使って照明への電力供給と制御を行ったものである．

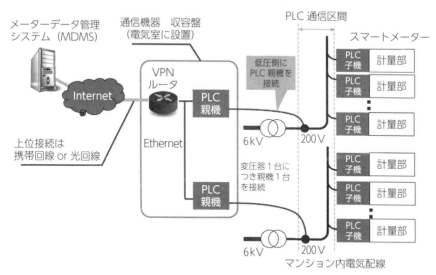

図 3.19　集合住宅内での PLC 接続形態[8]

(2)　海外での応用事例

欧州は，EU 指令によりスマートメーターの導入を進めている．例えば，フランスでは，ENEDIS が G3-PLC を用いて，約 3,500 万台のスマートメーター導入を進めている．ENEDIS は，過去に少数の SFSK 信号キャリアを使用した G1-PLC

で小規模なトライアル導入を行い，その改良を盛り込んだ G3-PLC の規格化を行った．2017 年から全面的に G3-PLC を使ったスマートメーターの導入を開始し，2018 年は年間最大 800 万台近い導入を行っている[16]．ENEDIS は，図 3.20 に示すように，二次変電所から各家庭のスマートメーター（Linky メーター）までの LV（三相 400 V/ 単相 230 V）配電線の区間に G3-PLC を使用して自動検針を行っている．なお，二次変電所から上位の MDMS（Meter Data Management System）までの伝送は，2G，3G などの携帯通信手段を利用している．欧州の PLC は，CENELEC により定められた狭い周波数帯域（CENELEC A：35～91 kHz）を使用しているにも関わらず，データ収集率の目標 95 % 以上に対して，平均 98.6 % と良好な結果を得ている．その他の欧州各国でも，例えばイタリア，スペインは，PRIME 方式の NB-PLC を用いたスマートメーターの自動検針を行っている．また，南アフリカ，マレーシア，ドバイなどでも G3-PLC の採用が進んでいる．南アフリカでは，スマートメーターとコンセントレータの間の通信以外に，スマートメーターと宅内に設置される CIU（Customer Interface Unit）の間の通信にも使われている．

海外においてもストリートライトの制御や消費電力のモニターなどへの適用や公共・商用施設の LED 照明・調光制御や EV の充電スタンドなどからの課金情報の収集などへの適用検討が行われている．

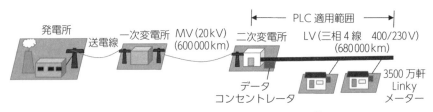

図 3.20　フランスの電力網への PLC の適用[8]

(3)　電力会社のスマートグリッドへの応用

スマートグリッドを構築するための新たな応用先として，電力会社が保有する高圧や超高圧の地中送電用電力ケーブル設備への適用が検討されている．地中線電力設備は，地下トンネルや地中に埋設した管路，マンホール内に布設されている．これら設備の保守点検は，地下トンネルやマンホール内で作業員が行っており，その効率が課題となっている．また，電力の安定供給を目的とした IoT や AI 等を用いる設備故障の早期検出や事前の予知診断等についても，使用するセンサ情報を収集する通信線の布設等のインフラ構築に多大な費用がかかる問題があった．そこで，既設の 66 kV 以上の地中送電線の遮蔽層と呼ばれる金属層を新たに伝送路として

使用し，G3-PLCを用いて，センサネットワークを容易に構築できる方式[17]が開発された．従来のPLCは，低圧の電力線の導体に搬送用の信号を重畳することによって通信を行ってきたが，電力ケーブルの遮蔽層を伝送路として用いたことで，超高電圧の電力ケーブルでも安全に，かつ信頼性の高い通信が実現できる．図3.21に，特に通信路の確保が困難であったマンホール内部のケーブル設備を各種センサやカメラを使って遠隔から監視する監視システムの構成を示す．このような新たなPLCの応用も始まっている．

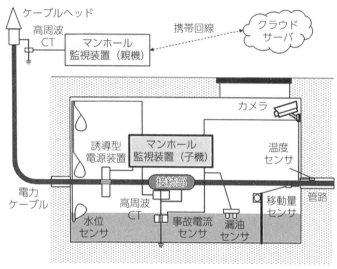

図3.21　マンホール内設備監視システム構成例[17]

### 3.2.5　まとめ

本節では，NB-PLCの技術的な解説やEMCの観点から見た規制などを述べた．また，PLCは，既存の電力線を通信路とするため新たな通信路を必要とせず，信頼性の高い通信ができるという特徴を活かして，電力線を使ったスマートグリッドやIoTへの適用が期待されている．また，IoTの必須要件である国際標準化や認証制度も整備されており，誰でも安心して使用するための相互接続性が確保できるといった利便性も担保されている．また，セキュリティやIPv6対応も行っており，特にスマートメーターの自動検針用途として数多く使われている．また，低圧の配電線から高圧や超高圧の電力線まで様々な使用事例があり，今後の用途の拡大が期待される．

## 3.3 高速PLC通信技術とその利用拡大を目指した法制度（電波法施行規則）の動向

### 3.3.1 電力線搬送通信（PLC）の概要

今日，電力線を通信線として利用する電力線搬送通信（PLC：Power Line Communication）が注目を浴びている．表3.2の分類のうち，図3.22のように電力線に2～30 MHzの高周波信号を重畳して通信を行うBB-PLCはMbpsクラスの高速な通信が可能であるため，高速PLCとも呼ばれており，特に期待が大きくなっている．本節ではBB-PLCを以後，高速PLCと呼ぶ．

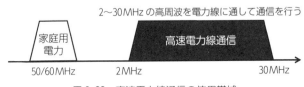

図3.22　高速電力線通信の使用帯域

PLCは，既存の電力線を通信に利用するため，通信用の配線を新たに配線する必要がなく，容易にネットワークの構築が可能となるというメリットがある．しかし，電力線は通信線ではないため，電力線に高周波信号を重畳した際に，電力線から電波が漏えいする懸念があった．そこで，高速PLCを使用した際に，電力線からどの程度の漏えい電波が発生するのかという技術的な検討が行われ，電力線でPLCを使用する際の法制度化の取り組みが行われてきた．

### 3.3.2 高速電力線通信推進協議会（PLC-J）

このような状況の中，PLCの高速化技術や既存システムとの共存技術の検証を行い，日本国内におけるPLC通信を早期に実用化することを目的として，平成15年3月に高速電力線通信推進協議会（PLC-J）[18]が設立された．令和5年7月現在，正会員は以下の19社であり，その組織構成は図3.23のようになっている．

### 3.3.3 高速PLCの利用可能範囲

PLC-Jは，総務省とともにPLC技術の利用範囲拡大に向けた法制度化の取り組みを実施してきた．まず，平成16年には，高速PLC設備（2～30 MHz）の屋内外での実験が行われた．その後，平成17年に，総務省において高速PLCの屋内利用についての技術的な検討が開始され，平成18年に高速PLCの屋内利用についての制度化が行われ，それ以降，一般住宅を中心に高速PLCの屋内利用が広まった．

そのような中，屋外の監視カメラなどでも使用したいという要望が増えてきた．そこで，平成23年に高速PLCの屋外利用に関して検討が開始され，平成25年に

# 高速PLC通信技術とその利用拡大を目指した法制度（電波法施行規則）の動向

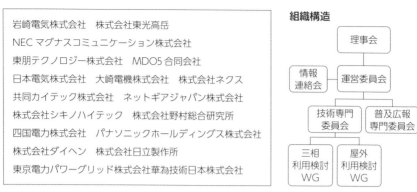

図 3.23　PLC-J の正会員と組織構成

法制度化が行われた．平成 25 年の法制度化時点での PLC の利用可能範囲を図 3.24 に示す．図 3.24 に示す斜線網掛けの部分が高速 PLC を使用できる範囲であり，電力線は単相においてのみ使用でき，三相は範囲外となっていた．また，屋外利用については，分電盤の負荷側の屋外においての利用であり，電柱からの引込線や架空線での使用は範囲外となっていた．

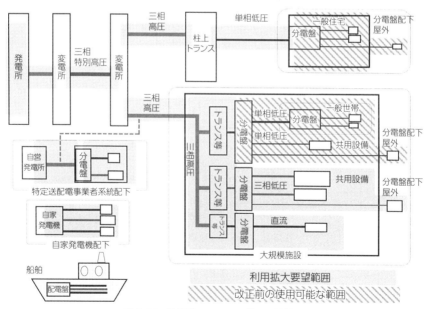

図 3.24　改正前の PLC の利用可能範囲

### 3.3.4 利用範囲拡大に向けての取り組みについて

このような状況の中，近年，無線通信が困難な工場内での工作機械等の情報収集などでIoT基盤構築の有効な手段の一つとして，高速PLCの利用が期待されるようになってきた．しかし，工作機械等は三相3線の電力線に接続されており，三相3線の電力線は平成25年に利用拡大されたPLCの利用範囲には含まれていなかった．こうした状況を踏まえ，平成29年より総務省情報通信審議会の作業班が開催され，高速PLCの三相3線方式での利用等について，無線システムとの共存など，技術的条件の検討が開始された[19][20]．この作業班においては，以下の3点を中心に検討が行われた．

- 高速PLCの工場内等の三相3線電力線での利用
- 鋼船（鋼製の船舶）における屋内用PLCの利用
- 高速PLCの現行規則の解釈の明確化

表3.5に上記内容を検討する総務省の作業班の開催履歴を示す．

表3.5　総務省PLC作業班開催履歴

| 回 | 開催日 | 主なトピック |
|---|---|---|
| PCL作業班第10回 | 2017/10/20 | ・業界要望提示（三相線＆屋外線） |
| PCL作業班第11回 | 2018/2/2 | ・「現規格のマイナーチェンジのみで可能な範囲に絞り，極力早期に議論完了する」方針が発信 |
| PCL作業班第12回 | 2018/4/26 | |
| PCL作業班第13回 | 2018/6/22 | ・Step1 議論範囲制定<br>　三相線シミュレーションモデル構築議論開始 |
| PCL作業班第14回 | 2018/7/30 | ・屋外利用スコープ，引込線取付点以内へ変更 |
| PCL作業班第15回 | 2018/10/11 | ・三相線シミュレーション，実測と整合する結果提示<br>・多数拠点の三相線実測結果，提示開始 |
| PCL作業班第16回 | 2018/12/26 | ・船舶での測定結果，提示<br>　三相線シミュレーション，妥当性追検証 |
| PCL作業班第17回 | 2019/2/28 | ・各種測定結果 Update<br>・作業班報告書 Step1 骨子案発信→意見照会 |
| PCL作業班第18回 | 2019/4/25 | ・作業班報告書審議完<br>　→情報通信審議会電波利用環境委員会へ提出 |
| 情報通信審議会 | 2020/07/23 | ・「広帯域電力線搬送通信設備の利用高度化に係る技術的条件」に関する一部答申を受ける． |
| 電波監理審議会 | 2021/03/10 | ・省令案について，原案を適当とする旨の答申を受ける． |

### 3.3.5 高速 PLC の利用範囲のさらなる拡大に向けた取り組み内容

#### (1) 高速 PLC を接続できる電力線の制限の緩和

表3.5 の PLC 作業班において，工場等の三相3線の電力線で PLC を使用した場合の検討が進められた．これまでの使用範囲であった単相は電力線が2本であったのに対し，三相3線は線が1本増えることから，3本目の線が電磁環境に悪影響を及ぼさないかなどを中心に検討が進められた．具体的には，電磁界解析シミュレーションでの解析や，実際の工場等での建物外電磁環境の実測調査が行われた．電磁界解析シミュレーションからは，3本目の線が周囲の電磁環境を極端に増加させることはないという結果を得た．また，実測調査は日本国内の五つの工場，二つのオフィスビル，一つのスタジアムにおいて，合計140カ所で電磁環境の測定が行われた．すべての測定ポイントにて，建物内で PLC 通信を行ったときと，未通信時の電磁環境を調査した[19][20]．その結果，PLC 通信時と PLC 未通信時で統計処理を行った累積分布に差がみられないという実測調査の結果を得た．その結果，これまでの PLC の使用範囲であった単相の電力線用の屋内用 PLC を，三相3線電力線に設置し通信させても，建物外の電磁環境は周囲雑音強度の代表値と同等か，それ以下であるという結論が導かれた．

また屋外利用に関しては，モーメント法による電磁界解析や，屋外三相3線電力線においての実測調査から，建物の屋内から屋外に引き出された三相3線電力線に現在許可されている屋外 PLC を設置し通信させても，電磁環境は周囲雑音強度の代表値と同等か，それ以下であるという結論が導かれた．

以上のことから，高速 PLC を接続できる電力線として，これまでの単相交流100 V および 200 V に限られていたものが，600 V 以下の単相および三相交流用電力線へ利用が拡大されることとなった[21][22][23][24]．

#### (2) 鋼船（鋼製の船舶）における屋内用 PLC 設備の利用

鋼船内における，交流電力線および直流電力線に屋内用 PLC を設置し，図3.25のように鋼船が停泊中の桟橋，埠頭において，PLC 通信時と未通信時の電磁界強度の実測調査を実施した．また，航海中においても，PLC 通信時と未通信時で，鋼船内において，電磁界強度を実測調査した．その結果，どちらの場合も，PLC 設備の通信による電磁界強度の上昇は観測されなかった．

また，救難無線システムやほかの無線設備等の船舶設備への影響も観測されなかった．以上より，高速 PLC を接続できる電力線として鋼船での交流および直流の電力線へ利用が拡大されることとなった[21][22][23][24]．

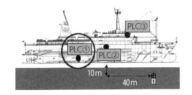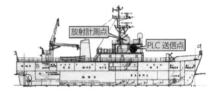

図 3.25　鋼船および桟橋での電磁界強度の測定

### (3) 現行規則の解釈に関する明確化

(3-1) 地中および水中に配線された電力線の利用

これまで，架空配線以外の地中および水中に配線された電力線の利用に関して不明確であったため，地中および水中の電力線に関する議論が行われた．そして，図 3.26 のように実際に地中に配線された電力線，および，図 3.27 のように水中に配線された電力線からの電磁界強度と，架空配線からの電磁界強度の比較測定を実施した．その結果，地中および水中に配線された電力線からの電磁界強度は，架空配線の電力線からの電磁界強度よりレベルが低いことが確認された．これにより，地中および水中に配線された電力線を屋内 PLC 設備が使用できることになった．（令和 3 年総務省告示第 210 号）[21][22][23][24]

(3-2) 外壁コンセントに接続可能な PLC 設備

図 3.28 のように，建物の外壁に設置されたコンセントに接続できる PLC は，屋内用 PLC か屋外用 PLC かが不明確であった．作業班において，この議論が行われ，屋内用 PLC を建物外壁コンセントで使用した場合，PLC 設備で発生した妨害波が屋外電力線や通信線に伝搬する可能性があることが懸念されたため，屋外用 PLC に限ることとなった[21][22][23][24]．

(3-3) スタジアム等の上空が覆われていない建物内での PLC 設備

これまで，スタジアムのように，建物の一部に天井がなく，上空が覆われていない建物に設置できる PLC 設備については，屋内用 PLC か屋外用 PLC かが不明確であった．

そこで，スタジアム内で PLC を使用した場合のスタジアム周辺における電磁界強度の実測調査を実施した．その結果，PLC 通信においてスタジアム建物周辺において電磁環境に変化はみられなかった．さらに電磁界解析シミュレーションの結果を踏まえ，図 3.29 のように周辺の建物との離隔距離が 30 m 以上あれば屋内用 PLC の利用を可能とすることとなった（令和 3 年総務省告示第 210 号）[21][22][23][24]．

# 高速 PLC 通信技術とその利用拡大を目指した法制度（電波法施行規則）の動向

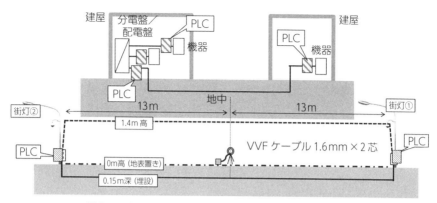

図 3.26　地中に配線された電力線からの電磁界強度の測定

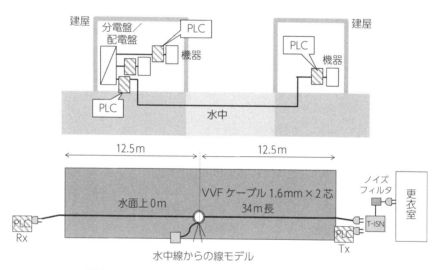

図 3.27　水中に配線された電力線からの電磁界強度の測定

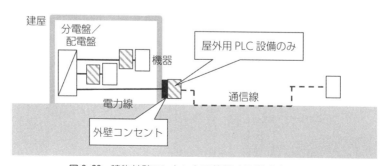

図 3.28　建物外壁コンセントで使用する PLC について

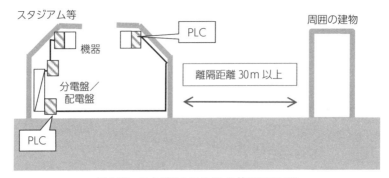

図 3.29　スタジアムでの PLC 使用について

### 3.3.6　電波法施行規則改正案および電波監理審議会

　総務省において，前項の内容に伴った電波法施行規則の一部を改正する省令案が作成され，令和 3 年 3 月 10 日開催の電波監理審議会においてその内容が審議された．その結果，電波監理審議会から改正案を適当とする答申を受け，令和 3 年 6 月 30 日の官報掲載によって，本内容が施行された[21][22][23][24]．

### 3.3.7　PLC 組み込み電気用品実現に向けての活動

　高速 PLC の使用には，電波法施行規則によって，使用範囲と他の通信に影響を与えない許容値が設定されている．電気用品安全法においては，家電製品に PLC を内蔵した場合，主たる用途は家電製品であるため，外形的には電安法技術基準解釈通達における家電製品の雑音の強さの基準値に適合する必要がある．一方，電安法技術基準は性能規定化されており，「通常の使用状態において，放送受信および電気通信の機能に障害を及ぼす雑音を発生するおそれがない」ことを証明できるものであればよいとされている．

　このような状況であったため，図 3.30 のように家電機器に PLC を内蔵した場合の取り扱いについて，電気用品調査委員会電波雑音部会にて検討が行われた．

図 3.30　PLC を内蔵した電気用品

5G およびローカル 5G 通信技術の実際　71

　この内容を検証するため，まず，PLC を搭載した電気用品を 6 機種試作し，実住宅 3 件に設置して実験を行った．その結果，電気用品に内蔵した PLC から通信を行った場合に，試作電気用品および住宅内の他の電気用品が，非動作状態と動作状態のどちらにおいても誤動作しないことを確認した．さらに，様々なメーカの電気用品 140 機種を収集し，その電気用品の直近のコンセントで PLC を送信しても電気用品が，非動作状態と動作状態のどちらにおいても誤動作しないことを確認した．

　上記を踏まえ，PLC 内蔵家電機器の普及促進の観点から，PLC を内蔵した電気用品の扱いについて，技術基準省令解釈に，電波法施行規則第 46 条の 2 に適合するものは電気用品安全法の雑音の強さに適合するものとする旨の改正を行うことになった[1][25]．

## 3.4　5G およびローカル 5G 通信技術の実際
### 3.4.1　5G の概要

　移動体通信システムは通信システムの世代，標準規格名，通称，サービス名など様々な呼称が用いられている（表 3.6）．例えば，第 3 世代通信システムの場合，世代を表す 3G（The $3^{rd}$ Generation）で呼んだり，標準規格名である UMTS（Universal Mobile Telecommunications System）等やそれらの通称である W-CDMA（Wideband Code Division Multiple Access）等で呼んだりする．第 5 世代通信システムの場合は，ITU-R（International Telecommunication Union Radiocommunication Sector）勧告 IMT-2020（International Mobile Telecommuncations-2020）の標準規格として標準化団体 3GPP（Third Generation Partnership Project）が提案した規格のみが採用されたため，世代を表す 5G（The $5^{th}$ Generation）に合わせて通信規格名は "5G System"（5GS）となり，世代と標準規格のどちらを意味する場合にも「5G（ファイブ・ジー）」の呼称が用いられるようになった．

　移動体通信システムは 2G でデジタル化が，3G でマルチメディア化とパケット交

表 3.6　通信システムにまつわる呼称

| 世代 | ITU-R 勧告名 | 標準規格名 | 通称 | サービス名称 |
|---|---|---|---|---|
| 3G | IMT-2000 | UMTS<br>CDMA2000<br>IEEE 802.16e | W-CDMA, HSPA<br>EV-DO<br>(Mobile) WiMAX | FOMA<br>UQ WiMAX<br>など |
| 4G | IMT-Advanced | EPS<br>IEEE 802.16m | LTE, LTE-Advanced<br>WiMAX2 | Xi, ○○ 4G<br>PREMIUM 4G<br>など |
| 5G | IMT-2020 | 5GS | 5G | ○○ 5G |

換化が行われ，4G では IP 伝送化された様々なアプリケーションデータを扱えるよ
うネットワークの完全 IP 化と最適化がなされた．5G では，データサイズが小さく，
遅延保証や QoS（Quality of Service）保証を必要とする IP 化されなかったセンサ
通信や産業用途等のあらゆる通信を包含し，高速大容量無線通信（eMBB：
Enhanced Mobile Broadband），超高信頼低遅延通信（URLLC：Ultra-Reliable and
Low Latency），様々な場所の大量の機器を収容する通信（mMTC：Massive
Machine Type Communication）の三つのユースケースとして整理されている[27]．
性能目標値としては，ITU-R 勧告 IMT-Advanced（International Mobile Tele-
communications-Advanced）で定めた 4G 要求性能に対しすべてにおいて高い性能
が定められ，用途別に満たすべき目標が設定されている（図 3.31）．

### 3.4.2　様々なユースケースに対応する仕組み

　5GS は，有線系のコアネットワークである 5GC（5G Core），無線伝送部分の 5G-
NR（5G New Radio），コアと無線の接続部の NG-RAN（Next Generation Radio
Access Network）で構成される．5GC はアーキテクチャや機能自体は 4G と大きく
変わらないが，仮想化／クラウド化（NFV：Network Functions Virtualization，
MANO：Management and Orchestration），サービス・ベースド・アーキテクチャ
（SBA：Service Based Architecture），クラウド／Web API といった，IT やクラ
ウドの技術を取り込んだ点が大きく異なる（図 3.32）．これらの技術は様々なアプ
リケーション・サービスの追加実装を容易にし，要求性能の異なるユースケースご
とに複数のネットワークを混在して運用するネットワーク・スライシングを実現す
るために必須となる．

　NG-RAN は，3GPP 仕様で"gNB"と呼ばれる基地局群で構成される無線アク
セスネットワークで，アンテナ制御，デジタル信号処理，無線伝送，コアネットワ
ークへの IP 伝送等を担う．3G や 4G では基地局等の無線アクセスネットワークノ
ードおよびコアネットワークのノード間のインターフェースが規定されているのに
対し，5G ではスプリット・アーキテクチャが採用され，gNB を機能ごとに CU-
CP（Centralized Unit-Control Plane），CU-UP（Centralized Unit-Data Plane），
DU（Distributed Unit）に分け，これらの機能部（NF：Network Function）間の
インターフェースが規定されている．DU はさらに O-RU（O-RAN Radio Unit）と
O-DU（O-RAN Distributed Unit）に分離することもでき，O-RAN Alliance によ
りインターフェース仕様が規定されている（図 3.33）．これにより求められる要求
性能に応じて NF の配置やリソース割り当てを柔軟に変更することができるように
なった．例えば MEC（Mobile Edge Computing）のような低遅延ネットワークが

# 5G およびローカル 5G 通信技術の実際

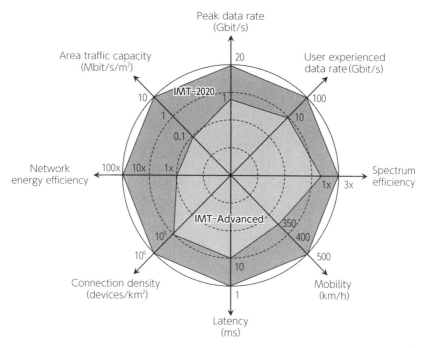

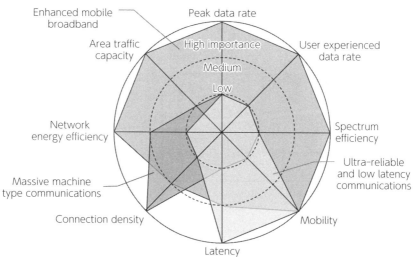

図 3.31　5G の目標値（文献 [27] をもとに作成）

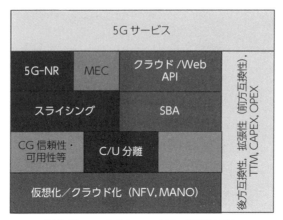

図 3.32　5G を支える IT 技術（■部分）

　必要な場合には，アプリケーションサーバおよび一連の NF をエッジ，つまり無線アクセス側に配置することができる．また，IoT（Internet of Things）通信では多数の端末を収容する必要がある一方，個々の端末が送受するデータは少量・低頻度であり，また遅延も許容されるため，CU をデータセンター等に配置し，クラウド・コンピューティング型で運用することができる．CU は端末の制御を司る CU-CP とデータ伝送を司る CU-UP に分離することができるため（C/U 分離），データセンター内の処理リソースの多くを CU-CP に割り当てるなどの最適化も図れる．
　5G-NR は 4G と同じ無線伝送方式である OFDM（Orthogonal Frequency

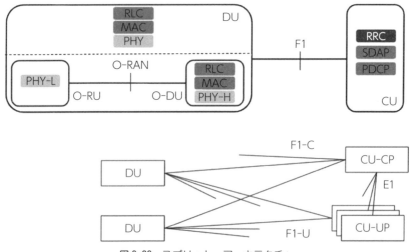

図 3.33　スプリット・アーキテクチャ

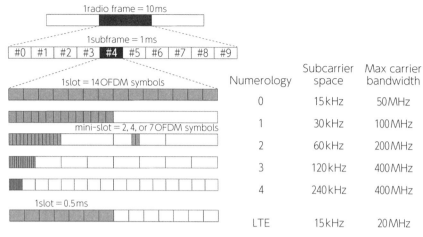

図 3.34　5G 無線フレーム構造

Division Multiplex）を採用している．5G においては，低遅延伝送やさらなる大容量・高速伝送等への要求に対応するために，LTE と同じサブキャリア間隔である 15 kHz を基準として，30，60，120，240 kHz の異なるサブキャリア間隔を扱えるようにした．これについて説明すると，まず，通信の送受信の単位である 1 スロットは，サブキャリア間隔に関わらず 14 個の OFDM シンボルで構成される．次に，10 ms 単位のラジオフレームをさらに 10 分割して，1 ms のサブフレームとする．このサブフレームに対してスロットを割り当てる際，サブキャリア間隔 15 kHz の場合は，1 サブフレームに 1 スロットを割り当てる．一方，30 kHz の場合は，1 サブフレームに 2 スロットを割り当てる（図 3.34）．よって，サブキャリア間隔を 60 kHz 等に大きくすることで，OFDM シンボル，つまりはスロットを短くできるため，データ送受にかかる時間を短縮化でき，遅延を抑えることができる．一方，高速・大容量通信が求められる場合には最大 6.4 GHz まで帯域を確保可能な高周波帯を扱うため，240 kHz 間隔等の大きなサブキャリア間隔を用いる．また，異なるサブキャリア間隔をサブキャリア（周波数）および時間で多重して同時に行える仕様としているため，様々なアプリケーションを同一キャリア周波数上で混在させて扱うことも可能である．

### 3.4.3　Standalone モードと Non-standalone モード

現在 5G 用に確保されている周波数帯は 3.7 GHz および 4.5 GHz 帯のミッドバンド，28 GHz 帯のハイバンドであり，5G 用周波数のみで広域にわたって安定した通信を提供することは難しい．そのため，5G サービス開始時には高速・大容量通信

をホットスポット的に展開し，徐々にサービスおよびサービス提供エリアを拡大していくことが想定される．3G から 4G への移行期には CS Fallback（Circuit Switched Fallback）と呼ばれる技術により 4G から 3G への異システム間ハンドオーバーを行うことでサービスの継続性を維持していた．4G から 5G の移行期には Dual Connectivity と呼ばれる技術を用いる．Dual Connectivity は様々な構成で運用できるが，4G から 5G への移行期に用いられるのは 4G，すなわち LTE の基地局が主ノードとなり加入者情報・課金情報・セキュリティといったコアネットワークの機能および無線制御等の無線アクセスネットワークの機能を LTE で提供し，5G では 5G 基地局でデータの無線伝送のみを提供する EN-DC（E-UTRA-NR Dual Connectivity）と呼ばれる形態となる．CS Fallback は 4G から 3G へのサービス切り替えが発生するのに対し，EN-DC では 4G と 5G の両方のシステムと同時に通信する（移動体端末が 5G のカバレッジエリアを出た場合は 4G のみが継続する）点が大きく異る．

EN-DC では 5G 基地局は 5G コアネットワークに接続せず，サービス自体は LTE で提供されるため，EN-DC でデータ伝送を提供する 5G のサービス形態を Non-standalone（NSA）モードと呼ぶ．これに対し，コアネットワークも含めエンド・ツー・エンドで 5G サービスを提供する形態を Standalone（SA）モードと呼ぶ（図 3.35）．EN-DC では LTE のコアネットワークを使用できるため，NSA で 5G サービスを開始し，徐々に SA に切り替えていくことで 4G から 5G へのスムーズな移行が可能となる．

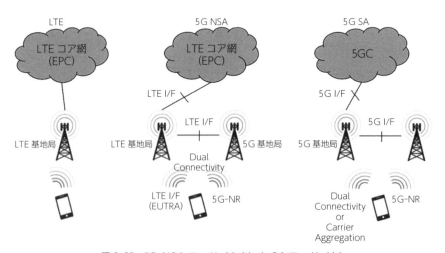

図 3.35　5G NSA モード（中央）と SA モード（右）

### 3.4.4 5GとIoT

5GのIoTへの対応は，5Gのユースケースのうち URLLC と mMTC でカバーされている．しかし，いわゆる LPWA（Low Power Wide Area Network）に相当する，低電力で広範囲をカバーするサービスは 5GS 単体ではサポートされていない．LTE にはセンサ系デバイスをサポートする NB-IoT（Narrow Band Internet of Things）という仕様と，ウェアラブル系デバイスをサポートする eMTC（Enhanced Machine Time Communications）という仕様があり，LPWA にはこれらを使用する．5GS は無線区間と無線アクセスネットワークにおいて，LTE と 5G を同時に収容する仕組みを提供する（図 3.36）．

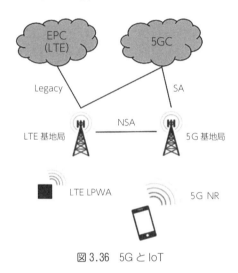

図 3.36　5GとIoT

### 3.4.5 ローカル5G

ローカル 5G とは総務省が定義する「地域ニーズや個別ニーズに応じて様々な主体が利用可能な第 5 世代通信システム」のことをいう[28]．ここでいう「主体」とは通信事業者以外の地域の企業や自治体等を意味し，ローカル 5G 用に開放された周波数を免許申請時に干渉調整等を行って共用する．2019 年 12 月に制度化されたのは 28.2〜28.3 GHz の 100 MHz についてであり，4.6〜4.8 GHz 帯については 2020 年 10 月現在，調整中である．

2019 年 12 月に制度化されたローカル 5G は，当面は自己の建物または自己の土地内で構築・運用することとされている[29]．道路に基地局を設置する場合等は他者土地利用となり，サービス提供エリアが自己の建物または土地内であっても，固

定通信（基地局と接続する端末が動かない）のみでの利用となる．

　自己の土地および建物内で移動体通信サービスを提供する場合，制度化の対象である 28 GHz 帯のみでの運用には様々な技術的困難が伴う．一つには 28 GHz 帯等のミリ波帯の電波は伝搬減衰量が大きいため，基本的にビームフォーミングで電波の指向性を高めることにより伝搬量損失を補償する運用となることがある．この対策として，伝搬減衰量が小さい低い周波数帯を同時に用いる．2019 年 12 月に制度化されたローカル 5G では，3.4.3 項で述べた NSA モードで運用し，低い周波数を LTE 側でカバーする必要がある．

　ローカル 5G を NSA モードで運用するにあたり，LTE 側の通信の提供方法には (1) 通信事業者から提供を受ける，(2) 地域 BWA（Broadband Wireless Access）から提供を受ける，(3) 自営 BWA の免許を取得し自ら運用する，の三つがある．地域 BWA とはローカル 5G の LTE 版とも言えるものであり，2.5 GHz 帯の周波数を用いて各自治体で公共サービスを提供する目的ですでに制度化されている．これに対し自営 BWA とは，ローカル 5G の制度化に合わせて新たに導入されたもので，ローカル 5G の免許を取得する主体が NSA モードを運用することを想定し，地域 BWA と同一の 2.5 GHz 帯の周波数の免許も取得・運用できるようにしている．ただし，自営 BWA は同周波数の二次的利用として位置づけられており，地域 BWA が運用されている地域内や隣接地域では干渉調整等において地域 BWA の運用が優先される．

　ローカル 5G のシステム構築には様々なパターンが考えられる（図 3.37〜図 3.40）．現在，ローカル 5G の免許を取得している事業者のシステム形態はパターン 1 が主流である．今後，「免許人の依頼を受けたシステム構築会社」として移動体通信事業者やシステム構築事業者（図中では「全国 MNO（Mobile Network Operator）」と表記）が通信システムのほとんどを提供し，免許人は MVNO（Mobile Virtual Network Operator）のような形態でシステムを構築するパターン 3 やパターン 4 のような形態も増えてくると予想される．

# 5G およびローカル 5G 通信技術の実際

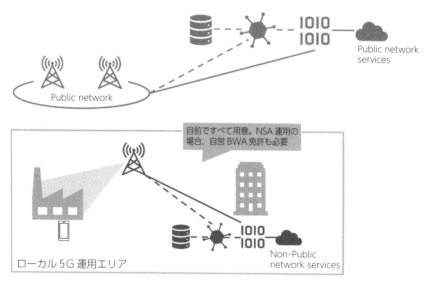

図 3.37　ローカル 5G システム構築パターン 1 （文献 [1] をもとに作成）

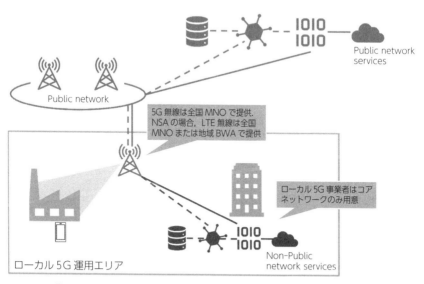

図 3.38　ローカル 5G システム構築パターン 2 （文献 [1] をもとに作成）

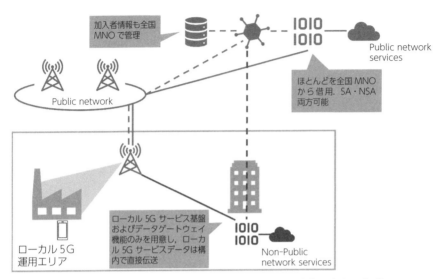

図 3.39　ローカル 5G システム構築パターン 3（文献 [1] をもとに作成）

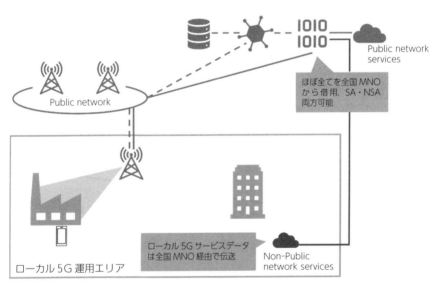

図 3.40　ローカル 5G システム構築パターン 4（文献 [1] をもとに作成）

## 3.5 環境磁界発電技術

磁気はヒトの五感で知覚できないが，電気エネルギーの享受を受ける生活環境下の様々な情報を含んでいる．一例として，東野圭吾氏の著作「天空の蜂」では，環境磁界を情報として活用するアイディアが出てくる[31]．原子力発電所の発電停止を確認するため，送電線周囲にコイルを配置し，その誘起電圧を無線通信により把握して送電の有無を確認するものである．図 3.41 に環境磁界発電の概念図を示す．アンペールの法則により線電流の周囲には磁界が発生する．この磁界から発電を行うのが環境磁界発電である．著者は 2011 年に環境磁界発電の概念を提案[32]，2012 年に信州大学環境磁界発電プロジェクトの立ち上げ[33]，2016 年に科学情報出版より「環境磁界発電 原理と設計法」（以降，MEH 書籍と称す）を出版した[34]．本報告では MEH 書籍でまとめた環境磁界発電の概略紹介とともに，最近の動向も織り交ぜて報告する．

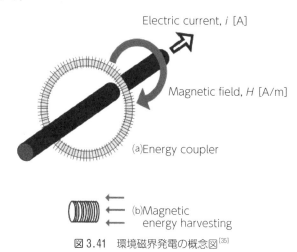

図 3.41 環境磁界発電の概念図[35]

### 3.5.1 環境磁界の発生と利用

MEH 書籍の第 2 章では環境磁界を希望する領域に発生させるための磁界発生用コイルシステムの設計について述べている．電磁界を利用するためには様々な規制に注意を払う必要がある．信州大学環境磁界発電プロジェクトでは，ヒトへの電界および磁界へのばく露制限に関するガイドラインとして有名な ICNIRP2010 に注目した[36]．例えば送配電に利用される 50/60 Hz 帯域では 0.2 mT が公衆ばく露制限値として定められている．図 3.41 において 1000 A の電流が流れていた場合では，1 m 離れた距離における磁界が 0.2 mT に相当する．本プロジェクトでは逆転の発

想を行った．生活環境下に存在するICNIRP2010ガイドライン値以下の磁界を「環境磁界」と定義し，活用しようという試みである．発電の方法は大きく分けて2種類ある．一つ目は図3.41(a)のように電線をクランプする変流器方式（CT）で，エネルギーカップラーとも言われている．二つ目は図3.41(b)のように電線から離れた位置で磁界を回収する方式（MEH）で，環境磁界発電では主にこの方法に注目している．一般の環境発電とは大きく異なる着眼点が二つある．一つ目は環境磁界をエネルギーだけでなく情報として活用することである．環境磁界発電では情報と電力の両方を活用しようとするものである．二つ目は環境磁界を意図する領域に発生させ，環境発電と非接触給電の両者の利点を活かすというものである．近年，環境磁界発電の利用によるIoT端末やセンサの誤動作を考えた耐磁性（イミュニティ）試験についても検討すべきであると気づき始めた．イミュニティ試験にはISO11452-8[37]の自動車部品に対する放射ループ法やヘルムホルツ法，IEC61000-4-8[38]の電子機器に対する1m×1mの単ループ矩形コイルや1m×2.6mの単ループ長方形コイルが知られている．MEH書籍では磁界発生用コイルの設計法とともに，大空間に一様磁界を発生可能なSimple-Box-9コイルや3軸方向に一様磁界を発生可能なSimple-Cubic-3コイルについて解説した．これらは現実問題に近いイミュニティ試験環境の整備に活用できる．

図3.42に低周波磁界に着目したイミュニティ試験における印加磁界と周波数の関係を調査した結果をまとめた．ISO11452-8は自動車部品があらゆる環境で磁界

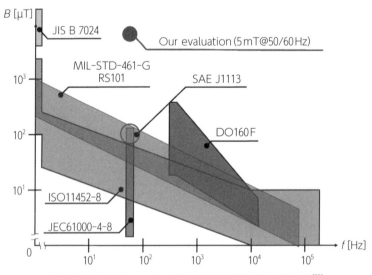

図3.42　各種イミュニティ試験における印加磁界と周波数[35]

に対するイミュニティを有することを規定している[37]. 対象となる周波数は，
15 Hz から 150 kHz までの周波数磁界および DC を想定している. DC, 16.67 Hz
(鉄道で用いられることがある), 50 Hz と 60 Hz (典型的な商用電源周波数),
150 Hz と 180 Hz (50 Hz と 60 Hz の 3 次高調波), および 15 Hz〜150 kHz の周波
数範囲のリニア・ステップか対数ステップでの掃引で試験されている. IEC
61000-4-8 は電子機器に対する磁界イミュニティを規定した国際規格である[38]. 磁
界発生源は主に配電線や変圧器を想定しており, 電源周波数の 50/60 Hz が対象と
なる. MIL-STD-461-G は電源周波数帯とその高調波が主な磁界発生源と考えられ
ており, 最も高い磁界強度制限が指定されている[39]. 30-400 Hz では, 陸軍機器向
けには 1 mT, 海軍機器向けには 316 µT 以下で正常に動作することを考慮している.
DO-160 は, 航空機に搭載される機器の環境試験規格である[40]. 磁界イミュニティ
に関する試験としては, 15 章：磁気影響, 19 章：誘起信号妨害感受性の二つであ
った. なお調査では DO-160F をもとにした JIS W 0812 を参照した. SAE J1113
は自動車部品および自動車搭載機器に関する規格である[41]. ヘルムホルツコイル
を利用した試験で, 磁界の強さは 80 A/m までの電源周波数磁界に対処する記述が
あった. JIS B 7024 は国際規格である ISO764 をもとに規定される時計の磁気影響
に関する規定である[42]. 試験磁界は 4800-16000 A/m の磁界中で行われる. 時計の
12-6 時方向, 3-9 時, 面垂直方向に対し直流磁界を印加し, それぞれ 1 分間計測を
行う. 4800 A/m の磁界に影響を受けない時計は 1 種, 16000 A/m の磁界では 2 種
耐磁時計として認定される. 上述のイミュニティ試験の調査結果を受け, 電源周波
数において mT オーダの磁界発生可能な Simple-Cubic-3 コイルを設計・試作し
た[43]. 比較的安価な 600 W の電源アンプを用い, 5.5 A の電流を通電することで
3.4 mT の磁界を印加できる. 一辺が 10 cm 程度の試料に対し, 誤差 1 ％以下の一
様磁界を印加できる.

### 3.5.2 環境磁界発電装置

　MEH 書籍の第 3 章では磁気を電気エネルギーに変換する発電モジュール, 第 4
章では得られた電気エネルギーを負荷に最適な直流電圧源として機能させる電力管
理モジュールについて記載した. この二つにより構成されるものを環境磁界発電装
置と呼称している. 図 3.41 で示したとおり, 電力用設備に対する発電モジュール
には大きく分けて 2 通りが提案されている. 一つ目は電線を挟み込むエネルギーカ
ップラー[44]方式 (以降, CT 方式), もう一つが電線から距離を置いた位置で磁界を
回収する環境磁界発電方式[32](以降, MEH 方式) である.

　CT 方式は閉磁路構造を有するため, 高透磁率材料による検証, 接合部の検討[45],

2 T を超える高飽和磁束密度材料を用いた 10 W を超える給電実証[46]も報告されている．ただし挟み込む電線以外からの磁界発電は行えない．また，給電対象につながるワイヤからの電磁干渉も問題視されるようになり，非接触給電による給電法も提案されている[46]．MEH 方式ではこうした問題点がなく，CT 方式では実現できない利点もある[47]．その反面，MEH 方式は開磁路構造のため CT 方式に比べ素子が大型化する．これを補う磁束収束技術[47][48][49]が実用の要求に合わせた発電モジュールの設計に活用できる．著者らは 2017 年に 3.3 V 出力が可能な環境磁界発電装置の試作を行った[50]．

図 3.43 に著者らの 100 mW クラス MEH 方式用磁界発電装置の開発事例を示す．図 3.43 (a)は理論どおりの発電が行える空心 Brooks コイルを用いた磁界発電モジュールを示す[51]．直径 20 cm，コイル長さ 5 cm であり，重量は 7 kg 程度である．0.5 mT の電源周波数磁界に対し開放電圧 24 V，最適負荷接続時に 400 mW の最大電力を供給できる．0.35 mT の環境磁界環境下に設置すれば，電力管理モジュールにより 3.3 V の出力電圧を供給できる．磁束収束技術を用いてないため，総重量7.8 kg の大半は磁界発電素子である銅線の重量が占めている．逆の見方をすれば，10 kg 以下で 100 mW 給電が行える天候に左右されない発電装置である．発電損失の原因にもなる磁性材料を用いず非磁性材料だけで構成されているのも特徴としている．塩ビケースの蓋を接着すれば，水中・地中等での利用も考えられる．図 3.43 (b)はアモルファス薄帯積層による磁束収束コア付き磁界発電モジュールを示す[52]．磁性体での電力損失低減を図るため，帯厚 0.025 mm のアモルファス薄帯 2605SA1 を磁束収束コアに使用した．幅 12 mm にカットしたアモルファス薄帯 10 枚を一束として非金属のテープを巻き，10 束積層した 12 mm × 12 mm × 213 mm の磁束収束コアを製作した．反磁界により磁束密度が一番高くなる磁束収束コア中央部にコイルを集中巻きした構造とした．0.5 mT の環境磁界環境下に設置すれば 3.3 V の出力電圧を供給でき，重量は 0.2 kg と軽量である．

### 3.5.3　今後の展望

環境磁界発電ではヒトの磁界公衆磁界ばく露制限を定めた ICNIRP2010 ガイドライン以下の磁界を環境磁界と位置付けた．50/60 Hz の場合は 0.2 mT が上限であり，1 kA の電流線路から 1 m 離れた距離の磁界に相当する．一方，IoT 端末への応用であれば，その上限値を超えた磁界による発電応用も検討できる．例えば 2017 年 3 月の東京電力 HD とゼンリンによる「ドローンハイウェイ構想」実現へ向けた業務提供を行った例が挙げられる[1]．電気エネルギーの享受を受ける我々日本国民の生活環境下では，送電線が地球半周分となる 15 000 km 配電線長さは地球 8 周分

# 環境磁界発電技術

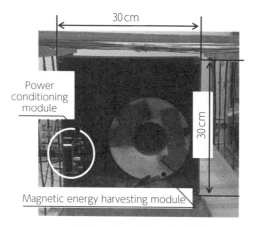

(a) 空心コイルを用いた例 (7.8 kg)

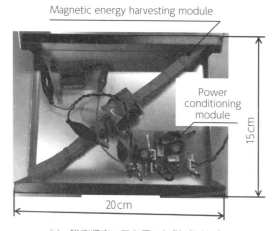

(b) 磁束収束コアを用いた例 (0.2 kg)

図 3.43　環境磁界発電装置の構成例[35]

となる 338 000 km に及ぶとも言われている．ドローン専用の飛行空域・空路として変電所，鉄棟，架空地線周囲の環境を利用できるような場面が増えれば，環境磁界発電技術の新たな展開が望めると期待している．

　MEH 方式でしか実現できない発電素子の利点の一つとして，磁気双安定素子を用いた磁界発電素子の実現がある．ファラデーの電磁誘導の法則に基づく環境磁界発電では，発電電力が周波数の 2 乗に比例する．そのため，コアに使用する磁性体の磁化特性に大バルクハウゼンジャンプ（磁気双安定機能）を有する磁気双安定素

子の利用に注目している．磁気双安定素子は様々な名称で呼称されているが，著者は磁歪と磁性を有する材料の応用であることに着目している[54]．表3.7に磁気双安定素子についてのまとめを示した．1974年 J. R. Wiegand の FeNi 系細線を用いたウィーガンドワイヤ（パーマロイ）[55]と1980年松下らの FeCoV 系細線を用いた複合磁性線（バイカロイ）[56]は，ワイヤ内外層の磁性構造が正反対，1984年毛利らの FeSiB 系細線（アモルファス）[57]はバンブー構造という異なる磁気特性をもっていることが知られている．2018年に竹村らのグループは複合磁性線による磁界発電により1 mW 給電実験を実証している[58]．著者らは1 mm 以下の磁性細線でのみ実現されている磁気双安定素子の大径化による高出力化に注目した．溶解により製作した Φ10 mm の原料から，スゥエージング加工により Φ8.5 mm の試料を得て，そこからさらに線引加工を行うことで Φ1 mm の FeCoV 磁性線を製作した[59]．ひねり残留応力付与により磁気双安定機能を発現することに成功し，環境磁界発電装置の試作[60]や等価回路の提案による電子回路シミュレータによる解析[1]を発表している．

表 3.7 磁気双安定素子の分類[35]

| 材料 | 処理方法 | 磁区構造 | 直径 | 飽和磁束密度 | 特徴 |
|---|---|---|---|---|---|
| FeNi 系（パーマロイ） | 表面硬化熱処理 | 外層硬磁性，内層軟磁性 | 0.3 mm（Wiegand 特許） | 1.5 T | 熱処理による応力印加→表面のみの応力印加のため大径化× |
| FeSiB 系（アモルファス） | 急冷法（水中紡糸法など） | バンブー構造 | 0.1 mm（愛知製鋼） | 0.6〜1.1 T | 急冷により応力印加されたアモルファス材料→0.1 mm 以上は製作できない× |
| FeCoV 系（バイカロイ） | ひねり応力処理 | 外層軟磁性，内層硬磁性 | 0.25 mm（ニッコーシ） | 1.78 T | 硬い材料で加工が難しい→1 mm 以上の市販品はない |

## 3.6 ワイヤレス給電技術と交通システム応用

電気機器に非接触で電力を供給する非接触電力伝送技術は，家電分野などで実用品が世に出てから20年近い歴史のある技術である．昨今のエネルギー情勢から，電気自動車に対する関心の高まりとともに，次世代充電技術としてにわかに注目されるようになり，「ワイヤレス給電技術」と称されることも多くなった．非接触電

力伝送技術の特徴が最も活かされる分野のひとつに医療・ヘルスケア分野がある．筆者は埋込み型人工心臓をはじめとする体内埋込み型の電磁型医療機器を中心に非接触給電（WPT）方式について20年近く取り組んできた．本稿においては電磁誘導から磁界共鳴に至るまでこれまでに提案されあるいは実用化されてきた技術の基礎についてその概観を紹介する．詳細については他書に譲る[62][63][64]．

### 3.6.1　非接触電力伝送方式

　ワイヤレス給電技術は，商用電源に代表される交流電源，あるいは太陽光電池などの直流電源から得られる電力を，高周波インバータなどにより適当な高周波電力に変換したのち送電器を通して空間に「送電」し，離れた受電器で受電された電力をコンバータ等を経て直流電力に変換する電力変換・伝送方式の総称である．送電器で空間に電磁界・電磁波の形でエネルギーを分布させるので，ここが非接触電力伝送技術の鍵となるのはもちろんであるが，高周波インバータ，コンバータ等の電力変換機器を必要とすることからこの部分における高効率化も大事な鍵となる．

　空間に形成される電磁界の様相によって，マイクロ波方式，エバネッセント波方式，磁界共鳴方式，電界共鳴方式，電磁誘導方式などに分けられる．レーザを用いる方式やエネルギーハーバストの概念に基づく微小電力伝送も広義では非接触電力伝送に含める立場もあるが，ここでは電波以下の周波数帯の電磁波・電界界を用いたミリワットから100キロワット級の電力伝送を対象とする．なお，「共鳴」という用語はresonanceの和訳であるが，本質的にはLC共振を積極的に利用した原理に基づくものであり，古くから知られていた技術である．磁界共鳴，電界共鳴，電磁誘導はまとめて「電磁界共振」と呼ぶべきかもしれない．最近，変圧器結合を前提としない電磁誘導方式も提案されており，磁界共鳴方式を包含する領域にわたり電力伝送が可能となることが明らかになってきている．

　図3.44は現在開発が進められている非接触電力伝送方式の概要であり，定電圧源による「電界源伝送」と定電流源による「磁界源伝送」に大別される．前者は定電圧源により空間に交流電界を生じさせ電界エネルギーを蓄積するので，空間は高インピーダンス負荷にみえる．後者は定電流源により空間に交流磁界を発生させ，磁界エネルギーを蓄積するので，空間は低インピーダンス負荷にみえる．蓄積エネルギーの単位はジュール毎立方メートル，すなわちエネルギーの空間密度である．電界源伝送，磁界源伝送のいずれの場合も，空間に電磁エネルギーを蓄積することが特徴であり，空間蓄積エネルギー量は時間とともに変化するが，「エネルギー空間伝送」の性質はもたない．したがって，「受電側」は磁界の到達する空間内に配置する必要があり，かつ，能動的にエネルギーを吸収する仕組みを必要とする．これ

に対して，送電源からの距離が離れるにつれて，空間にはマックスウェルの方程式に従う磁界，電界が互いに誘導されることで，電界源，磁界源，両者の空間分布形状は近づき，やがては同一の空間インピーダンス377オームの空間分布がみえるようになる．すなわち送電器形状に起因した電磁界分布への影響は影を潜める．同時に，この領域において空間蓄積エネルギーは光速で伝播されるようになり，エネルギー伝送量はポインティングベクトルの大きさで表現される．単位はワット毎平方メートルである．したがって，この場合，「受電側」を磁界の到達する空間内に配置する必要はなく，送電側から放射される電磁波が到達した時点からエネルギーを受け取ることができる．

おおよその話ではあるが，波長程度の距離を境に送電部に近い領域の電磁界は近傍界，遠い領域の電磁界は遠方界と呼ばれている．

電界共鳴，電磁誘導の2方式は近傍界を利用しており，磁界共鳴は主として近傍界を利用するが，誘導される電界も利用するのが基本である．マイクロ波は遠方界を利用している．平面（曲面）内にマイクロ波を閉じ込めて，エネルギーの注入，抽出に近傍界を利用し，空間伝送に遠方界を利用するのがエバネッセント波方式である．

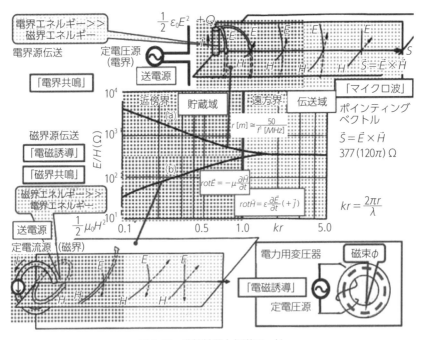

図3.44 非接触電力伝送モード

電力用変圧器に代表される「電磁誘導」方式は図 3.44 における電界源伝送，磁界源伝送のいずれにも含まれず，図中右下に書かれているモードで動作する．すなわち，交流磁束を磁性体中に閉じ込め，「交流定電圧源」によってその交流磁束の最大値を常に一定に保つことで二次側巻線に電力を伝えている．したがって，「電磁誘導」に基づく非接触電力伝送方式の代表として変圧器が挙げられることが多いが，実は変圧器は非接触電力伝送の立場からは特殊な使い方をしている，ということができる．

図 3.45 はこれまでに提案されている主な電力伝送方式を動作別に分類したものである．図において電波（マイクロ波）の占める領域が小電力（0.1 ワット以下）になっているのは，電波の場合，人が間に立ち入れる遠距離にまで電力伝送が可能となるため，健康影響に対する防護指針から，伝送可能エネルギー密度に上限が課せられるからである．その制限がなければ，マイクロ波方式は，図 3.45 に示されるすべての領域をカバーすることが技術的には可能と考えられる．

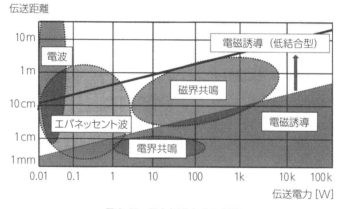

図 3.45　電力伝送方式の分類

### 3.6.2　マイクロ波方式．

マイクロ波方式は 2.45 GHz のマイクロ波（電波）を主として用い，遠方界を利用した伝送方式である．健康影響に関する人体ばく露ガイドライン内での使用に限ればこれに勝る方式はないといってよい．その値はポインティングベクトルの値で 10 ワット毎平方メートルとなる．送電器，受電器を 10 km サイズに想定すれば，宇宙太陽光発電など，この値を遵守しながらの百万キロワット級伝送も可能であるが，図 3.45 においては伝送に用いる機器のサイズを最大でも可搬型と想定して示してある．この方式ではアンテナ設計とともに，受電後の整流回路の効率上昇が鍵となる．

### 3.6.3 磁界共鳴方式

磁界共鳴方式は 2007 年に MIT が提唱した方式で，電界も生じる形状の「コイル」によって空間に広がる電界，磁界をともに利用するため，比較的距離を延ばすことができる．分布磁界によるインダクタンスと分布電界によるキャパシタンスを利用した LC 共振による伝送方式である．この方式では「コイル」設計と共振回路設計が鍵となる．磁界共鳴方式の特徴を活かすのは MHz 帯と思われるが，効率上昇のためには「低周波化」が望ましく，EV など伝送電力増加が必要な応用では 100 kHz 帯が志向されたようである．その結果，後述の低結合電磁誘導との違いが不明確となる．

### 3.6.4 電界共鳴方式

コンデンサ部分は，元々電気的非接触部を含んでおり，変位電流によってエネルギーが通過している．電界共鳴はこれに着目して空間電界に蓄積されるエネルギーを利用した伝送方式であり，回路素子であるインダクタンスとの LC 共振を実現している．電界を利用するため伝送距離は制限されるが，コンデンサ電極間に電圧を印加すれば極板間に均一電界を構成でき，かつ「励磁」のための電流を流し続ける必要がなく，大面積化に極めて有利な方式である．また高周波化するほど回路のインピーダンスは低下するため，大型化に適した有利な特徴をもつ．電界利用のため，狭ギャップの電力伝送に有利であり，「機械的接触下で電気的には非接触」という応用に向いているといえよう．

### 3.6.5 電磁誘導方式

コイルで磁界エネルギーをくみ出す方式であるが，図 3.45 に示した電磁誘導の領域はいわゆる「変圧器結合」を前提としたものであるが，大電力になればより大きなコイルを使用するため，伝送可能距離自体は当然増大する．したがって，送電電力の値を前提とせずに，「電磁誘導は狭ギャップでせいぜい数 mm である」という表現をみかけることがあるが，それは誤りである．図 3.46 は筆者等が開発してきた非接触伝送対象機器を伝送電力と伝送距離に分類して示したものである．試作段階のものでは 10 mW 級（間隙数 mm）から 150 kW 級（間隙 70 cm）を実現している．

ここで「電磁誘導」と表現しているのは，コイル間の結合が高く，送受電コイル間に共通に鎖交する磁束をもとにした電力用変圧器の電力伝送メカニズム，「変圧器型」を基本とした方式のことである．

変圧器は電磁誘導の応用の一つではあるが，「電磁誘導の応用がすべて変圧器」

という記述は誤解を招く．電磁誘導であっても，「変圧器型」とは異なる電力伝送方式が存在するからである．その一例は筆者等が開発を進める低結合型電磁誘導方式（LC ブースター方式）である．この方式は磁界共鳴方式とは異なり，周波数やコイル形状の制限はなく，大小のコイルの組み合わせによっても効率よく電力伝送が可能となる方式である．結合係数が数パーセントであっても電力伝送が可能であるため送電側は「電線」でもかまわない．図 3.45 中には，低結合型の伝送可能領域の上限を併せて示している．空間電界を利用しないため本質的には磁界共鳴方式よりも伝送距離は低下するが，100 kHz 帯ではほぼ互角といえよう．

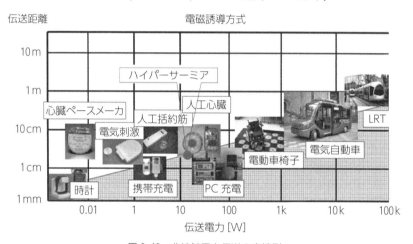

図 3.46 非接触電力伝送の実績例

図 3.47 に，電磁誘導則に基づく電力伝送において，伝送効率が最大となる最適負荷を維持し，そのときの最大効率値とコイル特性との関係を与える一例を示した[1]．最大効率は送受電コイルの各々の $Q$ 値と結合係数の自乗の積で定義されるパラメータ $\alpha$ であらわされる．

非接触エネルギー伝送系に汎用電源のような特性をもたせる場合には，荷が変動した場合の受電側の電圧変動を考慮する必要が出てくる．当然最大効率を実現する負荷とは異なる負荷に給電することとなるため最大効率条件からははずれていくが，送電側にもキャパシタンスを用いることで効率，電圧変動の両者を勘案した設計を行うことができる．

図 3.48 は，電磁誘導方式における高結合型，低結合型の特徴を対比して示したものである．高結合型はいわゆる変圧器結合を前提としたものであり，一次側鎖交磁束がすべて二次側（受電側）コイルを鎖交することが望ましい．磁束を利用する伝送方式であるが，電源には定電圧源を用いる．低結合型においては，一次側周囲

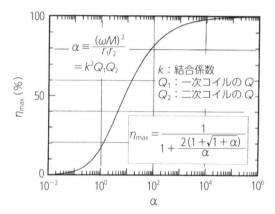

図 3.47　最大効率とコイル特性との関係

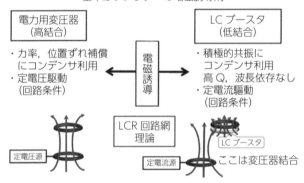

図 3.48　電磁誘導方式における高結合型と低結合型の対比

に低エネルギー密度の磁界空間を定電流源によって形成し，二次側（受電側）コイルの近傍に LC 共振器（LC ブースタ）を配置する．LC ブースタと二次側コイルとの結合は高結合型である．一次コイルと二次コイルとの結合度は数パーセントでもよい．

　高結合型，低結合型の動作を水（エネルギー）の移動になぞらえて示したのが図 3.49 である．高結合型の受電部は，いわば大容量タンク底部のパイプで結合された小容量タンクのようなもので，水圧一定の状態で水が大容量タンクから低容量タンクに移動する場合に相当する．パイプの位置がずれるとうまく伝送することができなくなる．

　低結合型は，地上に置かれた送水パイプに空けられた無数の穴から水が流れ出して（漏水し）薄く広がり地上を冠水させたような状態に例えられ，実際の排水口の

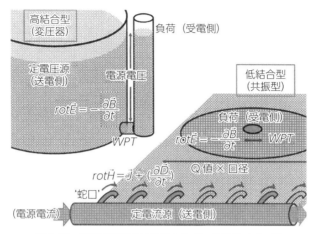

図 3.49　電磁誘導におけるエネルギー伝送のイメージ

大きさの高 Q 倍の大きさの排水口が LC ブースタによって出現し，地上に冠水した水が効率よく排水（受電）されることになる．したがって実際の排水口の大きさや位置はさほど重要ではない．

　これらを踏まえて，現在開発が進められている電気自動車（EV）の充電方法を考えると，高結合型は駐車中給電に適する一方，低結合型は走行中給電に適した方式と考えることができる．ただし，EV に対するワイヤレス充電においては，周波数が 85 kHz 帯が中心となり，駐車中給電では 3 kW〜7 kW，走行中給電では 30 kW 給電が目標に掲げられており，早晩，地上設備となる一次側を駆動する電源容量の大きさならびにコストが問題となると予想される．EMC の立場から見ると，空間に放出される電力は大きいものの，共振現象を利用しているため，矩形波駆動においても，発生するノイズは許容される範囲内に抑えられるようである．

　今のところ，一充電当たりの走行距離が EV の性能指標のように扱われる傾向があるが，EV 一台当たりの蓄電容量の増大に伴う充電電源設備の大容量化，ひいては年間数百万台とも言われる新車登録数を考えると，そもそもの我が国の発電機総出力で維持可能か否か，という視点から EV そのもののあり方，そしてそれを用いた将来の交通システムのあり方を考える時期にきているように思える．

　図 3.50 は小型電気バスの徹底した軽量化および蓄電池の小型化を基本とした概念図で，停留場ごとに走行中に消費した電力量の補填を駐車中給電によって行い，停留所間隔の広い区間では走行中給電によってそれを補填する方法である．以前，9 人乗りのマイクロ EV バスを用い，停留所ごとの 1 分充電により，日中を通した走行が可能であることを，我々のグループが実証している．必要な電力量はソーラー

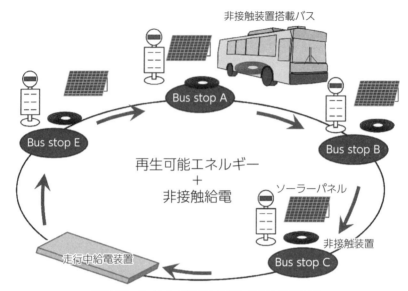

図 3.50　ワイヤレス給電と交通システムの概念図

パネルとその特性に即した蓄電池との組み合わせでまかなうこととすれば，一次側電力供給のための電線敷設工事そのものが不要となる．

以上，電磁誘導から磁界共鳴に至るこれまでに提案され，あるいは実用化されてきた技術の基礎についてその概観を紹介した．

## 3.7　ドローン駐機時ワイヤレス充電技術
### 3.7.1　背景

Gartner によると，2020 年のドローンの世界市場予測は，台数ベースでは，個人向け 510 万台に対し，産業向けは 40 万台とかなり少数であるが，金額ベースでは，個人向け 46 億ドルに対し，産業向けは 66 億ドルと個人向けよりも多いとされている[66]．

産業用応用市場の分野別の予測[67]によると，2020 年代後半には約 14 兆円にのぼると見られ，そのうち，社会基盤・設備保全は 5 兆円，農業は 3.6 兆円と予想されている．[68]によると，世界のドローン台数ベースでの企業のユースケース上位 5 位と企業用ドローン全体台数の伸びは，表 3.8 のように予測されており，IoT 分野で広く利用されると予測される．

中型・大型の産業用ドローンはサイズ・重量とも大きいため，飛行時消費電力が大きい．そのため，大容量の二次電池を搭載することとなる．図 3.51 に示した販

表3.8 世界のドローン台数ベースでの企業のユースケース上位5位と企業用ドローン全体台数の伸び（Gartner調べ）

| Use Case | 2019年 | 2023年 |
| --- | --- | --- |
| Construction monitoring（建設・土木） | 141 100 台 | 509 500 台 |
| Fire services monitoring（消防） | 32 700 台 | 67 000 台 |
| Insurance investigation（保険（破損状態調査等）） | 31 800 台 | 135 800 台 |
| Police evidence gathering（警察） | 26 800 台 | 80 700 台 |
| Retail fulfillment（小売業（配送等）） | 12 900 台 | 122 000 台 |
| Other use cases | 106 200 台 | 356 500 台 |
| Total | 351 500 台 | 1 271 600 台 |

売されているドローンの総重量と電池容量との関係を見ても分かるように，典型的な中・大型ドローンの電池容量は600〜2800 Whと，小型に比べ格段に大きいことが分かる．

このような大容量電池を使用する場合でも，現在のドローンの飛行可能時間は10〜30分程度が通常である．

このような産業用ドローンを連続的に業務に使用する場合，二次電池パックを頻繁に交換するのではなく，個々のフライトの合間に，大電力による急速充電（息継ぎ充電，opportunity charging）を，（半）自動で行うことが望まれる．

金属接点を接続する必要がない非接触ワイヤレス充電は，（半）自動の息継ぎ充

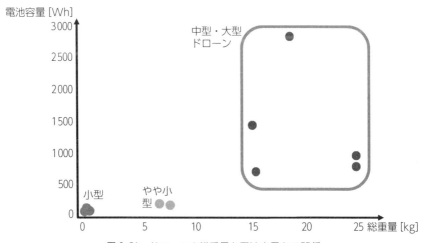

図3.51 ドローンの総重量と電池容量との関係

電に非常に適する.

しかし，従来のドローン向けワイヤレス充電技術の多くは 250 W 以下となっている．例えば，最新の海外のドローンにも使えると称する海外の製品例では，受電装置の最大受電電力は 250 W である[69]．最大の 250 W で連続充電できると仮定しても，上記の典型的な電池の容量の 50 ％相当を充電するのに， 1 時間 10 分〜 5 時間 40 分もかかる計算となる.

このような現状を改善するため，大電力によるワイヤレス急速充電が望まれている.

### 3.7.2 事例概要

ここでは，ドローン駐機時のワイヤレス充電を狙いとした学会発表と製品化例を述べる.

KAIST は，150 W 級周波数 100 kHz のワイヤレス充電の設計とシミュレーションを行っている[70]．ドローンの各脚部で，フェライトで送受電コイルをほぼ囲むような構造にして漏えい磁界を抑える．コイル間の結合係数 k は 0.6 と仮定している．同じ脚の形状をもつ機種に限定される機構である．やや複雑になるが，三つの脚に対して三相インバータで給電し， 3 次や 7 次の高調波を低減するとともに，遠方での磁界を相互に打消すとしている．距離 20 cm の漏えい磁界 1 mGauss 以下，送電・受電の電流の全高調波歪率 12 ％， 3 ％と推測している.

また，KAIST は，60 kHz で上記と同じようなドローンの各脚部における構造を用い，DJI S 1000（電池 10〜20 Ah）での実験を行っている[71]．出力電圧 25.2 V，負荷電流 5.8 A で，約 146 W の受電電力を得ている．なお，IGBT を使用しており，コイル間結合係数 k ＞ 0.4 とやや低めで，システム充電効率 72 ％を得ている．三相インバータの流通角調整で， 7 次と 11 次高調波を 6 dB， 12 dB 低減できるとしている.

イタリアの Univ. of L'Aquila は，複数の送電コイルを用いて，位置ずれ許容範囲を広くする可能性を検討している[72]．受電コイルの大きさは 22 cm × 4.5 cm，出力は 12.5 V， 6 A（約 65 W），効率は最大で 85 ％としている.

また，Univ. of L'Aquila は，ドローンの中央部のやや高い位置に受電コイルを置き，磁界共振を用いて，比較的長い送受電距離（10 cm）を可能とする試みを行っている[73]．受電側コイルは直径 20 cm，送電側コイルは直径 40 cm で，150 kHz で伝送し，伝送電力は約 63 W，DC 入力-DC 出力間の効率は最大で 89 ％としている．また，この場合のドローンの金属部への影響（発熱の要因となりうる渦電流）をシミュレーションで検討している.

Kingston 大は，小型のドローンに搭載する 19 cm の受電コイルを用いたワイヤレス充電装置を試作評価している[74]．出力は 17 V，3 A（max）（約 50 W），効率は 63 %，伝送距離は 1.8 cm としている．

また，Kingston 大は，小型のドローンに，市販のワイヤレス充電キットを実装した実験も行っている[75]．受電コイルの半径は 10 mm で，出力は 12.4 V，0.49 A（約 6 W），最大効率は 75 % としている．ほぼ接触状態で充電するキットを用いている．なお，ドローン着陸の手法も合わせて検討している．

Korea University of Technology and Education は，ドローン着陸後，レーザーセンサで位置を検出して，ドローンの下部に送電コイルを移動させるシステムを試作している[76]．移動には約 5 分かかるが，約 2 mm の精度を達成している．なお，出力が 5 V，0.3 A（約 1.5 W），効率は 65 % としている．

九州大学は，容量結合型無線電力伝送技術を用いた小型ドローンへのワイヤレス充電を実験している[77]．送受信双方の金属板（7 cm × 3 cm）の間に 0.042 mm のポリエステル層を挟む構造としている．周波数は 6.78 MHz で，出力は 13 V，約 1 A（約 12 W），効率は約 50 % としている．

豊橋技科大は，SIP（戦略的イノベーション創造プログラム）[78]での研究開発にて，送受電電極をコンデンサで模擬した擬似結合器による，電界結合での受電電力 360 W 給電に成功し，効率 75 % を達成し，ドローンへ実装している[79]．

H3 Dynamics 社は，自動離着陸・自動充電・自動データリンクを可能とした比較的小型の機体を有するドローンの基地「DRONEBOX」のドローンの格納に非接触充電機能を有するとしている[80]．なお，充電電力は不明である．

WiBotic 社は，自動搬送車の他，ドローンにも使える最大充電電力 250 W の受電ユニット OC-251[69]，受電コイル RC-100[81]などを含む磁界結合方式ワイヤレス充電用のコンポーネントを製品化している．受電ユニット OC-251 は，最大出力電力は 250 W，最大 12 A までの出力電流が可能で，8 V〜58.4 V までの電池電圧に対応する．重量は 293 g，寸法は 100 mm × 138 mm × 42 mm である．受電コイル RC-100 は，直径 109 mm，厚さ 12 mm，重量 69 g（受電ユニットからの配線を除く）である．組み合わせる送電コイル TC-100[82]のコイル基板の直径は 200 mm とのことであり，着陸駐機時の送受電コイル間の位置ずれ許容範囲は ± 90 mm 程度と，かなり狭くなることが予測されている．

なお，駐機時ワイヤレス充電ではないが，最大直径 8 m の大型コイルの内側にホバリング中に充電でき，最大 2 時間ホバリングが継続できるとするシステムを，Global Energy Transmission（GET）社（米国の会社だが，技術センターはロシアに在る）が紹介している[83][84]．最大 3 機まで給電可能としている．三相電源 15 kW

を使用し，最大送電可能電力 12 kW としているため，周辺への放射磁界レベルが懸念される．［84］の動画から読める，受電電圧，電流は，約 23 V，約 105 A で，伝送周波数は不明である．同じく，GET 社は，運動会の玉入れと同様でやや大きく高いポールの先端に，上記のシステムよりやや小さい直径 3 m，最大出力 12 kW の送電コイルの内側にドローンがホバリングする間に充電できるシステムも開発している[85]が，この放射エミッションレベルも懸念される．

### 3.7.3　SIP（戦略的イノベーション創造プログラム）[78]での 400 W を超える磁界結合方式による実証

2018 年秋から，SIP（戦略的イノベーション創造プログラム）「IoE 社会のエネルギーシステム」の下で，最終目標として 750 W 以上の受電電力を目指す 85 kHz 帯磁界結合方式のドローン駐機時ワイヤレス充電の研究開発が行われている[86][87][88]．ここでは，ドローン向け大電力充電システムの典型例として，2020 年度に実施された中間実証向けの試作システムを紹介する[79][89][90]．中間実証では，ワイヤレス受電システムを搭載したドローンが実証用充電ポートに着陸して，受電電力 360 W 以上にて充電後，正常に離陸して飛行できることを示すことを目標としていた．なお，受電部の重量は，従来他社以下となる 2 kg 以下，システム効率は 75 ％以上を目標としていた．

図 3.52 に，ドローン駐機時ワイヤレス充電システムの全体ブロック図を示す．また，図 3.53 に，止まり木型ワイヤレス充電ポートを用いたワイヤレス充電の流

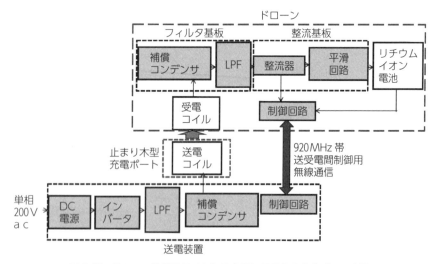

図 3.52　ドローン駐機時ワイヤレス充電システムの全体ブロック図

## ドローン駐機時ワイヤレス充電技術

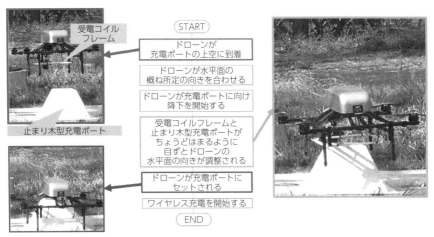

**図 3.53** 止まり木型ワイヤレス充電ポートを用いたワイヤレス充電の流れ

れを示す．

**表 3.9** に，従来の平面型と，止まり木型との比較表を示す[87][88]．止まり木型充電ポートは，送受電コイルの位置ずれが少ない，駐機後のドローンが安定して駐機できる，金属異物がポート筐体上に滞留しないなどの長所を有する．

**表 3.9** 従来の平面型と，止まり木型ドローンポートとの比較

|  | 平面型（従来） | 止まり木型（本方式） |
|---|---|---|
| 基本形状 |  |  |
| ドローン自動着陸時の位置合わせ | △ 専ら，ドローンの着陸精度に依存する． | ○ 着陸時に，止まり木上部の面積のどこかに，受電用コイルフレームの内部が入れば，自己整合的に，位置ずれは小さくなる． |
| 風などによる意図せぬドローンの移動 | × 移動の可能性がある（付加的な移動防止装置を設ける必要がある）． | ○ 一旦，駐機状態になれば，ある程度の風速までは，移動の可能性は低い． |
| 端末側受電機器の軽量化 | △ 効率向上のためには，ドローン側受電コイルの背面に，重いフェライトを搭載したい． | ○ 送電側にフェライトを配置すれば，受電側には重いフェライトを搭載する必要がない． |
| 屋外設置時の金属異物や雨水の滞留 | △ 滞留する可能性がある． | ○ 凸型構造なので，下に滑り落ち，滞留しにくい． |

図 3.54 に，中間実証向けに製作した中型ドローンに，試作したワイヤレス受電に用いる装置を搭載した様子を示す（なお，撮影のため，ワイヤレス受電装置と制御通信装置の上部に設置している樹脂カバーは，一時的に取り外している）．また，図 3.55 は，ドローンが，止まり木型ワイヤレス充電ポートに駐機した状態を示す．

カーボン FRP パイプ製の機体，4 対の飛行用ローター，モーターコントローラ，GPS，リチウムイオン二次電池，高解像度カメラなどを搭載するドローンに，85 kHz 帯の磁界結合方式のワイヤレス充電を行うため，受電コイル，高調波の輻射を低減するためのフィルタ回路，整流回路，充電制御のために送電側とのやり取りを行う 920 MHz 帯無線送受電機能を有する制御回路などを有する受電回路を搭

図 3.54　中間実証向けに製作した中型ドローン

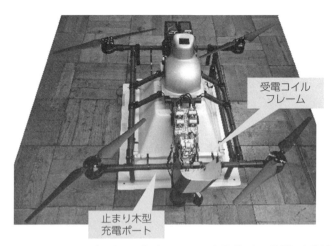

図 3.55　ドローンが，止まり木型ワイヤレス充電ポートに駐機した状態

載した．屋内において，送電装置，止まり木型充電ポート，ワイヤレス受電対応ドローンを用いたワイヤレス送受電試験を行い，出力 DC 電力は 435 W，単相 200 VAC 入力から DC 出力に至るシステムとしての電力伝送効率は 78％であった．

また，EMC サイトにて，放射エミッション（磁界・電界）と伝導エミッションを測定し，高周波利用設備としての基準を満たしていることを確認し，2020 年 11 月に許可を得た．さらに，充電ポートの中心から 50 cm の位置での 3 軸磁界測定結果は 2.4 A/m であった．この値は，ICNIRP2010 の Reference level（80 A/m, occupational）以下となり，この人体防護に関する国際的なガイドラインを満たすことを確認した．

図 3.56　ワイヤレス充電対応ドローンの撮影飛行実験時の様子

## 3.8 マイクロ波 WPT の制度化と取り組み
### 3.8.1 はじめに

ここではマイクロ波 WPT（Wireless Power Transfer/Transmission）の制度化に向けた国内外の最新動向を紹介する．なお，マイクロ波 WPT は国内の制度化においては空間伝送型ワイヤレス電力伝送システム（以下，正式名称以外では空間伝送型 WPT），また，ITU-R では BEAM WPT が使われていることから，以下その名称を使用する．

WPTには図 3.57 に示すとおり大きく分類して電磁誘導方式，磁界共振結合方式，電界結合方式，空間伝送方式の四つの方式がある．このうち，電磁誘導方式，磁界共振結合方式の二つの磁界結合方式はコイルを介した磁界結合，また電界結合方式では電極を介した電界結合により電力を伝送する．伝送距離はとれないものの大電力化・高効率化が可能で，電波を空間に発射することを本来の目的としない「高周波利用設備」として実用化段階となっており，モバイル機器・EV（電気自動車）などへの充電で利用されつつある．

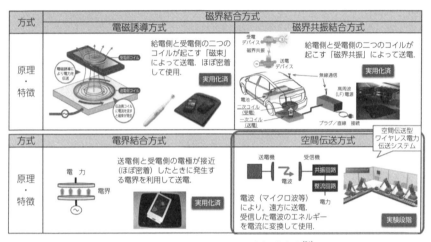

**図 3.57　四つのワイヤレス電力伝送方式**[91]

　一方，サブ GHz 以上の電波を使用して電力を伝送する空間伝送方式は空中線（アンテナ）を用いて空間へ意図的に電波を発射することで電力を伝送する方式で，伝送距離が長く IoT（Internet of Things）をはじめとした Society 5.0 社会を支える次世代のインフラ技術として普及・発展が大きく期待されている[91]．特に近年では，工場内などで利用するセンサ機器への給電用途などでの実用化を目指し，国内外で開発が進められているが，国際的な無線通信規則（RR：Radio Regulation）および国内の電波法においてもカテゴリが明確化されていない．

## 3.8.2　国内制度化議論の状況

　我が国では，長距離の電力伝送を行う空間伝送型 WPT の研究が世界に先駆けて行われてきたが[92]，電波法上でのカテゴリがなく，実験局として扱われてきた．しかしながら，工場内などで利用するセンサ機器などへの給電用途で世界に先駆けて商用化をする環境を構築するとともに，我が国の強い競争力を獲得するために制度整備化が重要であることを，業界代表として WiPoT（ワイヤレス電力伝送実用化

コンソーシアム）とBWF（ブロードバンドワイヤレスフォーラム）がリエゾンを組み，電波有効利用成長戦略懇談会等に要望を出すなどの活動を進めてきたこともあり[93]，2018年8月に取りまとめられた同懇談会の報告書にて，2030年代に実現すべき七つの次世代のワイヤレスシステムの一つとしてWPTが取り上げられた[94]．

　本提言を受け，同年12月12日に情報通信審議会　情報通信技術分科会にて諮問第2043号「空間伝送型ワイヤレス電力伝送システムの技術的条件」の諮問が行われ，翌2019年1月の情報通信技術分科会　陸上無線通信委員会にて空間伝送型ワイヤレス電力伝送システム作業班が設置される運びとなり，2月より同作業班での調査が開始され[95]，筆者もその構成員として検討を行った．

　同作業班では，既存の無線システムとの共存，人体防護などについての検討が行われ，その報告書（案）についてはパブリックコメントにて広く意見募集した内容も反映して，2020年7月14日に「空間伝送型ワイヤレス電力伝送システムの技術的条件」のうち「構内における空間伝送型ワイヤレス電力伝送システムの技術的条件」として一部答申された[96]．

　ここでは，その答申内容である「構内における空間伝送型ワイヤレス電力伝送システムの技術的条件」の概要について紹介する．
同作業班では空間伝送型WPTの導入のための具体的検討として，低コストの無線機実現，国際標準化の観点も踏まえ，三つの周波数帯に検討対象を絞り込んだ．当初は屋外での利用や一般人が利用するユースケースも考えたが，様々な課題解決に時間を要することから，第1ステップとしては屋内での利用に限定している．各周波数帯の特徴と利用方法を表3.10に，システムの利用シナリオを表3.11に示す．

　三つの周波数帯についての検討内容およびその結果，導き出した技術的条件案について説明する．

## (1)　920MHz帯

　920MHz帯での利用シーンを図3.58に，主な共用パラメータを表3.12に示す．920MHz帯は伝搬損失が小さく，構造物の影などへも比較的回り込んで伝搬することから，低電力ながら広範囲に設置されたセンサへの電力伝送が期待でき，工場や介護現場のセンサネットワークへの電源として1対Nの多数同時送信が適している．

　また，RFIDと同等の電気仕様とすることで，すでに市場にあるRFIDシステムとの連携・応用が可能となり，人体により遮蔽されやすいバイタルセンサ，位置センサおよび，ロボットなどの可動により一定方向に空中線を向けることが難しい機器に使用するセンサへの給電利用が想定される．

表 3.10　利用希望周波数における特徴と利用方法

| 周波数 | 特徴（同一条件時） | | | | 利用方法 |
|---|---|---|---|---|---|
| | 送信距離 | 送受回路 | 空中線大きさ | 伝搬特性 | |
| 920 MHz 帯 | 長距離化 | 低コスト化 | 大型化 | | 無指向性空中線またはワイドビームにより物陰等の見通し外を含めた広範囲，複数同時に送信を行う |
| 2.4 GHz 帯 | | | | | 無線 LAN 機器を利用したビーコン信号等により既存システムと連携し，廉価な受電装置により電力の 1 対 1 送信を行う |
| 5.7 GHz 帯 | 高コスト化 | 小型化 | 直進性 | | 専用受電装置にて細かい制御による送信装置のビーム制御を行い，受電装置の向きを切替えることにより，長時間かつ高電力の 1 対 1 送信と等価的な送信を行う |

表 3.11　システム利用シナリオ

| | 920 MHz 帯 | 2.4 GHz 帯 | 5.7 GHz 帯 |
|---|---|---|---|
| 使用環境 | 屋内工場<br>介護施設 等 | 屋内工場<br>プラント<br>倉庫 等 | 屋内工場<br>プラント<br>倉庫 等 |
| 利用目的 | センサネットワークの電源提供 | センサ，表示器等の電源提供 | センサ，表示器等の電源提供 |
| 利用方法 | 無指向性空中線またはワイドビームにより物陰等の見通し外を含めた広範囲，複数同時に送信を行う | 無線 LAN 機器を利用したビーコン信号等により既存システムと連携し，廉価な受電装置により電力の 1 対 1 送信を行う | 専用受電装置にて細かい制御による送信装置のビーム制御を行い，受電装置の向きを切替えることにより，長時間かつ高電力の 1 対 1 送信と等価的な送信を行う |
| 受電装置台数（送信装置 1 台当たり） | 5〜10 台（同時） | 1〜数 10 台（逐次） | 1〜数 10 台（逐次） |
| 動作必要電力※ | 数 μW〜数 100 μW | 約 50 mW〜約 2 W | 数 mW〜数 100 mW |
| 伝送距離 | 〜5 m 程度 | 〜10 m 程度 | 〜10 m 程度 |
| 人がいるときの送信 | 実施可能（電波防護指針を超えない範囲） | 実施しない | 実施しない |

※センサ，表示器等の動作に必要な電力であり，空間伝送電力とは異なる．

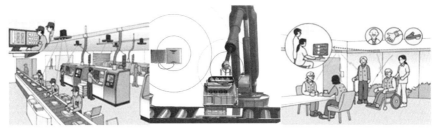

(a) 製品や動線管理　(b) ロボットの可動部センサ　(c) 健康管理・見守り

（工場品質）　　　　　（工場品質）　　　　　（介護現場）

図 3.58　920 MHz 帯での利用シーン

表 3.12　920 MHz 帯 共用パラメータ

| 項目 | パラメータ |
| --- | --- |
| 空中線電力 | 1 W（30 dBm） |
| 周波数 | 918.0 MHz/919.2 MHz |
| 等価等方輻射電力 | 4 W（36 dBm） |
| 占有周波数帯幅の許容値 | 200 kHz |
| 空中線利得（送信） | 6.0 dBi |
| 給電線損失 | 無損失 |
| 空中線高（送信） | 屋内設置（床高 2.5 m） |
| 壁損失 | 10.0 dB |
| 利用場所 | 屋内 |
| 設置高 | 2.5 m（ビル等の天井高より想定） |
| 変調方式 | N0N，G1D 等 |

　これに対して，920 MHz 帯における共用検討対象システムとしてデジタル MCA システム，高度 MCA システム，携帯電話システム，RFID 構内無線局／陸上移動局システム，RFID 特定小電力無線局システム，RFID テレメータ用，テレコントロール用およびデータ伝送用無線設備，電波天文との共用を検討した．

　また，電波防護指針の適合性については電波防護指針（電気通信技術審議会答申 諮問第 38 号「電波利用における人体の防護指針」（平成 2 年 6 月），同答申 諮問第 89 号「電波利用における人体防護の在り方」（平成 9 年 4 月），情報通信審議会答申 諮問第 2030 号「局所吸収指針の在り方」（平成 23 年 5 月），同一部答申 諮問第 2035 号「電波防護指針の在り方」のうち「低周波領域（10 kHz 以上 10 MHz 以下）

における電波防護指針の在り方」(平成 27 年 3 月),「高周波領域における電波防護指針の在り方」(平成 30 年 9 月))の指針値への適合性について検討し,電波防護指針を満足できる距離を算出した結果,最も厳しい条件となる「算出地点付近にビル,鉄塔,金属物体等の建造物が存在し強い反射を生じさせるおそれがある場合」においても一般環境で 0.9 m 以上離れることで電波防護指針を満足できることから,一般の人がいる条件でも使用可能とした.

(2) 2.4 GHz 帯

2.4 GHz 帯での利用シーンを図 3.59 に,主な共用パラメータを表 3.13 に示す.2.4 GHz 帯は,既存無線システムである無線 LAN システム等の信号を利用した位置推定や制御通信が可能であり,これらのシステムに空間伝送型 WPT を組み込むことが可能である.また,空間伝送型 WPT の送信装置を他の構内無線局,特定小電力無線および ISM 機器等に連携・追加する利用形態が想定され,広範囲な市場形成と世界市場への展開が見込まれる.

これに対して,2.4 GHz 帯における共用検討対象システムとして無線 LAN システム,構内無線局(移動体識別),無人移動体高速伝送システム,移動衛星通信システム(N-STAR),移動衛星通信システム(グローバルスター),放送事業用 FPU システム,電波ビーコン,電波天文,アマチュア無線との共用を検討した.

また,電波防護指針の適合性については 920 MHz 帯と同様に電波防護指針を満足できる距離を算出した結果,周囲の環境にもよるが電波防護指針を満足するには管理環境においても半径約 9.5 m 以上離れる必要があることから一般環境では使用せず,また,人が電波防護指針値を超える範囲に立ち入った場合には送信を止める機能を有することとした.

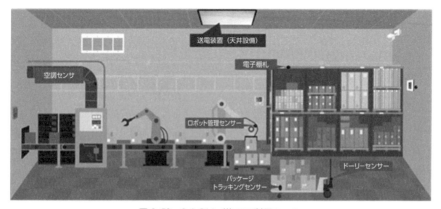

図 3.59　2.4 GHz 帯での利用シーン

表 3.13　2.4 GHz 帯 主な共用パラメータ

| 項目 | パラメータ |
|---|---|
| 空中線電力 | 15 W（41.8 dBm） |
| 周波数 | 2,410 MHz〜2,486 MHz |
| 等価等方輻射電力 | 65.8 dBm |
| 占有周波数帯幅の許容値 | 規定しない |
| 空中線利得（送信） | 24.0 dBi |
| 給電線損失 | 無損失 |
| 空中線高（送信） | 屋内　天井面設置（床高 4.5 m） |
| 壁損失 | 14.0 dB |
| 利用場所 | 屋内 |
| 設置高 | 4.5 m（トラック横づけ可能倉庫モデルより想定） |
| 変調方式 | NON |

(3)　5.7 GHz 帯

5.7 GHz 帯での利用シーンを図 3.60 に，主な共用パラメータを表 3.14 に示す．5.7 GHz 帯は，周波数が高く波長が短いため，2.4 GHz 帯より空中線の小型化が可能となり，小型・軽量な専用受電装置の開発が可能である．また，受電装置からの専用ビーコンを使用した高精度な受電装置の位置推定と検出が可能となる．送信装置においても，指向性形成による狭ビームにて対象を絞り，ビームを切替えながらの逐次送信が可能となる．そのため，工場の無人ラインに使用するロボットへの組込みセンサ等への送信，倉庫の無人化が進む設備における大規模なセンサ群等への送信に利用されることが想定される．また，無線 LAN システム等で世界的に広く

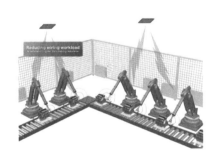
(a)　工場内のセンサ給電

(b)　倉庫などのピッキング表示器

図 3.60　5.7 GHz 帯での利用シーン例

表3.14　5.7 GHz帯　主な共用パラメータ

| 項目 | パラメータ |
|------|-----------|
| 空中線電力 | 32 W（45.0 dBm） |
| 周波数 | 5,738 MHz〜5,766 MHz |
| 等価等方輻射電力 | 70.0 dBm |
| 占有周波数帯幅の許容値 | 規定しない |
| 空中線利得（送信） | 25.0 dBi |
| 給電線損失 | 無損失 |
| 空中線高（送信） | 屋内　天井面設置（床高5 m） |
| 壁損失 | 16.0 dB |
| 利用場所 | 屋内 |
| 設置高 | 5.0 m（一般的な工場モデルより想定） |
| 変調方式 | NON |

使用され，汎用部品等を容易に調達でき，低コストでの送受信装置の製品化が可能であることから，海外地域での製品化も容易であるため本技術の展開により世界市場への発展が見込まれる．

　これに対して，5.7 GHz帯における共用検討対象システムとして無線LANシステム，DSRC（狭域通信）システム，放送業務用STL/TTLシステム，放送事業用FPU/TSLシステム，無人移動体高速伝送システム，気象レーダー，電波天文，アマチュア無線局との共用を検討した．

　また，電波防護指針の適合性については920 MHz帯・2.4 GHzと同様に電波防護指針を満足できる距離を算出した結果，周囲の環境にもよるが電波防護指針を満足するには管理環境においても半径約16 m以上離れる必要があることから一般環境では使用せず，また，人が電波防護指針値を超える範囲に立ち入った場合には送信を止める機能を有することとした．

### ⑷　その他環境条件など

　空間伝送型WPTは，同一空間内に他の無線システムと共存して設置・使用され，干渉による他の無線システムへ影響が想定されることから屋内の管理環境を定義している．以下に定義する利用環境を「WPT管理環境」，それ以外を「WPT一般環境」として区分し，本システムも含めた無線システムによる使用環境を整備することで電波の有効利用した環境として使用する．

- 屋内，閉空間であること．

- 電波防護指針における管理環境の指針値を上記，屋内，閉空間内で満足するものとする．（電波防護　指針における管理環境の指針値を超える範囲に人が立ち入った際には送電を停止することとする．）
- 屋内の管理環境に設置される空間伝送型 WPT の運用が，他の無線システム等に与える影響を回避．
- 軽減するため，本システムの設置者，運用者，免許人等が，一元的に他の無線システムの利用，端末設置状況を管理できること．
- 当該屋内に隣接する空間（隣接室内，上下階等）においても他の無線システムとの共用条件を満たすか，当該屋内と同一の管理者により一元的に管理できること．【2.4 GHz 帯，5.7 GHz 帯】

など．

　また，既存の無線システム等に与える影響を回避・軽減し，設置環境に配慮した設置や周波数の有効利用を図るためには，空間伝送型 WPT を利用する産業界がコアとなって，官民が連携した既存の無線システムとの運用調整の仕組みが構築され，電波の利用環境の維持に努めることが必要である．

　このことから，2020 年 12 月に「空間伝送型ワイヤレス電力伝送システムの運用調整に関する検討会」が設置され，既存無線システム等との運用調整のための仕組みの基本的な在り方，既存無線システム等との運用調整に必要な情報共有・意見交換を行い，既存無線システム等に与える影響の回避・軽減等のための運用調整の仕組み構築に向け，その基本的な在り方等の検討を進めている．2021 年 3 月には運用調整の在り方として運用調整に係る基本的な考え方，運用調整に係るプロセス，運用調整の支援体制とともに具備すべき機能，調整支援事項等についてまとめられ，パブリックコメントとして意見を募集している[97]．

### 3.8.3　ITU-R での国際制度化議論の状況

　WPT システムに関する国際協調議論は，古くは 1978 年の第 14 回 CCIR 総会で承認された Question 20/2 が元となり議論され，その後 2013 年 6 月の ITU-R SG1 会合において NON-BEAM WPT（磁界結合方式，電界結合方式などの近傍界領域における WPT）と BEAM WPT（電波を意図的に放射させる空間伝送型 WPT）に分けて議論を行うことになった．

　その後，BEAM WPT についてはアプリケーションに特化した報告が 2016 年 6 月に Report ITU-R SM. 2392-0 として発行され[98]，現在，他の無線システムとの共用のための検討について，WD（Working Document）新レポート［WPT.

BEAM.IMPACTS] として議論が行われている. 2019 年 5 〜 6 月の SG1 会合
(WP1A 会合を含む) からは，これに加えて先の Report ITU-R SM. 2392-0 の改定
と，Beam WPT に使用する周波数に関する勧告案 [WPT.BEAM.FRQ] について
議論が行われており，COVID-19 の影響を受けて会合の延期やオンライン開催で
闊達な議論が難しい中，2021 年の完成を目標に作業が進められている．BEAM
WPT に対する国際協調議論の状況を表 3.15 に，SG1/WP1A，1B Joint meeting の
様子を図 3.61 に示す.

表 3.15　BEAM WPT に対する国際協調議論の状況[99]

| 1978 年<br>第 14 回 CCIR 総会 | • BEAM WPT の研究の元になった Question 20/2 が承認 |
|---|---|
| 1997 年<br>ITU-R 会合 | • 現在の WPT の元となる Question 210-3/1 の元の Question 210/1 が最初に承認 |
| 2013 年 6 月<br>ITU-R SG1 会合<br>(WP1A 会合含む) | • WD (Working Document) を NON-BEAM WPT と BEAM WPT に分割して議論を開始 |
| 2016 年 6 月<br>ITU-R SG1 会合<br>(WP1A 会合含む) | • BEAM WPT についてはアプリケーションに特化した新レポートが承認<br>→ Report ITU-R SM. 2392-0 の発行<br>他の無線システムとの共用検討などについての新レポート ITU-R SM. [WPT. BEAM. IMPACTS] の作業を開始 |
| 2016 年 11 月<br>ITU-R WP1A 会合 | • 共用検討を含めた BEAM WPT 方式のレポート作成のためのワークプランを改訂 |
| 2017 年 6 月<br>ITU-R SG1 会合<br>(WP1A 会合含む) | • BEAM WPT の中で広角ビーム，マルチビームによるセンサネットワーク，モバイル機器応用に特化した WIDE BEAM 方式の共用検討結果を含めた新 Report ITU-R SM. [WPT. WIDE-BEAM. IMPACTS] のその骨子について提案し，作業を開始 |
| 2017 年 11 月<br>ITU-R WP1A 会合 | • WIDE BEAM WPT の共用検討の前提条件となるユースケースについて提案 |
| 2018 年 6 月<br>ITU-R SG1 会合<br>(WP1A 会合含む) | • WIDE BEAM WPT 共用検討の仕様について提案 |
| 2019 年 5 〜 6 月<br>ITU-R SG1 会合<br>(WP1A 会合含む) | • 新 Report [WPT. WIDE-BEAM. IMPACTS] について議論，日本からは国内での制度化に向けた進捗を報告．今後は [WPT. BEAM. IMPACTS] として議論を継続する<br>• Report ITU-R SM. 2392-0 の改定についての議論<br>• Beam WPT に使用する周波数に関する Recommendation 案 [WPT. BEAM. FRQ] について議論 |

| | |
|---|---|
| 2020年11〜12月<br>ITU-R SG1会合<br>(WP1A会合含む)<br>[オンライン開催] | ・新Report [WPT. BEAM. IMPACTS] について議論，日本からは2020年7月の情報通信審議会において一部答申された「空間伝送型ワイヤレス電力伝送システムの技術的条件」について，その検討内容を報告するとともに，BEAM WPTの周波数勧告化に向けて，報告草案の構成をその主旨に合うよう見直す変更を提案．<br>・Report ITU-R SM. 2392-0の改定についての議論<br>・Beam WPTに使用する周波数に関する勧告案 [WPT. BEAM. FRQ] について議論 |
| 今後の目標および<br>展開予想 | ・Report ITU-R SM. 2392-1（改訂版）の承認（2021年6月目標）<br>・新Report ITU-R SM. [WPT. BEAM. IMPACTS] の承認（2021年11月目標）<br>・新Recommendation ITU-R SM. [WPT.BEAM.FRQ] の承認（2021年11月目標）<br>→無線通信規則（RR）におけるBEAM WPTを含むWPT機器の位置付けの検討へ |

図3.61 ITU-R SG1/WP1A, 1B Joint meetingの様子

### 3.8.4 おわりに

　以上のように空間伝送型 WPT は国内外での制度化議論が進められ，SIP（戦略的イノベーション創造プログラム）等においてもさらなるイノベーションに向け取り組んでいる[100]．我が国が世界をリードして研究開発を進める技術を国際制度化や標準化に結び付け実用化することで，電線や電池の心配をすることなく，あらゆるところにワイヤレスでエネルギーを送り，利便性だけでなく IoT 技術と組み合わせて脱炭素にも有効であるなど，新しい未来につながる．そのためには空間伝送型 WPT 関係者のさらなる努力が必要であり，その貢献に大いに期待したい．

## 3.9 kW クラスの磁界結合型電力伝送技術

### 3.9.1 乗用車 EV 向けのワイヤレス充電の制度化と標準化の動向

　非接触で電力供給を行うワイヤレス電力伝送（WPT：Wireless Power Transmission）は，電気自動車（EV：Electric Vehicle）に給電する手段としても注目されており，実用化や国際標準化に向けた取り組みが活発化している[101][102][103][104][105]．

　総務省では EV 用 WPT システムの円滑な導入に向け，情報通信審議会の下，EV 用 WPT システムと他の無線局との共存，電波防護指針への適合性等を検証し，国際的な基準との調和を図りつつ，放射される電磁界の許容値，その測定方法等の所要の制度整備を行った．これにより，利用周波数が 79-90 kHz で伝送電力が 7.7 kW までの EV 用 WPT システムについては，一定の技術的条件（利用周波数帯における発射および不要発射による磁界強度が 10 m の距離において 68.4 dBμA/m 以下等）を満たす場合には，電波法（昭和 25 年法律第 131 号）第 100 条に規定する個別の許可が不要となった．

　国際的な標準化の動きとしては，自動車，商用車，航空機業界の関連技術の専門家を会員とする米国 SAE International において，2010 年に発足したタスクフォース J2954 で，電気自動車やプラグインハイブリッド車向けのワイヤレス充電システムの標準化活動が進められている．WPT1（入力レンジ最大 3.7 kVA），WPT2（同最大 7.7 kVA），WPT3（同最大 11.1 kVA）の三つの電力クラスに対する規格を記した最新版が，2020 年 10 月に発行された[106]．J2954 では，引き続き，コイルの位置合わせ，EMC に関する要件，適合性試験の詳細項目などについて，標準化活動を継続している．

### 3.9.2 自動搬送車向けのワイヤレス充電装置

　工場や倉庫などで用いる自動搬送車（AGV）向けの電磁誘導方式のワイヤレス

充電システムは，伝送距離は 1～3 cm 程度で，送電電力が 1～2 kW 程度の複数の
メーカの製品が入手可能となっている．また，より大型の自動搬送車や，ロボット
アームなどを搭載した高機能 AGV など，より消費電力が大きい装置に向けて，充
電電流のより大きな急速ワイヤレス充電システムが製品化されている[107]．

　伝送周波数は 8 kHz 帯を用いている．また，急速充電が可能な電池との組み合わ
せにおいて，電池の電圧や電流，SoC (State of Charge，充電率)，温度を監視しつ
つ，充電電流を調節して安全に充電するための保護機能を有している．これにより，
電池の電流容量値 C に対して，C の 5 倍の電流での充電 (5C 充電)，具体的には直
流 24 V で最大 115 A 充電，を可能としている．例えば，SoC が 30 ％まで減少した
24 V のリチウムイオン二次電池に対して，最短で約 6 分で SoC80 ％の状態まで充
電する能力を有する．この特徴により，充電時間を短縮し，AGV の稼働率を大き
く向上することが期待できる．

### 3.9.3　大型電動車両向けワイヤレス充電システムの漏えい電磁界低減技術

　路線バスなど交通システムに用いられる電気バス，その他の業務用大型車両は，
電気自動車等に比べさらに大容量の電池を搭載することが多い．これらに向けた大
電力ワイヤレス充電は，2002 年には欧州での実証が始まり，現在，公道での実運用
も，欧州や中国を中心に始まっている[108]．運用周波数は 20～25 kHz のものが多い．
既述の SAE のタスクフォース J2954 でも標準化活動が進められている．しかし，
従来の技術では，漏えい電磁界は伝送電力に比例して線形に増加することから，大
電力 WPT システムが他の無線局の運用を阻害するおそれがある．

　図 3.62 に示した電気バス向けに開発された 85 kHz 帯 44 kW ワイヤレス充電シ
ステム[102][108]では，送受電系を 2 並列とし，送電側の二つの共振子に 85 kHz 帯の
電流を逆位相に印加することで，遠方での不要放射磁界を低減している
(図 3.63)[109][110]．なお，送受電パッド間の伝送距離は 10～13 cm で，路線バスに搭
載されている標準的なニーリング機能 (乗客が乗りやすいように車体を少し下げる
機能) で対応できる．

　このワイヤレス充電システムは，羽田空港周辺地域を運行させる約 1 年にわたる
実証実験において，小型バス・中型バスの計 2 台の充電に用い，ワイヤレス充電シ
ステムの利便性に加えて，$CO_2$ 削減効果も実証している[111][112][113]．

　前述の逆相励振方式を用いたワイヤレス電力伝送装置を用いて，同相励振時の基
本波周波数の放射磁界エミッションの最大値を示した方向で測定した放射磁界エミ
ッションの周波数特性，および，逆相励振時の基本波周波数の放射磁界エミッショ
ンの最大方向で測定した放射磁界エミッションの周波数特性との比較結果を

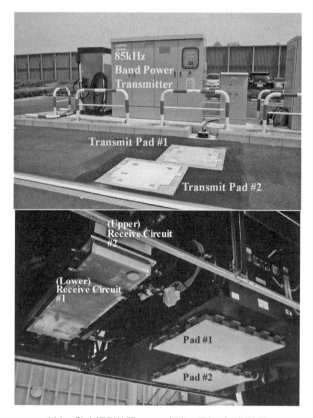

（上）駐車場側装置　　（下）電気バス側装置

図 3.62　85 kHz 帯 44 kW ワイヤレス充電システム

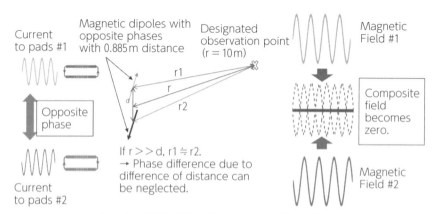

図 3.63　漏えい磁界を低減するための逆相位相給電

図 3.64 に示す．いずれの場合も受電電力は約 47 kW であった．Hr 成分の最大値で比較すると，同相励振時の 90.9 dBμA/m に対し，逆相励振時では 71.7 dBμA/m となる．2 系統を逆相励振することにより，約 19 dB の基本波成分の磁界エミッションの低減が得られている．

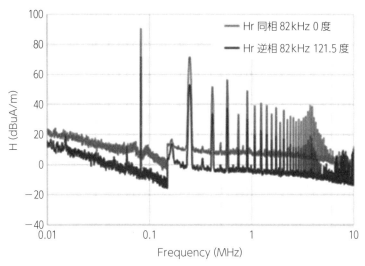

図 3.64　コイル並列逆相励振方式による漏えい磁界の低減効果

電動バスの運行の自由度を上げるためには，ワイヤレス充電システムの大電力化が望まれている．ただ，大電力の無線電力伝送を行うと，漏えい磁界強度がそれだけ大きくなるため，さらなる漏えい磁界低減が望まれる．そのため，逆相励振に加え，周波数拡散を行ってピークレベルを低減する方式[114]を，送電電力 120 kW のワイヤレス充電システムに適用した試作品を評価した[115]．図 3.65 に，10 kHz〜30 MHz の漏えい磁界，30 MHz〜1 GHz の漏えい電界の測定結果を示す．漏えい磁界低減量は，目標値を超える 30 dB 以上が得られるなど，電波法高周波利用設備の漏えい電磁界許容値を満足することを確認した．

大電力ワイヤレス電力伝送時の放射エミッションを低減する他のアプローチとして，デルタ結線三相 12 コイル方式が提案されている[116][117][118]．図 3.66 に，この方式を採用したシステムのブロック図と，送受電コイルペアを 6 並列した計 12 コイルの配置例を示す．

デルタ結線三相 12 コイル方式は，三相の互いに 120 度異なる位相の高周波（例えば 85 kHz 帯）を発生させるインバータなどを送電側に設ける．一次側に 3 対の二直列で差動接続したコイルをデルタ結線として，補償コンデンサを直列に接続し

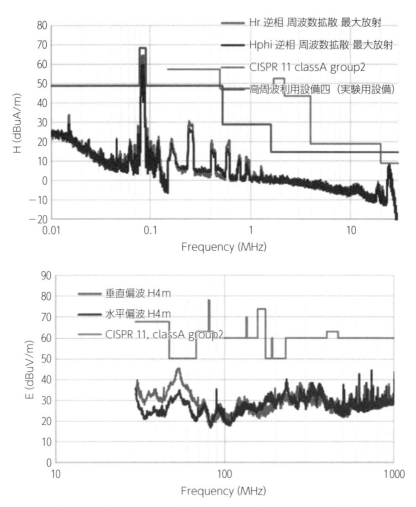

（上） 10kHz～30MHz の漏えい磁界　　（下）　30MHz～1GHz の漏えい電界
図 3.65　コイル並列逆相励振方式と周波数拡散による送電電力 120 kW のワイヤレス充電システムの漏えい電磁界の低減効果

た回路に，上記の三相高周波を印加する．二次側では，同様に，デルタ結線の 3 対の二直列コイルに直列に補償コンデンサを介して，三相の整流回路を設ける．

各相の二直列コイルは，それぞれ 180 度離れた位置になるように，かつ，三相のコイルが 60 度ずつの角度間隔をもつように配置して，一次側と二次側で，垂直に対向するように置き，磁界結合を得る．

各相の二直列の差動接続コイルからの放射磁界は，例えば 10 m といった十分離

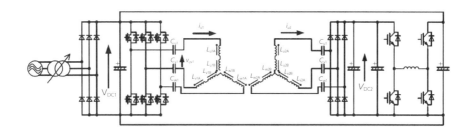

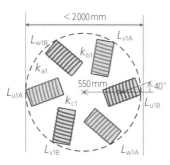

（上）　システムブロック図　　（下）　送受電コイルペアを 6 並列した計 12 コイルの配置例

図 3.66　デルタ結線三相 12 コイル方式による磁界エミッションの低減手法

れた位置では，それぞれのコイルから生じる磁束が打ち消しあうため，放射エミッションが低減できる．さらに，デルタ結線の各相の 3 次高調波電流が同位相で循環して流れるため，三相の 3 次高調波電圧は相殺し，原理的には出力されない，という利点も有する．

85 kHz 帯での距離 10 m での漏えい磁界強度の測定結果を，伝送電力 120 kW に換算した場合の値は，80.9 dBuA/m で，基本波の漏えい磁界低減量は 14 dB と算出されている．一方，3 次高調波は，送電側に LPF を用いない場合でも，20 dB 以上低減されることが示されている．

なお，さらなる小型化を目指し，三相交流を直接入力にできるマトリックスコンバータを用いた構成も検討されている[1]．

## 3.10　無人航空機（ドローン）の商用周波電界および磁界イミュニティ評価法の検討
### 3.10.1　はじめに

近年，国内において無人航空機（Unmanned Aerial Vehicle，以後「ドローン」と総称する）の産業利用への関心が高まっており，今後，ドローンの利用拡大に向けた現行のガイドライン[120][121]や規定[122][123]等の再整備が予想される．電気や鉄道

などのインフラ事業においても，ドローンの活用については高い関心がある[124][125][126][127][128][129][130]．ドローンを電力設備の保守点検に活用することは，作業員の安全確保や作業の効率化の面から極めて有効であり，市販のドローンを活用するだけでなく，電力設備の保守点検に特化したドローンを開発する試みもある[130]．

架空送電線等の電力設備近傍でドローンを運用する場合，ドローンの安全な飛行のために，設備周辺に生じる電磁界を考慮する必要がある[120]．通常，架空送電線等の電力設備は高電圧に充電され，大電流が流れており，その周囲には電圧による電界および電流による磁界が生じる．電力設備の近傍でドローンを飛行させる場合，ドローンは電力設備の充電電圧が高いほど，また，ドローンが設備に接近するほど高電界にばく露され，磁界ばく露についても同様である．また，電力設備では連結金具等に不具合のあるがいし等から火花放電が発生する事例がある[131]．国内の設備では極めて稀な事例であるが，雷や台風等の被害を受けた電力設備の保守・点検に活用するドローンにおいては，火花放電の放射電磁界にばく露される状況は避けられない．

本稿では，架空送電線の近傍を飛行し，保守・点検に活用するドローンを想定し，ドローンの安全運用のための電磁界イミュニティ評価法を検討している[126]．さらに，検討結果をもとに，電界，磁界および放電現象による放射電磁界のばく露が可能なドローンの電磁界ばく露装置の構築と，市販のドローンによる電磁界ばく露実験を行い，検討結果や装置の有効性を確認している[126]．なお，国内の架空送電線には，交流送電線と直流送電線があるが，設備数の違いから，本稿は交流送電線を，また国内の交流送電線は西日本が 60 Hz，東日本が 50 Hz で運用しているが，本稿では 50 Hz を対象とする．

## 3.10.2　ドローンの電磁界イミュニティ評価法

ここでは，ドローンの電磁界イミュニティ評価の手法や試験レベルを検討するため，国内において運用されている送電線の電圧を想定し，また，電流に関わる送電線の運用条件を仮定し，送電線周囲の電界および磁界のレベルを計算により求める[126]．そして，架空送電線の保守点検にドローンを活用する状況を想定し，ドローンの電磁界イミュニティ評価法の検討および提案を行う．

表 3.16 に現在国内において運用されている送電線（系統）の電圧階級[132]を示す．ただし，表 3.16 では線間電圧が示されており，例えば，ドローンが送電線のある 1 線の電線に近接する場合は，対地電圧について考慮する必要がある．すなわち，国内では 500 kV 送電線の最高電圧 550 kV について，その対地電圧 318 kV （550 kV $\div \sqrt{3}$）がドローンの遭遇しうる最高の電圧値となる．

無人航空機（ドローン）の商用周波電界および磁界イミュニティ評価法の検討　　　119

表 3.16　国内において運用されている送電線（系統）の電圧階級[132]

| 公称電圧 ［kV］ | 66 | 77 | 110 | 154 | 187 | 220 | 275 | 500 |
|---|---|---|---|---|---|---|---|---|
| 最高電圧 ［kV］ | 69 | 80.5 | 115 | 161 | 195.5 | 230 | 287.5 | 525 |
| | | | | | | | | 550 |

　表 3.17 には想定した送電線の運用状態における通電電流の条件を示す．事例 1 の両回線運用の場合が通常時となり，工事等の場合，事例 2 のように片回線に 2 倍の電流が流れる．ここで，事例 3 では，片回線に電線の許容電流の最大の電流が流れていることを想定している．また，事例 4 では電線の許容電流の最大の電流が両回線に流れていることを想定し，これは送電線の設備性能上の最も過酷な条件となる．

表 3.17　想定した送電線の運用状態における通電電流の条件

| 事例 | 想定した運用状態 | 通電電流の条件 | 状況 |
|---|---|---|---|
| 1 | 両回線運用 | 電線の許容電流に対し，50％未満に相当する電流が両回線平等に流れる | 通常時 |
| 2 | 片回線運用 | 事例 1 の通常時において，片回線の事故や工事によって，他の片回線に 2 倍の電流が流れる | 事故・工事時 |
| 3 | 片回線運用（負荷最大） | 事例 2 において，片回線に流れる電流が電線の許容電流に達する | 事故・工事時極稀な事例 |
| 4 | 両回線運用（負荷最大） | 電線の許容電流が両回線平等に流れる | 設備性能上の最過酷条件 |

　国内において架空送電線近傍のドローンが受ける電磁界影響が最も過酷となる条件として，500 kV 送電線が最高電圧 550 kV で運転されている状態に対し，事例 3 の片回線および事例 4 の両回線（逆相配列）のケースを想定して，図 3.67 に示す ACSR 810 mm$^2$ の 4 導体方式の 500 kV 送電線の計算モデルを用いて検討を行った．ここで，通電電流値は，ACSR 810 mm$^2$ の許容電流値（耐熱仕様を想定）[133] より 2500 A とし，4 導体で 1 相当たり 10000 A 流れる条件とした．なお，商用周波の電界と磁界の計算には，電力線周辺電磁界計算プログラム「CRIMAG 2010」を使用している．「CRIMAG 2010」における電界計算には線電荷置換法[134]，磁界計算にはビオ・サバールの法則に従う計算法[135]が用いられている．

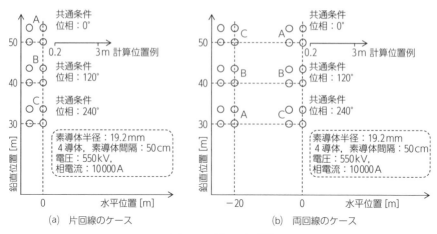

図 3.67 計算モデル[126]

(1) 商用周波電界イミュニティ評価法

図 3.67 に示す計算モデルに対する電界強度の計算結果を図 3.68 に示す．図 3.68 では，500 kV 送電線の上相，中相および下相近傍における電界強度（合成値）を示しており，計算位置は図 3.67 中の座標系に従う．片回線および両回線のケースの電界強度に大差はなく，中相（鉛直位置：40 m）のレベルがやや高い．また，電線から離れるに従い，電界強度は低くなり，電線近傍での変化が大きいことが特徴である．500 kV 送電線の電線から 20 cm 離れた位置の電界強度は 200 kV/m を下回った．

送電線近傍の電界強度が電線から離れるに従い減衰することから，ドローンの商用周波電界イミュニティ評価法は図 3.69，表 3.18 に示すような評価法が有効であると考えられる．評価法は充電した電線にドローンを徐々に接近させる手法であり，

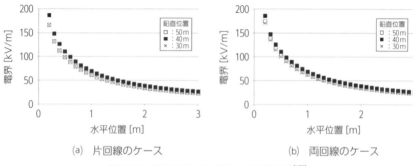

図 3.68 電界分布（合成値）の計算結果[126]

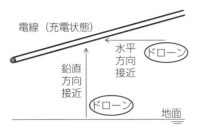

図3.69 商用周波電界イミュニティ評価法のイメージ[126]

表3.18 商用周波電界イミュニティ評価法

| 電圧 | ・試験レベル：～AC 318 kV |
|---|---|
| 電線 | ・長さ：10 m 以上<br>・架線高：5 m 以上（試験電圧を考慮した絶縁距離の確保）<br>・線種・導体方式：任意 |
| 手法 | ・水平方向接近<br>・鉛直方向接近<br>1. 充電した電線にドローンを徐々に接近させる<br>2. ドローンに異常が見られた場所の電界強度を明らかにする（実測または計算） |
| 特徴 | ・現場の状況を再現した評価法<br>・遮蔽物が少なく，ドローンの GPS 等のセンサに対する影響も少ない |
| 注意点 | ・高所および高電界の測定は困難なため，計算で電界強度を求めることが望ましい |

　ここでは，水平方向および鉛直方向接近を提案している．水平方向接近では，ドローンが主に電界の水平方向成分の影響を受け，一方で鉛直方向接近では，電界の鉛直方向成分の影響を受ける．高電圧に充電された電線に人や測定器が接近することは危険であり，高所および高電界下における電界測定は困難であるため，電界強度レベルは計算による把握が現実的である．

(2) 商用周波磁界イミュニティ評価法

　図 3.67 の計算モデルの磁界計算結果を図 3.70 に示す．ここでも 500 kV 送電線の上相，中相および下相ごとの磁界（合成値）を示している．電界強度同様に，片回線と両回線についてや，各相についての磁界に大差はない．ここでも，電線から離れるに従い，磁界は低くなり，電線近傍での変化が大きいことが特徴である．

　ドローンの商用周波磁界イミュニティ評価法は高いレベルの磁界の発生を必要とすることから，図 3.71，表 3.19 に示すような磁界発生用のコイルを用いた評価法が有効であると考えられる．提案する評価法は通電したコイル内でドローンを飛行させる手法であり，ここでも，水平方向と鉛直方向の磁界を評価項目としている．

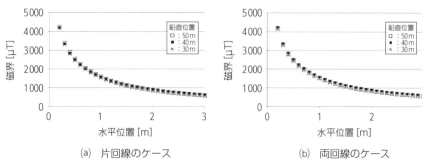

(a) 片回線のケース　　(b) 両回線のケース

図 3.70　各相近傍における磁界分布（合成値）の計算結果[126]

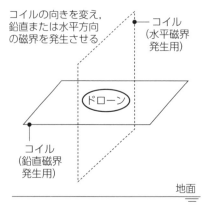

図 3.71　商用周波磁界イミュニティ評価法のイメージ[126]

表 3.19　商用周波磁界イミュニティ評価法

| 磁界 | ・試験レベル：任意（送電線に使用される電線の許容電流により最大レベルを決定）<br>・コイルの通電電流により制御 |
|---|---|
| コイル | ・形状：正方形<br>・サイズ：正方形コイルの一辺の長さがドローンのサイズの4倍以上 |
| 手法 | ・水平磁界（コイル平面が地面と垂直）<br>・鉛直磁界（コイル平面が地面と平行）<br>1. 通電したコイル中心にドローンを飛行させる<br>2. 次にコイル巻線側にドローンを飛行させる<br>3. ドローンに異常が見られた場所の磁界を明らかにする（実測または計算） |
| 特徴 | ・コイル中心では一様磁界ばく露<br>・コイル巻線側ではレベルに傾きのある磁界ばく露<br>・遮蔽物が少なく，ドローンの磁気コンパス等のセンサに対する影響も少ない |

コイルの特性上，ドローンがコイルの中心を飛行する場合は一様磁界をばく露することができ，コイルの巻線近傍ではレベルの高い磁界をばく露できる．

**(3) 火花放電の放射電磁界イミュニティ評価法**

電力設備における火花放電は，通常，設備が健全であれば発生することはないが，雷や台風等の自然災害や経年劣化による腐食や磨耗，また低張力で架線されている架空線の金属連結部に隙間が生じた場合，そのギャップ間に電位差が生じ，発生することがある[131][136][137][138]．この現象は，電力設備の電圧階級によらず高電圧の送

電線だけでなく，配電線や変電所等でも発生する可能性がある．

図 3.72 は 6.6 kV 配電線クラスの電力設備を用い，人工的にがいし金具の連結部にギャップを設けた条件にて，放電ギャップ間等の電圧を測定した実測結果である．放電開始電圧はギャップ長によるが，ギャップ間電圧が 2 kV に達すると火花放電が繰り返し発生していることが分かる．また，図 3.73 は火花放電の放射電磁界をアンテナにより測定した結果である．火花放電の周波数成分は数百 MHz 帯のテレビ放送波，さらに 2.4 GHz の無線 LAN の帯域まで達していることが分かる．

図 3.72, 図 3.73 は配電線クラスの電圧の測定結果であるが，送電線において発生する火花放電も，同様のメカニズムで発生し，特徴も同じと考えられる．

火花放電の放射電磁界イミュニティ評価法では，火花放電を安定して発生させ，高周波の放射電磁界をドローンにばく露する必要がある．図 3.74, 表 3.20 に提案する火花放電の放射電磁界イミュニティ評価法を示す．評価法は図 3.69 の商用周波電界評価法の電線に放電ギャップを接続し，ギャップ間に火花放電を発生させる手法である．放電ギャップは送電線で用いられるがいし金具等の寸法と連結部の遊びを参考にすることが望ましい．ギャップ長が 0.5 mm 程度であれば，連続して発生する火花放電の影響でギャップ表面の金属が粗面化し，短絡することも少なくなることを確認している．地上において火花放電を五感で認識することは困難なため，アンテナ測定で火花放電の発生を確認することが重要である．

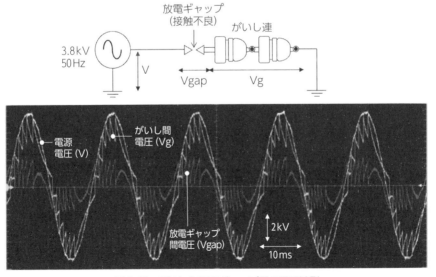

図 3.72　がいしと放電ギャップ間の電圧波形

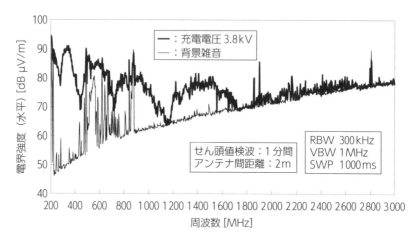

図3.73　火花放電の放射電磁界[136]

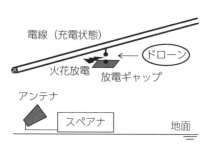

図3.74　火花放電の放射電磁界イミュニティ評価法のイメージ[126]

表3.20　火花放電の放射電磁界イミュニティ評価法

| 電圧 | ・試験レベル：〜AC 318 kV |
|---|---|
| 電線 | ・長さ：10 m 以上<br>・架線高：5 m 以上<br>・線種・導体方式：任意 |
| 放電ギャップ | ・種類：球-球ギャップ（がいし金具等の大きさ程度）<br>・ギャップ長：がいし金具の連結部の遊び程度<br>・充電法：充電した電線に接続する |
| 手法 | ・水平方向接近<br>1. 充電した電線の放電ギャップにドローンを徐々に接近させる<br>2. ドローンに異常が見られた場所を明らかにする |
| 特徴 | ・現場の状況を模擬した評価法 |
| 注意点 | ・アンテナでの放射電磁界測定は高電界中では困難なため，地上で実施することが望ましい |

### 3.10.3 ドローンの電磁界ばく露装置

3.10.2項で検討したドローンの電磁界イミュニティ評価法について, これを実現するため, ここでは実際に電磁界ばく露装置を構築し, その特徴を明らかにする[126]. 電磁界ばく露装置は, (一般財団法人) 電力中央研究所 塩原実験場 (栃木県那須塩原市)[139]に構築した.

#### (1) 商用周波電界ばく露装置

図3.75に商用周波電界ばく露装置を示す. 図3.75中の電線はAC 350 kV試験用変圧器に接続されており, AC 166 kV～350 kV (50 Hz) まで充電できる. 充電電圧の調整はタップチェンジャーにより行い, その調整幅は約3 kVである. また電線は広く開けた場所に地上6 mの位置に架線されており, 電線周辺では自由にドローンを飛行することができる. なお, 図3.75の電線はACSR 810 mm$^2$の単導体であるが, 任意の電線種, 導体方式の電線が架線できる.

図3.75の電線条件で, 電線に318 kVを充電した場合の地上6 mにおける電線周囲の電界強度を図3.76に示す. 電線から20 cm離れた位置の電界強度は250 kV/m程度あり, 電線近傍での電界強度の変化は大きく, 500 kV送電線計算モデルにおける図3.73の電界強度計算結果の特徴をよく示していることが分かる.

#### (2) 商用周波磁界ばく露装置

商用周波磁界ばく露装置については大型コイルを用い, コイルに通電する電流の制御は図3.77に示す電圧調整器 (スライダック) にて行う回路とした. コイルに

図3.75　商用周波電界ばく露装置[126]

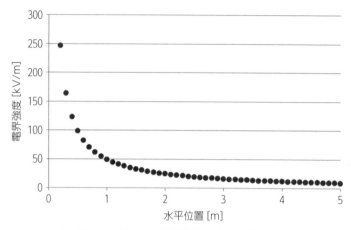

図 3.76 電線近傍における電界分布の計算結果[126]

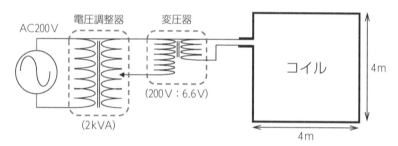

図 3.77 磁界発生装置の回路[126]

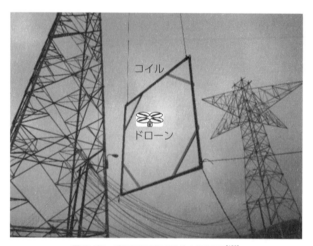

図 3.78 商用周波磁界ばく露装置[126]

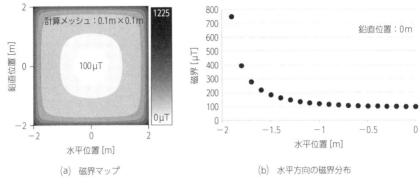

図 3.79 磁界の計算結果[126]

ついては 4 m × 4 m の大きさとし，図 3.78 に示すように，高さ 5 m 程度の位置に鉄塔から吊り下げる構成とした．図 3.78 は水平磁界を発生させるコイルの向きであるが，コイルを回転させ，コイルの平面を地面と平行に吊り下げると鉛直磁界も発生させることができる．本稿で作製したコイルは 5 ターンの巻線数であり，図 3.77 の回路で 70 A の電流を流すことができる．

図 3.78 の条件で，コイルに 70 A の電流を通電した場合の磁界を図 3.79 に示す．コイル中心の磁界は 100 µT であり，コイルの巻線から 10 cm 離れた位置では 750 µT 程度ある．コイル中心付近の 1 m の範囲にドローンを飛行させた場合は一様磁界，巻線側では傾きのある磁界分布をばく露することができる．また図 3.70 より，10 000 A 流れる電線の近傍は 4 000 µT 以上になるため，これを再現するためにはコイルの巻線数を増やすか，通電電流を増大させる工夫が必要となる．

(3) 火花放電の放射電磁界ばく露装置

図 3.80 に，50 Hz の電源周波数で発生する火花放電の放射電磁界ばく露装置を示す．地面側の球ギャップに金属平板を設置することで，地面と平板間，ギャップ間のキャパシタンスの直列回路が形成され，ギャップ間に電位差が発生する．放電ギャップは直径 4 cm の球-球ギャップとし，ギャップ長を 0.5 mm と設定した場合，電線の充電電圧 AC 166 kV〜318 kV の条件において，安定した火花放電を発生させることができた．

地上に配置したホーンアンテナで測定した火花放電の放射電磁界の測定結果（ゼロスパン測定）を図 3.81 に示す．火花放電は間欠的に発生しており，電線の充電電圧が高くなるほど，発生回数は増加し，電界強度レベルも高くなることが分かる．

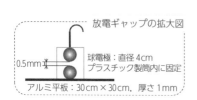
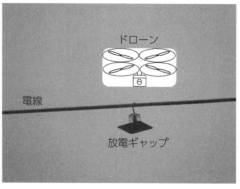

**図 3.80** 火花放電の放射電磁界ばく露装置[126]

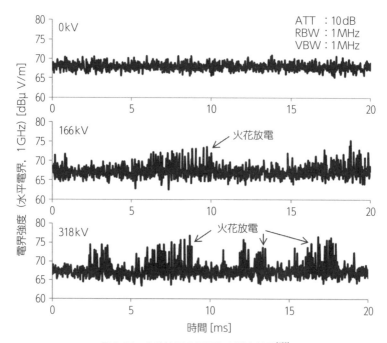

**図 3.81** 火花放電の電界強度測定結果[126]

### 3.10.4 ドローンの電磁界ばく露実験結果

例として市販のドローン1機種を使用し、3種類の電磁界ばく露実験を行った結果[126]を表3.21に示す．ドローンはカメラを搭載し、オペレータは手元のタブレットでカメラ映像をリアルタイムで確認できる．また、ドローンはGPSや磁気コンパス、気圧センサ、超音波センサ等々を搭載しており、機体やセンサ、運転状況に

何か異常を感知した場合は，エラーメッセージをタブレットに表示する仕様である．

表 3.21 に示す実験結果においては，ドローンが電線と接近する距離に違いはあるが，いずれの電磁界ばく露においてもドローンの不具合が生じることが確認された．商用周波電界ばく露実験では 318 kV に充電した電線に 2.4 m まで水平方向接近したとき，ドローンが操縦不能になることがあった．しかし，2 回目の実験では，これを確認できず，影響が再現されなかった．商用周波磁界ばく露実験では，水平および鉛直磁界ともに 14.6 μT 以上の磁界で，「磁気コンパスエラー」や「磁気コンパス異常」のエラーメッセージの表示があった．火花放電の放射電磁界ばく露実験も再現性が乏しかったが，カメラ映像が途切れる，または操縦不能になることがあった．ただし，異常について機体の操縦よりも映像障害が先に発生することには再現性が見られた．

表 3.21　ドローンの電磁界イミュニティ評価結果例

| イミュニティ評価法の種類 | ドローンの不具合事例 | 電磁界ばく露条件 | 備考 |
|---|---|---|---|
| 商用周波電界 | ・操縦不能 | 318 kV の電線に 2.4 m まで水平方向接近（20 kV/m） | 再現性に乏しい |
| 商用周波磁界 | ・磁気コンパスの異常 | 14.6 μT 以上の一様電界ばく露（水平・鉛直磁界） | 再現性あり |
| 火花放電の放射電磁界 | ・カメラ映像の受信障害<br>・操縦不能 | 289 kV の放電ギャップから 2.1 m の距離でカメラ障害，20 cm の距離で操縦不能 | 再現性に乏しい |

### 3.10.5　おわりに

架空送電線の保守・点検に活用するドローンを対象に，ドローンの商用周波電界と商用周波磁界，火花放電の放射電磁界のイミュニティ評価法を提案するため，送電線周辺の電磁界を計算および模擬実験から，その特徴を明らかにするとともに，イミュニティ評価法を考案した．そして，3 種類の電磁界ばく露装置を構築し，市販のドローンに対して，電磁界ばく露実験を実施した．その結果，商用周波電界と商用周波磁界，火花放電の放射電磁界によるドローンの不具合事例を確認し，評価法の有効性を明らかにした．

本稿では，50 Hz の交流送電線を対象としたが，60 Hz についても同様の電磁界ばく露，イミュニティ評価法が適用できると考えられ，直流送電線についても，直流電界および直流磁界ばく露装置は電源の変更だけで実現できる．

本イミュニティ評価法は，無人航空機の性能評価基準を定めることを目的とした

「無人航空機性能評価手順書 Ver. 1.0（目視内および目視外飛行編）」[121]において参照されている．本手順書では，物流応用，災害調査対応のための無人航空機に対する共通な性能基準，および適用分野ごとに固有の分野別個別性能評価基準がそれぞれ定められており，電磁環境に関する共通性能評価項目として耐電波干渉および高電圧送電線近傍における安全離隔距離が，性能試験方法に必要な構成として，本イミュニティ評価法と同じ手法が挙げられている．今後，本イミュニティ評価法はドローンの総合的な電磁界イミュニティに対する試験法として確立を目指す．

## 3.11 IoT 機器のサプライチェーンにおけるセキュリティリスク

### 3.11.1 はじめに

IoT 機器を製造するハードウェアメーカはコスト削減などの理由より，自社で設計した IC チップを安価に製造できるサードパーティーのファウンドリを利用して行っている．こうした状況下においては，製造時にチップ設計者の意図しない機能が IC に付加され，特定の状況下では IC の破壊やセキュリティの低下を引き起こす可能性がある．

設計者の意図に反して付加される回路はハードウェアトロージャン（HT：Hardware Trojan）と呼ばれ，新たなセキュリティの脅威と見なされており，対処しなければならない重要なセキュリティ課題の一つとなっている．

また，IoT の普及に伴い利用の拡大したデバイスは，従来の脅威の対象となってきたハードウェアと異なり，デバイスを製造・提供する業界・企業において，脅威に対する十分な備えができていない可能性が高く，HT の脅威に直面し，インシデントが一度発生するだけで企業自体の存続が危うくなる可能性もあり，IoT の普及の妨げとなる可能性がある．

HT は図 3.82 のように物理的な特性，実装対象，起動の特性，動作の特性などにより分類され，その組み合わせは多岐にわたり，起動時には設計者の意図しない動作をし，機器のセキュリティを低下させる．

本節では HT に関する研究の動向を解説するとともに，HT の具体例を取り上げ，その動作により引き起こされる脅威と HT の検出手法について解説する．

### 3.11.2 ハードウェアトロージャンによるセキュリティ低下の脅威

HT に関する具体的な脅威事例としてはシリアの核関連と思われる施設を空爆時に用いられた Kill Switch と呼ばれる HT[140]がある．本例では，シリアのレーダ製造時に使用された IC チップに遠隔から機能の停止を実行可能な HT をレーダ製造段階で実装し，軍事作戦を展開する際に HT を発動させ，爆撃を実施したと報じら

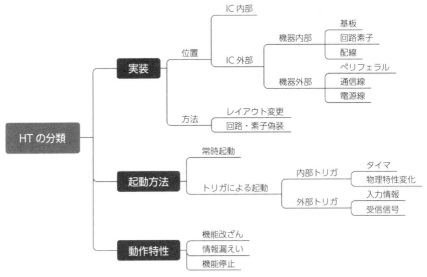

図 3.82　ハードウェアトロージャンの分類

れている．また，民生品に対しては，クラウドサービスを提供する米企業が使用するマザーボードに情報漏えいを引き起こす HT が実装されていた可能性について報じられている[141]．一方，こうした事例において，HT が実際に実装されたと確実に結論付ける報告はなく，また，実装を疑われた側も HT の存在の完全な否定には至っていない．

今後こうした脅威は IoT などの安価なデバイスにも及ぶ可能性があり，こうした脅威を抑止するためには，機器設計，製造後のテストでの検出技術，また，こうした脅威を疑われた場合，脅威が存在しない場合にはそれを否認できる検査技術についても求められている．

上述した背景の下，HT 検出のための研究は近年盛んに行われている．図 3.83 は HT に関する論文の年ごとの出版数とそれらを引用する論文数の推移を表している．2000 年を超えたあたりから，論文数が増加し，2018 年に至るまで増加を続けており，また，それらの論文を引用する論文も同様の傾向にある．また，図 3.83 の論文の国別内訳は図 3.84 のようになっており，アメリカ，中国において特に活発に研究が行われている．さらに，出版された論文の助成金は National Science Foundation（NSF）が 114 件，National Natural Science Foundation of China が 66 件，United States Department of Defense が 21 件，Fundamental Research Funds for The Central Universities が 14 件，Semiconductor Research Corporation が 12

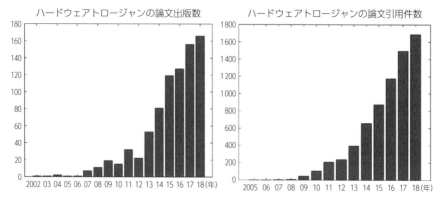

**図 3.83** HT に関する論文数とその引用件数の推移

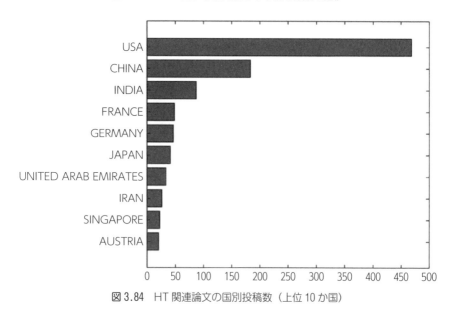

**図 3.84** HT 関連論文の国別投稿数（上位 10 か国）

件と研究費の面から見てもアメリカと中国におけるサポートが大きく，HT 検出技術や実装困難化技術の開発に力を入れていることが分かる．

近年，ハードウェアは IoT 機器を含む情報システムの信頼の起点となっており，今後はますますその安全性確保が求められる可能性があり，セキュリティ確保のための要素技術の一つとしてハードウェアトロージャンの脅威を排除する技術が重要になると考えられる．

これまではハードウェアトロージャンの脅威と脅威を排除するための研究動向に

ついて説明したが，以下では，具体的な HT 脅威とその対策について説明する．

### 3.11.3　IC 以外に実装される HT による脅威

　図 3.83 に示した HT 関連論文の多くは IC 内部に実装された HT を想定している．しかし，IC が実装される基板やそれらを接続する通信線路などの IC 以外の部位においても，サードパーティーを利用して製造する，もしくは，購入したものを利用することが多い．そのため，IC と同様にその周辺回路に対しても HT が仕掛けられる可能性がある．

　こうした部位に関しては，IC への HT のように，それらが製造されるタイミングでの HT の実装は求められず，HT を構成する電気回路を既存の部品に表面実装するだけでよい．これにより，IC に対する HT よりも容易に実装することができることから，一定期間対象機器に近づくことができれば，HT を実装することが可能である．特に末端に設置される IoT 機器などは攻撃者が容易にアクセスできる可能性があり，こうした脅威のリスクは高い．

　以上より，IC 内部の集積度ほど高くはないが，ボードには様々な回路素子が接続されており，こうした回路を設計時から実装された回路素子と区別して，簡単に検出することは困難であると考えられる．また，通信線などに関して，回路素子は実装されていないものの，被覆で全体が覆われているものが多く，HT を実装した後にそれらを被覆で覆うことで検出が困難になるおそれがある．

　さらに，HT により情報を漏えいさせる経路として電磁波を用いた場合，IP ネットワークなどの特定の通信路は不要であり，ネットワークに接続されている機器からの漏えいも誘発することが可能である．

　上述のような攻撃が現実の脅威となれば HT が仕掛けられる対象機器の範囲は拡大する．すなわち，これまで HT の対策対象となっていなかったハードウェアに対しても新たな対策を講じる必要が生じる．

　そこで，以後は IC の周辺回路や配線に実装可能な HT の脅威の具体例について詳説する．

### 3.11.4　IC の周辺回路や配線に実装可能な HT の特徴と情報漏えいの原理

　本項では，IC の周辺回路や配線に実装可能な HT の特徴について述べるとともに，それが情報漏えいを引き起こす動作原理について説明する．

　図 3.85 に本稿で着目する HT と図 3.86 にその動作の概要を示す．回路は一つの MOSFET と短い配線からなり，機器外部に電磁波を通じて情報を放射するアンテナとしては，基板上の配線パターンや機器に接続された線路を用いる（以後，これ

らを非意図的なアンテナと呼ぶ).

続いてHTによる情報漏えいが引き起こされる原理について説明する．機器内部の情報漏えいは，非意図的なアンテナの共振周波数となる電磁波を照射したときに発生する．このとき，電磁波の照射および観測は，空間を通じてアンテナから行うことも，機器に接続された電源線などから行うことも可能である．また，それらの組み合わせでも可能である．

ICの周辺回路や配線に実装可能なHTの具体的な原理は二つの信号の乗算を行うミキサ回路の動作で示される．ミキサ回路は外部から照射した電磁波により誘起された信号 $s_c(t)$ と攻撃対象となる機器内部の信号 $s_{int}(t)$ とを乗じ，$s_c(t)$ をキャリア信号，$s_{int}(t)$ をベースバンド信号とする振幅変調（AM）信号 $s_{leak}(t) = s_{int}(t)s_c(t)$ を発生させる．そして，$s_{int}(t)$ の時間変化はAM信号 $s_{leak}(t)$ として，非意図的なア

図 3.85　安価な素子で構成されIC周囲に実装可能なHT

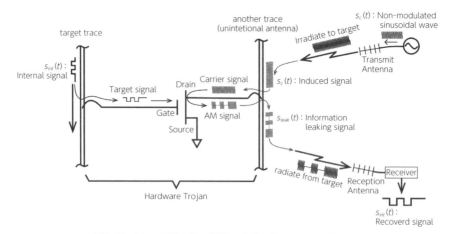

図 3.86　ICの周辺回路や配線に実装可能なHTの動作概要

ンテナにより機器外部に放射される．本稿で用いる HT は一つの MOSFET から構成される受動ミキサ回路と見なすことができる．

続いて，振幅変調された漏えい電磁波 $s_{leak}(t)$ を，機器に照射した周波数で受信し，その周波数をキャリアと見なし，AM 復調することで，機器内部の観測対象とする信号 $s_{int}(t)$ を取得できる．こうした動作は，アクティブ型の攻撃[142]とパッシブ型[143]の攻撃を組み合わせて情報を取得する攻撃と捉えることもできる．

また，キャリアとなる信号 $s_c(t)$ は機器外部から照射する電磁波により機器内部に誘起されるため，照射する強度を変化させることで，変調される信号強度も異なる．そのため，MOSFET が動作する範囲内の強い強度で電磁波を照射することにより，放射信号を増大させることが可能となるため，観測距離を制御することが可能となる．

### 3.11.5　キーボードへの HT の埋め込みと漏えいした情報の取得

本項では HT を埋め込み，機器内部の情報を取得する具体的な対象として，脅威の理解を優先し，IoT 機器本体ではなく，IoT 機器の制御インターフェースの 1 つとなる USB キーボードを用いる．HT が実装される線路はキーボードの制御回路と PC とを接続する USB ケーブルとする．この USB ケーブルへ外部から電磁波 $s_c(t)$ を照射することにより，その周波数をキャリアとした機器内部信号 $s_{int}(t)$ を漏えいさせる AM 信号 $s_{leak}(t)$ が生成される．さらに，機器外部でそれらを AM 復調することでキー入力情報を取得可能であることを示す．

⑴　**ターゲットデバイス**

ターゲットとなる USB キーボードは，キーマトリクス上のキー入力を内蔵されたマイクロコンピュータが検出し，そのキー入力情報を USB バス経由でホストである PC へ送信している．図 3.87 にキーボードから送信されるキー入力情報および通信信号の概略図を示す．

ホストとは一対のデータラインと正負の電源ラインを含んだ 4 芯から構成される USB ケーブルで接続される．通信信号は差動シリアル信号であり，一つのデータバスを半二重モードで用いることで送受信を多重化している．USB キーボードでは 1.5 Mbps の Low-speed モードが使用されており，シリアル信号の最高周波数は 750 kHz である．ホストへのデータ伝送はホストからの要求に応答するポーリング形式で行われており，キーボードでは前回のポーリング以降に生じたキー入力状態の差分を返答することでキー入力情報を伝送している．キー入力に対応した情報は USB 規格で定められた HID Usage ID の数値としてホストへ送信される．

本稿では HT を用いて，ホスト PC に送信されるシリアル信号を取得し，機器外

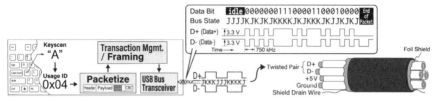

図 3.87　ターゲットとなるキーボード

部へ漏えいさせる．

(2) HT 回路とその実装

続いて，実験で用いた HT の回路図および実装方法を図 3.88 に示す．本回路は MOSFET と抵抗から構成される．入出力端子としては左図に示すように Pin1 から Pin3 までを備えている．

本実験では，各 Pin をキーボードの USB ケーブルに接続し，情報漏えいを誘発する．Pin1 はデータ信号（D-），Pin2 はキーボード側のシールド線，Pin3 はホスト側のシールド線に接続し，照射した電磁波により Pin2-Pin3 間に生じた交流信号と MOSFET を用いて Pin1 から入力された USB の通信信号を乗じることにより，振幅変調された信号が生成される．そして，本信号が非意図的なアンテナに伝搬することにより，機器外部への放射が発生する．さらに，これらを機器外部で AM 復調することにより，キー入力に応じて生ずるデータ信号の取得が可能となる．

本実験で試作した HT は図 3.89 のように小型の MOSFET と配線のみで構成されており，実際に攻撃者が用いる場合にはケーブル外皮樹脂およびフェライトコア等で隠すことが容易である．本稿の評価ではケーブルに HT を実装しているが，キーボードを構成するメイン基板に実装することも可能である．

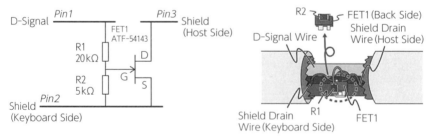

図 3.88　本稿で使用した HT 回路とそれを実装した様子

図 3.89　USB ケーブル内に実装した HT

### (3) 情報漏えい評価環境

実験環境とパラメタを図 3.90 および表 3.22 に示す．HT が動作するトリガとなる電磁波は，機器外部からログペリオディックアンテナを用いてキーボードに向けて照射する．また，照射する周波数は漏えい信号が最も強く観測される 633 MHz とし，給電電力は 40 dBm とした．

照射した電磁波により動作した HT によって，機器外部へ漏えいする信号は，送信アンテナから 1 m 離した受信アンテナで取得する．送信・受信アンテナとキーボード間の距離は 5 m とした．

本実験の受信アンテナで観測した信号は，USB ケーブルをアンテナとして分布するコモンモード電流からの放射である．また，こうした電流は機器に接続された電源線などに伝搬することが知られており[144][145]，電源線やそれらが接続される配電盤などにおいても漏えい情報が観測できる可能性がある．

観測する周波数は照射周波数と同様の 633 MHz であり，観測後 AM 復調を行うことで USB のデータ信号を取得する．

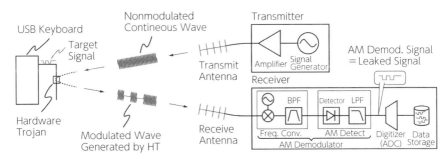

図 3.90　評価環境のブロック図

表 3.22　評価実験セットアップ

| キーボード | USB 109 Keyboard |
|---|---|
| 送受信アンテナ | Ettus Research LP0410 |
| 信号発生器 | HP 8647A (633 MHz, 40 dBm) |
| 受信器 | Ettus Research USRP X310 |

(4) HT により漏えいした情報の取得

続いて HT を実装したキーボードからの情報漏えいの可能性について実験を通じて具体的に検討する．

図 3.91 (a) に「A」を入力した場合に USB のデータ信号（D-）を USB ケーブル上でタッピングして観測した波形を示す．時間に応じて電圧が変動することで，ホストからのポーリングおよび，キーボードからのキー固有の信号パターンを表している．

続いて，図 3.91 (b) に HT に電磁波を照射した場合に受信器で観測された時間領域波形を示す．本条件では HT によって，キーボード内部の信号と同様の時間変化をしている信号が計測され，キー入力に対応する信号が漏えいしていることが分かる．

続いて，電磁波の照射を停止し，HT が動作しない場合に受信器で観測された波形を図 3.91 (c) に示す．キー入力を行っているにも関わらず，図 3.91 (a)，(b) で観測されたようなキーの入力に応じて発生する固有の信号パターンは観測されな

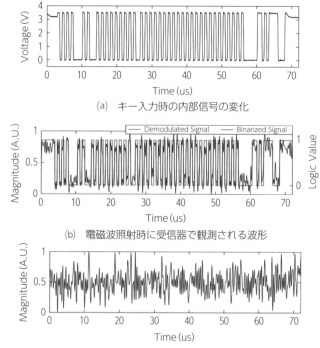

(a) キー入力時の内部信号の変化

(b) 電磁波照射時に受信器で観測される波形

(c) 電磁波非照射時に受信器で観測される波形

図 3.91　HT により漏えいするキーボードの入力情報

い.

　本計測結果より，外部から照射した電磁波により，USB ケーブルのデータ線を
タッピングして得られた図 3.91（a）の結果と同様の入力キーに対応する電圧の時
間変動を計測できていることが分かる．また，図 3.91 では「A」を入力した結果の
みを示しているが，他のキーにおいても同様の漏えいが生ずることを確認した．

　本評価実験では，キーボード周囲に設置したアンテナなどにより漏えい電磁波を
確認したが，非意図的なアンテナ上に電流プローブをクランプすることでも漏えい
電磁波を取得可能であり，非意図的なアンテナの動作をより詳細に分析可能である．
また，前述したように，これらの電流が IoT 機器に接続された電源線などに伝搬す
ることにより，電源線上，その先にある配電盤などにおいても漏えい信号を確認す
ることが可能になると考えられる．

### 3.11.6　対策手法の検討

　上記で評価実験を行った HT は，機器外部から照射する電磁波によって動作し，
機器内部の情報を振幅変調し，電磁波を通じて機器の内部情報を外部に漏えいさせ
る．

　一方で，漏えい対象となるキーボードの信号は一定の周期を有することが過去の
検討で明らかとなっている．そのため，機器外部から機器に電磁波を広帯域に照射
し，同時に機器周辺での電磁波を計測し，広帯域にわたって AM 復調を行い，内部
の信号と同様の周期が復調後に観測されるか否かについて確認することで，IC の
周辺回路や配線に HT が仕掛けられているか否かを検出できる可能性がある．また，
上記 HT は外部から電磁波を印加することにより起動することから，機器内部に伝
搬するノイズをモニタリングする手法なども対策の一つとして考えられる[146].

　また，IC に実装される HT に関しては，以下のような検出技術・HT 実装困難化
技術が有効と考えられる．これらは図 3.83 に示した HT に関連する論文の中で検
討されている技術についてまとめたものである．

　最も多く検討されている対策手法の 1 つにサイドチャネル情報[147]を用いた HT
の検出がある．この手法では HT が入っていないと仮定されるデバイスの物理特性
（消費電力，放射電磁界，実行時間の遅延など）をあらかじめプロファイリングし，
これを基準として，HT の実装が疑われるデバイスと比較を行い HT 実装の有無を
判断する．

　本手法の利点は，対象を非破壊で検査できる点にある．一方，「ゴールデンチッ
プ／デバイス」が必要となるケースが多く，これをどこから入手するかという問題
が付きまとう．また，製造ばらつきによってもサイドチャネル情報は変化する可能

性がある．また，検出手法の多くは計測量としてサイドチャネル情報を利用することが多く，HT の検出および実装困難化技術の多くはサイドチャネル情報を用いている．

次に多く検討されている HT 検出手法にゲートレベルの特性評価を利用した手法がある．この検出手法ではゲートレベルの物理特性に着目し，それに応じた電力や実行時間遅延などを用いて HT が挿入されたか否かを判断する．しかし，ゲートレベルの物理特性は IC 製造過程におけるばらつきの影響を受けることが多いため，HT 挿入による特性の変化なのか，製造ばらつきなのかを区別することが難しい．そのため，製造ばらつきを抑える手法に主眼が置かれ研究が進められている．

光学検査を用いた方法も検討されている．この検出手法では IC 内部のレイヤを一つずつ除去し，検査対象となるチップを破壊することによって実施される．そのため，光学検査は，リバースエンジニアリング技術に依存した検出手法となっている．光学検査では，走査光学顕微鏡（SOM），走査電子顕微鏡（SEM），およびピコ秒イメージング回路分析（PICA）を使用してレイヤの構造を復元し，収集された画像から最終的なチップのレイアウトを再構築することで，設計者が作成したレイアウトと比較し，HT の実装の有無を判断する．光学検査は強力な検出手法であるが，コストが高く検出までの時間を多大に要するという問題点がある．

### 3.11.7 まとめ

本節では IoT 機器のサプライチェーンにおいて挿入される可能性のあるハードウェアトロージャン HT の脅威，その具体例を説明し，検出技術についても概説した．ハードウェアレベルで実装が行われるハードウェアトロージャンはソフトウェアレベルでの脅威とは異なり製品出荷後にソフトウェアパッチなどをリリースすることでその脅威を完全に取り除くことは困難である．また，サプライチェーンを利用して機器を製造するメーカ，また，その一部で機器の製造を担うメーカはハードウェアトロージャンの検知，実装困難化についてはもちろん，ハードウェアトロージャンの実装を疑われた場合，その可能性を否定できるような技術を知る（所有）する必要がある．

現在のところ，HT を排除するための決定打は与えられていない状況であるが，HT を検出するために利用できる信頼の起点がどのような部分に設けられるのかを検討し，検出技術および実装困難化技術を複数組み合わせて適用していくことがハードウェアトロージャンフリーな機器を構成する上での現状の解になると考えられる．

# 参考文献

[1] 三菱総合研究所，第4次産業革命における産業構造分析とIoT・AI等の進展に係る現状及び課題に関する調査研究報告書，総務省，図表3-3-2-1，2017年3月．

[2] SX1272/73-860 MHz to 1020 MHz Low Power Long Range Transceiver, Datasheet, Semtech, Rev. 3.1, March 2017.

[3] Method for point-to-area predictions for terrestrial services in the frequency range 30 MHz to 3 000 MHz, RECOMMENDATION ITU-R P. 1546-3, Nov., 2007.

[4] 都築，愛媛大学のLPWA-LoRaに関する取り組み，2020年電子情報通信学会 ソサイエティ大会，BI-1-2，Sep., 16, 2020.

[5] NOTICE OF USE AND DISCLOSURE, RP002-1.0.3, LoRaWAN Regional Parameters LoRa Alliance, Inc., 2021.

[6] 920 MHz帯テレメータ用，テレコントロール用及びデータ伝送用無線設備，ARIB STD-T108.

[7] LoRa Modulation Basics, AN1200.22, Semtech, Revision 2, May 2015.

[8] 下口剛史：「狭帯域電力線通信のIoT活用に向けた取り組み」，月間EMC（No. 372），2019年4月

[9] ITU-T："G.9903 Narrowband orthogonal frequency division multiplexing power line communication transceivers for G3-PLC networks"

[10] TTC：「JJ-300.11. ECHONET Lite向けホームネットワーク通信インターフェース（ITU-T G.9903狭帯域OFDM PLC）」

[11] （社）電波産業会：「ARIB STD-T84　電力線搬送通信設備（10〜450 kHz）」

[12] G3 Alliance：認証プロダクト，http://www.g3-plc.com/certified-platforms/　http://www.g3-plc.com/certified-products/，参照 May 4, 2021

[13] 経済産業省：「次世代型双方向通信出力制御実証事業事後評価報告書」，51，（2015）

[14] 稲田吉紀，石本正広：「スマートメーター通信ネットワークにおけるPLC方式の採用について」，電気学会電子・情報・システム部門通信研究会（2017）

[15] Panasonic：「PLC（電力線通信）による駅ホーム用の照明制御システムをJR東日本と共同研究開発」，https://news.panasonic.com/jp/press/data/2020/03/jn200304-2/jn200304-2.html，参照 May 4, 2021

[16] Thierry Lys: Technical Project Manager at ERDF: "The results and outcomes of the ERDFG3-PLC deployment in France", IEEE.ISPLC2016, (2016)

[17] 住友電工：「世界初の地中送電線遠隔監視システムを開発」，https://sei.co.jp/company/press/2020/08/prs086.html，参照 May 4, 2021

[18] 高速電力線通信推進協議会　https://www.plc-j.org/index.html

[19] 脇坂 俊幸，松嶋 徹，古賀 久雄，奥村 浩幸，桑原 伸夫，福本 幸弘，"三相3線電力線を使用したPLC通信システムが建物外の電磁環境に与える影響の評価"，電気学会論文誌A（基礎・材料・共通部門誌），Vol. 140, No. 12, pp. 557-564, Dec. 2020.

[20] Toshiyuki Wakisaka, Tohlu Matsushima, Hisao Koga, Naohiro Kawabata, Nobuo Kuwabara, and Yuki Fukumoto "Statisitical investigation of radiated emissions from plc system connected to 3-phase power lines in factories," In 2019 Joint International Symposium on Electromagnetic Compatibility and Asia-Pacific International Symposium on Electromagnetic Compatibility, p. 433, Sapporo, Japan, Jun. 2019.

[21] 電波利用環境委員会：「資料39-2　高速電力線搬送通信設備作業班報告書 概要」，情報通信審議会　情報通信技術分科会，https://www.soumu.go.jp/main_content/000667973.pdf（2019年）

[22] 電波利用環境委員会：「資料40-3　電波利用環境委員会報告書 概要（案）（PLC関連）」，情報通信審議会　情報通信技術分科会，https://www.soumu.go.jp/main_content/000667984.pdf　（2019年）

[23] 電波法施行規則等の一部を改正する省令「令和3年総務省令第65号」（令和3年6月30日）https://www.soumu.go.jp/main_content/000757377.pdf

https://kanpou.npb.go.jp/20210630/20210630g00146/20210630g001460040f.html

[24] 屋内広帯域電力線搬送通信設備の使用範囲を定める件「令和3年総務省告示第210号」（令和3年6月30日）
https://www.soumu.go.jp/main_content/000757404.pdf
https://kanpou.npb.go.jp/20210630/20210630g00146/20210630g001460174f.html

[25] 第7回 産業構造審議会 保安・消費生活用製品安全分科会 製品安全小委員会「資料8-3 製品安全規制の改正・見直し事項」https://www.meti.go.jp/shingikai/sankoshin/hoan_shohi/seihin_anzen/pdf/007_08_03.pdf

[26] 電気用品安全法 電気用品の技術上の基準を定める省令の解釈についての一部改正について「電気用品安全法の技術基準解釈通達（別表第十）の一部改正（PLCを内蔵した電気用品）」経済産業省（2020年），https://www.meti.go.jp/policy/consumer/seian/denan/file/04_cn/ts/20130605_3/outline/kaiseigaiyou191225_b10.pdf，（参照 Aug. 30, 2022）

[27] ITU-R: "IMT Vision – Framework and overall objectives of the future deployment of IMT for 2020 and beyond", Recommendation ITU-R M. 2083-0 (2015)

[28] 総務省:「ローカル5G導入に関するガイドライン」，総務省，https://www.soumu.go.jp/main_content/000711788.pdf

[29] 総務省:「ローカル5Gの概要について」，新世代モバイル通信システム委員会報告，https://www.soumu.go.jp/main_content/000644668.pdf

[30] [2.3] 5G ACIA: "5G Non-Public Networks for Industrial Scenarios"，ホワイトペーパー（2019）

[31] 東野圭吾:天空の蜂，講談社，1998.

[32] K. Tashiro, H. Wakiwaka, S. Inoue, and Y. Uchiyama, "Energy Harvesting of Magnetic Power-Line Noise," IEEE Transactions on Magnetics, vol. 47, No. 10, pp. 4441-4444, 2011.

[33] http://www.shinshu-u.ac.jp/project/kankyojikai/ （信州大学環境磁界発電ホームページ：2021年4月閲覧）

[34] 田代晋久（監修），脇若弘之，佐藤敏郎，曽根原誠，水野 勉，卜 穎剛，宮地幸祐，中澤達夫，生稲弘明，笠井利幸，"環境磁界発電—原理と設計法"，科学情報出版，2016.

[35] 田代晋久，"IoTに必須の環境型発電—環境磁界発電 原理と設計法—"，EMC，科学情報出版，No. 372, pp. 75-85, 2019.

[36] ICNIRP, "Guideline for limiting exposure to time-varying electric and magnetic fields (1 Hz to 100 kHz)", Health Phys., Vol. 99, No. 6, pp. 818-836, 2010.

[37] ISO 11452-8:2015, "Road vehicles-Component test methods for electrical disturbances from narrowband radiated electromagnetic energy Part 8: Immunity to magnetic fields", 2015.

[38] IEC 61000-4-8, "Testing and measurement techniques-Power frequency magnetic field immunity test", 2009.

[39] MIL-STD-461G, "Department of Defense Interface Standard – Requirements for the control of electromagnetic interference characteristics of subsystems and equipment", pp. 128-132, 2015.

[40] SAE J1113, "Electromagnetic Compatibility Measurement Procedures and Limits for Vehicle Components (Except Aircraft)", 2013.

[41] RTCA/DO-160G: "Environmental Conditions and Test Procedures for Airborne Equipment", 2014.

[42] JIS B 7024, "耐磁携帯時計—種類及び性能"，pp. 1-7 (2012).

[43] 山下貴紀，田代 晋久，脇若 弘之，"耐磁性評価用一様磁界発生コイルの設計"，日本AEM学会誌，Vol. 26, No. 1, pp. 127-132, 2018.

[44] R. H. Bhuiyan, R. A. Dougal, and M. Ali, "A miniature energy harvesting device for wireless sensors in electric power system", IEEE Sensors Journal, Vol. 10, No. 7, pp. 1249-1258, 2010.

[45] Z. Wu, Y. Wen, and P. Li, "A power supply of self-powered online monitoring system",

IEEE Trans. on Energy Conversion, Vol. 28, No. 4, pp. 921-928, 2013.

[46] W. Wang, X. Huang, L. Tan, J. Guo and H. Liu, "Optimization design for an inductive energy harvesting device for wireless power supply system", Energies, 9, 242; doi:10.3390/en9040242, 16 pages, 2016.

[47] K. Tashiro, G. Hattori and H. Wakiwaka, "Magnetic flux concentration methods for magnetic energy harvesting module", EPJ Web of Conferences, 40, 06011, doi. org/10.1051/epjconf/20134006011, 2013.

[48] S. Yuan, Y. Huang, J. Zhou, Q. Xu, and C. Song, "Magnetic field energy harvesting under overhead power lines", IEEE Transaction on Power Electronics, Vol. 30, No. 11 pp. 6192-6202, 2015.

[49] S. Yuan, Y. Huang, J. Zhou, Q. Xu, C. Song, and G. Yuan, "A High-Efficiency Helical Core for Magnetic Field Energy Harvesting", IEEE Transaction on Power Electronics, Vol. 32, No. 7, pp. 5365-5376, 2017.

[50] Genki Itoh, Kunihisa Tashiro, Hiroyuki Wakiwaka, Takao Kumada, Kenichi Okisima, "Prototype of magnetic energy harvesting device as a 3.3 V battery", Linear Drives for Industry Applications (LDIA), 2017 11th International Symposium on, 4 pages, DOI: 10.23919/LDIA.2017.8097247, 2017.

[51] 井上 伸一朗, 内山 悠, 田代 晋久, 脇若 弘之, "商用周波数磁気ノイズを積極的に回収するエナジーハーベスティング用空心コイルの開発", 日本 AEM 学会誌, Vol. 19, No. 2, pp. 225-230, 2011.

[52] 村田圭汰, 松橋華世, 田代晋久, 脇若弘之, "周波数およびコイル位置変化に対するアモルファス合金積層コアの誘起電圧測定", 電気学会マグネティックス研究会資料, MAG-17-155, 2017.

[53] http://www.tepco.co.jp/press/release/2017/pdf1/170329j0101.pdf,「ドローンハイウェイ構想」の実現に向けて, 2017 年 3 月 29 日 TEPCO・ZENRIN, 2021 年 4 月閲覧)

[54] 田代晋久, "Society5.0 実現へ向けた発電するセンサの開発", ケミカルエンジニアリング, Vol. 63, No. 1, pp. 25-29, 2018.

[55] J. R. Wiegand and M. Velinsky, "Bistable magnetic device," U.S. Patent # 3,820,090, 1974.

[56] 松下 昭, 阿部 晋, "強磁性線のパルス誘発効果に関する研究", 電気学会論文誌. A, Vol. 100, No. 7, pp. 395-400, 1980.

[57] K. Mohri, F. Humphrey, J. Yamasaki and K. Okamura, "Jitter-less pulse generator elements using amorphous bistable wires,", IEEE Transactions on Magnetics, vol. 20, no. 5, pp. 1409-1411, 1984.

[58] K. Takahashi, A. Takebuchi, T. Yamada, and Y. Takemura, "Power supply for medical implants by Wiegand pulse generated from magnetic wire", J. Magn. Soc. Jpn., 42, pp. 49-54, 2018.

[59] 後藤拓哉, 佐藤拓人, 内山純一郎, 田代晋久, 脇若弘之, 直江正幸, "線引加工で製作した FeCoV 磁性線の磁気特性評価", 電気学会マグネティックス/ リニアドライブ研究会資料, MAG-19-044/LD-19-032, 2019.

[60] 後藤拓哉, 内山純一郎, 田代晋久, 脇若弘之, 直江正幸, "FeCoV 磁性線を用いた磁気双安定素子による環境磁界発電装置の試作", 第 28 回 MAGDA コンファレンス in 大分, OA-4-2, 2019.

[61] 後藤拓哉, 内山純一郎, 石黒 裕之, 田代晋久, 脇若弘之, 直江正幸, 竹村 泰司, "FeCoV 線を用いた磁気双安定素子等価回路の検討", 電気学会マグネティックス研究会, MAG-20-004, 2020.

[62] 松木, 高橋, 「ワイヤレス給電技術がわかる本」, オーム社 2011

[63] 監修：篠原, 「電界磁界結合型ワイヤレス給電技術- 電磁誘導・共鳴送電の理論と応用」, 科学情報出版 2014

[64] 日経エレクトロニクス編, 「ワイヤレス給電のすべて」, 日経 BP 社 2011

[65] 松崎, 松木：日本応用磁気学会誌 「FES 用経皮的電力伝送コイルの特性改善に関する考

察」, vol. 18, 663–666 1994

[66] STATE OF THE DRONE MARKET AT THE END OF 2018, https://www. airbornedrones.co/drone-market-trends/ 参照日 May 10, 2021.

[67] 野波「ドローン産業応用のすべて 開発の基礎から活用の実際まで」, オーム社, 2019 年 2 月, p5.

[68] Gartner Forecasts Global IoT Enterprise Drone Shipments to Grow 50% in 2020 https://www.gartner.com/en/newsroom/press-releases/2019-12-04-gartner-forecasts-global-iot-enterprise-drone-shipmen 参照日 May 10, 2021.

[69] WiBotic OC-251 https://www.wibotic.com/products/oc-251/ 参照日 May 10, 2021.

[70] C. Song, et al. "Three-Phase Magnetic Field Design for Low EMI and EMF Automated Resonant Wireless Power Transfer Charger for UAV," 2015 IEEE Wireless Power Transfer Conference, Boulder, CO, May 2015.

[71] C. Song, et al. "EMI Reduction Methods in Wireless Power Transfer System for Drone Electrical Charger using Tightly-coupled Three-phase Resonant Magnetic Field," To be published in IEEE Trans. on Industrial Electronics, 2018.

[72] Campi, et al., Wireless Power Transfer Technology Applied to an Autonomous Electric UAV with a Small Secondary Coil, Energies 2018, 11.

[73] Campi, et al.: Magnetic Field Levels in Drones Equipped with Wireless Power Transfer Technology, 2016 Asia-Pacific International Symposium on Electromagnetic Compatibility, May 2016.

[74] Junaid et al., Design and implementation of autonomous wireless charging station for rotary-wing UAVs. Aerosp. Sci. Technol. 2016, 54, 253–266.

[75] Junaid et al., "Autonomous Wireless Self-Charging for Multi-Rotor Unmanned Aerial Vehicles," Energies 2017, 10, 803.

[76] Choi et al., Automatic Wireless Drone Charging Station Creating Essential Environment for Continuous Drone Operation, 2016 International Conference on Control, Automation and Information Sciences (ICCAIS), October 2016.

[77] Mostafa et al., Wireless Battery Charging System for Drones via Capacitive Power Transfer, 2017 IEEE PELS Workshop on Emerging Technologies: Wireless Power Transfer (WoW), May 2017.

[78] IoE 社会のエネルギーシステム 研究開発項目：C「IoE 応用・実用化研究開発」https://www.jst.go.jp/sip/p08/team-c.html 参照日 May 10, 2021.

[79] 2020 年度 SIP ／ワイヤレス電力伝送（WPT）システム研究会 開催報告, https://www.jst.go.jp/sip/p08/event/p08_event20210322end.html 参照日 May. 10, 2021.

[80] ブイキューブロボティクス, ドローンの全自動運行を実現する「DRONEBOX」の国内独占販売を開始, https://jp.vcube.com/news/group/20161011_1130.html 参照日 May. 10, 2021.

[81] WiBotic RC-100, https://www.wibotic.com/products/rx-100/ 参照日 May. 10, 2021.

[82] WiBotic TC-100, https://www.wibotic.com/products/tx-200/ 参照日 May. 10, 2021.

[83] Power Cloud-CES 2019 DRONE CHARGING IN FLIGHT, https://www.youtube.com/watch?v=nK7121wy5_0 参照日 May. 10, 2021.

[84] GET In-flight wireless charging-alternating cycles of charging, https://www.youtube.com/watch?v=DvNWkugbO-k 参照日 May. 10, 2021.

[85] In-Flight Wireless Charging – GLOBAL ENERGY TRANSMISSION, http://getcorp.com/technology-overview/#tab-967 参照日 May. 10, 2021

[86] S. Obayashi, et al., "85-kHz band 450-W Inductive Power Transfer for Unmanned Aerial Vehicle Wireless Charging Port," IEEE MTT-S Wireless Power Transfer Conference (WPTC), WPP8, London, UK, Jun. 2019.

[87] S. Obayashi, et al., "UAV/Drone Fast Wireless Charging FRP Frustum Port for 85-kHz 50-V 10-A Inductive Power Transfer," 2020 IEEE Wireless Power Transfer Conference

(WPTC), T4P. 3, Nov. 2020.

[88] S. Obayashi, et al., "390-W 85-kHz band rapid wireless charging UAV and its inductive power transfer charging port with frustum shape," International Symposium on Antennas and Propagation (ISAP 2020), 4D2-4, Jan. 2021.

[89] 「IoE 社会のエネルギーシステム」の研究開発項目『C- ②ドローン WPT システム』において中間実証試験を実施，https://www.jst.go.jp/sip/p08/event/p08_event20201126.html 参照日 May. 10, 2021.

[90] S. Obayashi, et al., "400-W UAV/Drone Inductive Charging System Prototyped for Overhead Power Transmission Line Patrol," 2021 IEEE Wireless Power Transfer Conference (WPTC), TS3-6, Jun. 2021.

[91] 平成 30 年 12 月 12 日付け諮問第 2043 号「空間伝送型ワイヤレス電力伝送システムの技術的条件」，2018., https://www.soumu.go.jp/menu_news/s-news/b_wpt_consult_pressrelease.html

[92] 例えば H. Matsumoto, "Research on solar power station and microwave power transmission in Japan: Review and perspectives," IEEE Microw. Mag., vol. 3, no. 4, pp. 36–45, 2002.

[93] 電波有効利用成長戦略懇談会 第 6 回資料 6-6, Feb. 2018., https://www.soumu.go.jp/main_content/000536747.pdf

[94] 電波有効利用成長戦略懇談会 報告書, Aug. 2019., https://www.soumu.go.jp/menu_news/s-news/01kiban09_02000273.html

[95] 情報通信審議会 情報通信技術分科会 陸上無線通信委員会空間伝送型ワイヤレス電力伝送システム作業班，2019., https://www.soumu.go.jp/main_sosiki/joho_tsusin/policyreports/joho_tsusin/idou/b_wpt_wg.html

[96] 「空間伝送型ワイヤレス電力伝送システムの技術的条件」のうち「構内における空間伝送型ワイヤレス電力伝送システムの技術的条件」，2020., https://www.soumu.go.jp/menu_news/s-news/01kiban16_02000240.html

[97] 空間伝送型ワイヤレス電力伝送システムの運用調整に関する基本的な在り方（案）に対する意見募集, 2021., https://www.soumu.go.jp/menu_news/s-news/01kiban16_02000255.html

[98] ITU-R: Report ITU-R SM.2392-0, "Applications of wireless power transmission via radio frequency beam", 2016., http://www.itu.int/pub/R-REP-SM.2392

[99] 篠原真毅，庄木裕樹「ワイヤレス電力伝送の技術，制度化，標準化最新動向」電子情報通信学会誌 Vol. 101 No. 1 pp. 79-84 Jan. 2018.

[100] 総合科学技術・イノベーション会議，SIP（戦略的イノベーション創造プログラム）「IoE 社会のエネルギーシステム」，2019. https://www.jst.go.jp/sip/p08/team-c.html

[101] 充電技術が決める EV の未来，日経エレクトロニクス，2018 年 12 月号，pp. 28-51(2018).

[102] 尾林秀一，松下晃久，石田正明，「電気自動車・電気バス用ワイヤレス充電の実用化を目指す 85 kHz 帯ワイヤレス電力伝送技術」東芝レビュー，Vol. 72, No. 3, pp. 42-46 (2017).

[103] 篠原真毅，庄木裕樹「ワイヤレス電力伝送の技術，制度化，標準化最新動向」電子情報通信学会誌，Vol. 101, No. 1, pp. 79-84 (2018).

[104] 尾林秀一，"ワイヤレス電力伝送"，空気調和・衛生工学会会誌 平成 31 年 3 月号，pp. 31-36 (2019).

[105] 尾林秀一，"磁界結合方式無線電力伝送の産業応用に向けた技術開発"，日本 AEM 学会誌, (2020).

[106] SAE Surface Vehicle Standard "Wireless Power Transfer for Light-Duty Plug-in/Electric Vehicles and Alignment Methodology," J2954$^{TM}$_OCT2020 (2020).

[107] 生形直軌，大久保崇史，「リチウムイオン二次電池 SCiBTM モジュール用ワイヤレス充電システム」東芝レビュー，Vol. 75, No. 4, pp. 34-38 (2020).

[108] 鈴木勝宜，尾林秀一，「電気バス普及に向けたワイヤレス充電技術」東芝レビュー，Vol. 72, No. 3, pp. 38-41 (2017).

［109］ Shijo, T.; Ogawa, K.; Suzuki, M.; Kanekiyo, Y.; Ishida, M.; Obayashi, S. "EMI Reduction Technology in 85 kHz Band 44 kWWireless Power Transfer System for Rapid Contactless Charging for Electric Bus," In Proceedings of the IEEE Energy Conversion Congress and Exposition (2016)

［110］ Suzuki, M.; Ogawa, K.; Moritsuka, F.; Shijo, T.; Ishihara, H.; Kanekiyo, Y.; Ogura, K.; Obayashi, S.; Ishida, M. "Design Method for Low Radiated Emission of 85 kHz Band 44 kW Rapid Charger for Electric Bus," In Proceedings of the Thirty Second Annual IEEE Applied Power Electronics Conference and Exposition (APEC 2017) (2017).

［111］ Shuichi Obayashi, Tetsu Shijo, Masatoshi Suzuki, Fumi Moritsuka, Kenichirou Ogawa, Koji Ogura, Yasuhiro Kanekiyo, Masaaki Ishida, Toru Takanaka, Nobumitsu Tada, Fumiaki Takeuchi, Shunsuke Take, Yoshihiko Yamauchi, Wei-Hsiang Yang and Yushi Kamiya, "85 kHz Band 44 kW Wireless Rapid Charging System for Field Test and Public Road Operation of Electric Bus," World Electric Vehicle Journal, 10, 26 (2019).

［112］ Yang, W.-H.; Liu, H.; Ihara, Y.; Kamiya, Y.; Daisho, Y.; Obayashi, S. "Detailed Analysis of Regenerative Energy for Electric Bus for Running on Expressways," In Proceedings of the JSAE Autumn Conference (2018).

［113］ Yang, W.-H.; Liu, H.; Ishii, K.; Kamiya, Y.; Daisho, Y.; Ihara, Y.; Obayashi, S. "Design, Trial Creation, and Performance Evaluation of an Electric Bus for Running on Expressways," In Proceedings of the 21st IEEE International Conference on Intelligent Transportation Systems (2018).

［114］ K. Inoue, K. Kusaka, J. Itoh: "Reduction in Radiation Noise Level for Inductive Power Transfer Systems using Spread Spectrum Techniques", IEEE Transactions on Power Electronics, Vol. 33, No. 4, pp. 3076-3085 (2018)

［115］ 宇野 皓，小川健一郎，鈴木正俊，司城 徹，兼清靖弘，井上和弘，小倉浩嗣，尾林秀一，石田正明，"100 kW 超級大電力ワイヤレス電力伝送における EMI 低減技術の測定検討"，令和 2 年電学全大，4-083 (2020)

［116］ 日下佳祐，伊東淳一，Alexandre Gopal：「デルタ結線三相 12 コイル非接触給電システムの実機検証」，電気学会産業応用部門大会，Vol. 1, No. 96, pp. 439-442 (2017)

［117］ R. Kusui, K. Kusaka, J. Itoh, S. Obayashi, T. Shijo, M. Ishida: "Downsizing of Three-Phase Wireless Power Transfer System with 12 coils by Reducing Magnetic Interference", 2020 IEEE 29th International Symposium on Industrial Electronics (ISIE), ND-007617, pp. 1404-1409 (2020)

［118］ 日下佳祐，楠居琳太郎，伊東淳一，司城徹，尾林秀一，石田正明：「22 kW 三相 12 コイル非接触給電システムの漏えい電磁界評価」，令和 2 年 電気学会 全国大会，Vol., No. 4-082, pp. 131-132 (2020)

［119］ 山ノ口皓喜，宅間春介，日下佳祐，伊東淳一：「マトリックスコンバータを用いた三相ワイヤレス給電システム」，電気学会産業応用部門大会，Vol., No. 1-3, pp. I-47 I-50 (2019)

［120］ 国土交通省：「無人航空機（ドローン，ラジコン機等）の安全な飛行のためのガイドライン」(2019)

［121］ 国立研究開発法人 新エネルギー・産業技術総合開発機構：「無人航空機性能評価手順書 Ver. 1.0（目視内及び目視外飛行編）」(2020)

［122］ 総務省電波利用ホームページ「ドローン等に用いられる無線設備について」，〈http://www. tele.soumu.go.jp/j/sys/others/drone/〉（アクセス日：2021 年 4 月 7 日）

［123］ 国土交通省：「無人航空機（ドローン・ラジコン機等）の飛行ルール」https://www.mlit. go.jp/koku/koku_tk10_000003.html#a〉（アクセス日：2021 年 4 月 7 日）

［124］ 林 清孝・清水 雅仁・林 雅明：「架空送電業務へのドローンの活用検討」，平成 28 年 電気学会 電力・エネルギー部門大会，405 (2016)

［125］ 宮島 清富・椎名 健雄・山崎 健一：「無人航空機の商用周波電界・磁界イミュニティ試験法の検討」，電気学会 電磁環境研究会，EMC-17-034 (2017)

［126］ 宮島 清富・椎名 健雄：「架空送電線近傍電磁界の無人航空機に及ぼす影響の基礎検討」，

電力中央研究所 研究報告 H17010（2018）

[127] 宮島 清富・椎名 健雄：「直流送電線近傍電磁界の無人航空機に及ぼす影響の基礎検討」，電気学会 電磁環境研究会，EMC-20-014（2020）

[128] 林 文博・奥田 慎也・増田 康孝：「分岐鉄塔付近でのドローンへの磁界影響検証」，平成30年電気学会全国大会，7-094（2018）

[129] 上原 勇希・内山 陽介・島田 喜明：「無人航空機が磁化された直流電気鉄道設備から発生する静磁界より受ける影響評価」，令和2年電気学会全国大会，5-179（2020）

[130] 柴山 恵司・田中 克郎・隈元 裕二・椎名 健雄・宮島 清富・高谷 健太・中村 真尚・太田 寛志・クルモフ バレリー：「電磁環境下における産業用ドローンの移動制御ならびに撮影制御への影響評価」，平成30年電気学会電力・エネルギー部門大会，304（2018）

[131] 中嶋 正夫：「配電線パルス障害と対策」，NHK放送研修センター（2007）

[132] 例えば，一般社団法人 電気学会：「電気工学ハンドブック 第7版」，p. 1421（2013）

[133] 例えば，一般社団法人 日本電気協会 送電専門部会：「架空送電規定 JEAC 6001-2013」，p. 471（2013）

[134] 「電力設備等周辺の電磁界計算における標準モデルの構築」，電気学会技術報告 第1447号（2018）

[135] 山崎 健一・岩本 敏久・河本 正・藤波 秀雄：「各種電線路における交流磁界分布と磁界遮へい方策に関する検討」，電学論B，Vol. 118-B, No. 6, pp. 635-642（1998）

[136] 宮島 清富：「電力設備で生じる放電現象の広帯域電波特性―劣化した配電用がいしから発生する電波雑音―」，電力中央研究所 研究報告 H07010（2008）

[137] 宮島 清富：「6.6kV配電線のがいし金具の接触不良箇所で発生する火花放電の特性―低発生頻度パルス性電波雑音の評価手法の提案―」，電力中央研究所 研究報告 H11013（2012）

[138] 宮島 清富：「連結金具に接触不良のあるがいし連で生じる火花放電の特性」，電学論A，Vol. 136, No. 10, pp. 629-634（2016）

[139] 一般財団法人 電力中央研究所 ホームページ「組織紹介 所在地 塩原実験場」https://criepi.denken.or.jp/jp/shiobara/index.html（アクセス日：2020年5月26日）

[140] Sally Adee, "The Hunt for the Kill Switch," IEEE Spectrum, May 2006.

[141] Bloomberg Businessweek, "The big hack: How china used a tiny chip to infiltrate u.s. companies," https://www.bloomberg.com/news/features/2018-10-04/the-big-hack-how-china-used-a-tiny-chip-to-infiltrateamerica-s-top-companies, 2018.

[142] S. Mangard, E. Oswald, and T. Popp, "Power Analysis Attacks – Revealing the Secrets of Smart Cards," New York, NY, USA: Springer-Verlag, 2007.

[143] Marc Joye, Michael Tunstall, "Fault Analysis in Cryptography," New York, NY, USA: Springer-Verlag, 2012.

[144] Y. Hayashi, N. Homma, T. Mizuki, T. Sugawara, Y. Kayano, T. Aoki, S. Minegishi, A. Satoh, H. Sone and H. Inoue, "Evaluation of Information Leakage from Cryptographic Hardware via Common-Mode Current," IEICE Trans. Electronics, vol. E95-C, no. 6, pp. 1089-1097, 2012.

[145] M. Kinugawa, Y. Hayashi, T. Mizuki and H. Sone, "Information leakage from the unintentional emissions of an integrated RC oscillator," EMC Compo 2011-8th Workshop on Electromagnetic Compatibility of Integrated Circuits, pp. 24-28, 2011.

[146] 藤本大介，林優一，"実環境で動的構成可能なデジタル回路を用いたIC内部に伝導するノイズの測定法"，電気学会論文誌A, vol. 138 (2018), no. 6, pp. 335-340, 2018.

[147] S. Mangard, E. Oswald, and T. Popp, Power Analysis Attacks-Reveal-ing the Secrets of Smart Cards. New York, NY, USA: Springer-Verlag, 2007.

# 第4章 IoTの導入事例とEMC問題

## 4.1 東芝のIoTプラットフォーム

### 4.1.1 東芝IoTリファレンスアーキテクチャ（Toshiba IoT Reference Architecture, TIRA）

図4.1に，東芝IoTリファレンスアーキテクチャ（TIRA）を示す[1]．

TIRAはIIC（Industrial Internet Consortium）やNIST（National Institute of Standards and Technology），Acatechなど，世界のリファレンスアーキテクチャのスタンダードを踏襲して整備したもので，インダストリアルIoTに必要な様々な要件を盛り込んでいる．

TIRAは，東芝が得意とする制御とデータを活用したサービスを統一的に表した技術的な土台となるものであり，CPSとしてのIoTサービスを開発・運用するためのオープンな『共通の枠組み』である．

これを東芝グループの共通言語とし今後迅速なBtoBサービスの提供を目指している．さらには，東芝グループ外のパートナー企業が有する技術を組み合わせるこ

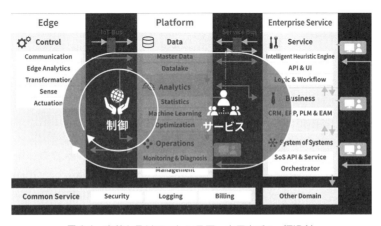

図4.1　東芝IoTリファレンスアーキテクチャ（TIRA）

とで，様々なソフトウェアやサービスを開発，再利用，共有することを意図して策定している．この意図に沿った取り組みをグローバルに進めていくことにより，様々なステークホルダーの垣根を超えたオープンコラボレーションの加速や，事業拡大に寄与することを目指している．

また，IICが検討しているIIRA（Industrial Internet Reference Architecture）2.0に対しても，東芝から，新たにSoS（Systems of Systems）の考え方に関係する内容を中心に，アーキテクチャのデザインパターンなどに対し貢献を継続して行っている．

図4.2に，TIRAに沿ったIoTソリューションを支える，東芝が有する具体的な技術を，マッピングして示す．

### 4.1.2 東芝IoTリファレンスアーキテクチャ（TIRA）に準拠したインダストリアルIoTサービス（SPINEX）

SPINEXは，東芝が提供するインダストリアルIoTサービスの総称である．SPINEXは，前項に示したように，グローバル標準に準拠したTIRAを採用することにより，スピーディーにサービスを提供するとともに，高い保守性を確保することを目指している．SPINEXは，以下の三つの特長をもっている．

「未来を予測し，対策する」デジタルツイン：東芝が有する製造業としての知見

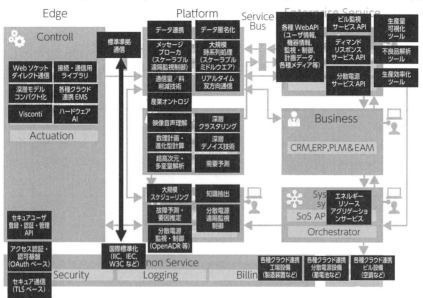

図4.2 IoTソリューションを支える各種技術

やデータを関連付けて蓄積するとともに，汎用性を有する統合データモデル，AI や各種アルゴリズムを用いたシミュレーションモデルにより，リアルとバーチャルの「双子」を再現し，未来をシミュレーションする．

「システムが人に寄り添う」ための二つの AI：モノに関わるアナリティクス AI と人に関わるコミュニケーション AI をインダストリ領域へ適用することにより，モノだけでなく，人も IoT の対象とし，業務を支援する．

エッジコンピューティングを使った「現場でできることは現場で」：現場（エッジ）でのリアルタイム処理とクラウド処理を最適に協調する．通信コストの低減，セキュリティ向上に寄与する．

### 4.1.3 二つの AI：SATLYSTM と RECAIUSTM

SATLYS$^{TM}$ (Solutions by AI Technologies for anaLYSis)[2]は，上記のモノに関わるアナリティクス AI に相当する，東芝の「ものづくり」の知見と実績を活かした AI 分析サービスである．「ものづくり」の実績から得た知見を，AI の設計に活かし，高精度な識別，予測，要因推定，異常検知，故障予兆検知，行動推定などを実現する．お客様との共創を通して，AI モデルの設計・学習および AI 推論サービスの構築を行い，検査データ，センサデータ，業務データ，行動データなどの解析により，生産性向上や業務効率改善を行う．フラッシュメモリなどの半導体製造プロセスや廃棄物処理施設における燃焼状態判定の自動化などへの活用事例がある．

RECAIUS$^{TM}$ (RECognize with AI＋us (people))[3]は，上記の人に関わるコミュニケーション AI に相当するものである．音声認識，音声合成，対話，翻訳，画像認識（顔・人物画像認識），意図理解など，東芝が長年取り組んできたメディアインテリジェンス技術をベースとしている．音声や映像から，人の発話や行動の意図・状況を理解し，これまで蓄積された知識から人を支援するフィードバックを返し，暮らしや仕事の様々な場面で，人々の活動を支援する．コンタクトセンター，サービス接客業でのオペレーター業務の効率化，営業担当者の業務報告の効率化，などの活用事例がある．

## 4.2 日立製作所の IoT プラットフォーム
### 4.2.1 日立の知見を結集した「Lumada」

IoT 技術の進展によって，社会やビジネスが生み出すデータが加速度的に増え続ける昨今，大量かつ多種多様なデータから新しい価値を創出し，社会問題や企業の経営課題の解決へとつなげることが求められている．特にビジネス分野では，パートナー企業との協創を通して新たなエコシステムを構築し，変化する市場環境へ迅

速に対応，バリューチェーン全体を最適化することが必要になってきた．日立では，長年培ってきた OT（Operational Technology：制御技術）に IT（Information Technology：情報技術），多岐にわたるプロダクトの技術基盤と運用実績とを掛け合わせた強みを活かしたトータルソリューションを提供し，社会や企業が直面する様々な課題を解決する社会イノベーション事業を推進している．IoT 時代においてもお客さまに選んでいただけるイノベーションパートナーとなれるよう，この社会イノベーション事業をデジタル技術で進化させ，新しい価値をより迅速に提供することを目指している．

その価値創出のための手法・手段など，多岐にわたる知見を結集したものが「Lumada（ルマーダ）」である．2016 年 5 月に提供を開始した Lumada は，顧客のデータから価値を創出し，デジタルイノベーションを加速するための，日立の先進的なデジタル技術を活用したソリューション／サービス／テクノロジーの総称である（図 4.3 参照）．すなわち，Lumada とは，単なるデジタル技術の集合体ではなく，顧客課題を共有し，解決策を見出していく確かな方法論，協創や自社内での取り組みで得られた知見を蓄積したユースケース，最先端のデジタルテクノロジーなどを包含したノウハウ群を意味している．

### 4.2.2　Lumada の構成

Lumada では，潜在する課題の発見から戦略立案に至るまで円滑に協創するための多彩なツールや方法論を取り揃えていることはもちろん，考案したデジタルソリューションを迅速に提供するための数多くのユースケースやソリューション，プラットフォームサービスなどを備えている．以下，Lumada を構成する 3 要素を示す．

図 4.3　Lumada の定義

#### 4.2.2.1 協創推進のための方法論

イノベーション創出には，顧客とともに考え，取り組んでいく協創が不可欠である．日立は，顧客との協創を迅速かつ効率的に行うための手法，ITツールなどを，顧客協創方法論「NEXPERIENCE（ネクスペリエンス）」として体系化した（図4.4参照）．NEXPERIENCEを活用することで，顧客の課題やビジョンを共有．そこで生まれたアイデアを仮説として構築し，プロトタイピングを通して，価値を検証していく―このプロセスにより，顧客が事業，業務や製品・サービスを変革させるための戦略を，データ分析に基づいて立案することを可能としている[4]．

図4.4 顧客協創方法論 NEXPERIENCE

#### 4.2.2.2 協創加速のためのユースケース・ソリューション

日立は，これまで培ってきた業種・業務のノウハウと知見を，Lumadaのユースケースやソリューションとして蓄積しており，これらを活用することで協創を加速させている[5][6]．Lumadaのユースケースとは，顧客との協創において創出したデジタルソリューションをモデル化したものである．各々のユースケースでは，データからどのように価値を創り出したのか，AIやアナリティクスなどどのような技術を適用したのか，といった要素を整理しており，顧客との協創を推進する際に，その経営課題に合ったユースケースやソリューション，共通アプリケーションを活用して適切な仕組みを構築．顧客のデジタルイノベーションの計画から実装までをトータルに支援することで協創の加速を可能とした（図4.5参照）．

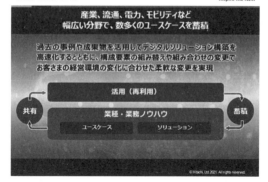

図 4.5　Lumada のユースケース蓄積イメージ

#### 4.2.2.3　デジタル変革を支える先進的な製品・テクノロジー

協創のプロセスを迅速に回すためには，多くのステークホルダーがより多くのアイデアやデータを持ち寄るオープンでセキュアなプラットフォームが必要である．日立はこれまで培ってきた知見を IoT プラットフォームに凝縮し，顧客がデジタルイノベーションを実現するための先進的な製品とテクノロジーを提供している．

### 4.2.3　Lumada の IoT プラットフォーム

Lumada の IoT プラットフォームアーキテクチャは，以下六つの主要レイヤーで構成する（図 4.6 参照）．

- Edge：IoT 機器からのデータを収集する機能群，データのフィルタリングや分類などの機能を含む

図 4.6　Lumada のアーキテクチャ

- Core：収集データを蓄積するデータレイク，接続された IoT 機器の管理機能を含む
- Data Management：収集データを分析に適した形式に分割，変換，再結合する機能群
- Analytics：データを分析するための機能群，ディープラーニングなどパターン抽出の機能を含む
- Studio：エンドユーザや開発者向けのユーザインターフェースに関連する機能群，ダッシュボードや API（Application Programming Interface）を含む
- Foundry：オンプレミスおよびクラウドでの導入を容易にする基盤サービス，さらにセキュリティ，マイクロサービス，サポート機能を提供

これらのレイヤーを通して，先進のアナリティクス技術やアセット管理機能など実績のある様々な仕組みをワンストップで活用でき，適切なデジタルソリューションを迅速に実現することができる．また，Lumada の IoT プラットフォームは，日立の先進的な技術を顧客の既存の環境に柔軟に組み合わせることができるコンポーザビリティ（Composability）とフレキシビリティ（Flexibility）を大きな強みとしている．例えば，すでに他社のクラウド環境や，分析ツール，OSS（Open Source Software）などを利用している場合でも，既存環境を活用した IoT システムを構築することが可能である．

### 4.2.4　協創を通した Lumada の進化

　日立は，グローバルな社会・環境課題を解決することで持続可能な社会を実現し，人々の Quality of Life の向上を目指す SDGs（Sustainable Development Goals）の達成に貢献すべく，社会イノベーション事業を推進している．こうした目標に向けて価値を最大化するイノベーションを起こすには，多様なパートナーと幅広いステークホルダーを巻き込み，英知を募り，課題解決に向けて協創していくことが不可欠である．予測不能な変化の兆しを捉え，素早くアクションを起こす．さらに，協創によってエコシステムを作り上げ，次の社会に向けた新しい価値を創出する—Lumada はその核にあり，同様の課題をもつ様々な国や地域へと展開，イノベーションの連鎖を生み出すことを可能とするものである．日立は今後も，世界中の顧客とともに Lumada を継続的に進化させていく．

## 4.3　東京電力の IoT プラットフォーム

　近年の IoT 技術の発展に伴い，東京電力グループにおいても様々な業務に対してICT を活用している．管理部門から現場に至るまで，現状の業務を見直し，業務効

率化や改革を目指して検討を実施している．ここでは，東京電力グループのIoTプラットフォーム活用に関する主な事例について紹介する．

東京電力内でのIoTへの取り組みは，様々な業務が存在しているため非常に多岐にわたっており，各部所においてそれぞれ個別に取り組んでいる．

さらに，東京電力は，2016年4月よりホールディングカンパニー制に移行しているため，燃料・火力発電事業を「東京電力フュエル＆パワー株式会社」，送配電事業を「東京電力パワーグリッド株式会社」，小売電気事業を「東京電力エナジーパートナー株式会社」に承継している[7]．

これらの三つの事業会社においても，それぞれ独立したIoT活用事例があるので，その中から主な適用例を紹介する．

### 4.3.1 火力発電事業

火力発電事業における取り組みとして，当時の東京電力フュエル＆パワー株式会社の取り組みについて紹介する．

図4.7は，火力発電所におけるIoTプラットフォームの活用事例の一つであり，中心に位置する部分が火力発電所の監視制御システムからの情報を統合したIoTプラットフォームである[8]．

例1. 東京電力フュエル&パワーにおける活用：発電所遠隔監視とPI Systemとの融合

OSIsoft社との連携により，火力発電所遠隔監視センター基盤構築（FP共通プラットフォーム）をカバー．顧客ニーズに応じたサービス展開に向け，プラットフォーム構築を進めている．

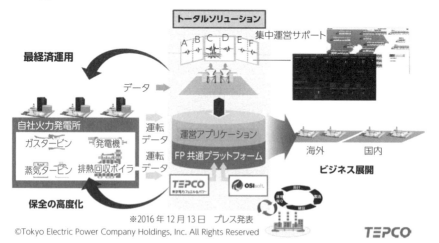

図4.7　発電所遠隔監視とPIシステムとの融合

火力発電プラントの運転情報は，各発電所の監視制御システムに収集されており，長年にわたって多くの運転データが保存されている．

これらを，世界的に IoT 情報基盤の導入実績のある OSIsoft 社の IoT プラットフォームである「PI システム」と融合して，図中左側にある「最経済運用」や「保全の高度化」を目指したり，図の右側にある運転状況を一覧で表示したり，データを比較したりすることで運用の効率化を図ること，さらには，他社の火力発電所の運用をサポートする事業を展開していく等の目標にむけて試験運用を実施している．

次に，設計，製造，建設，運用保守といった火力発電所の一連の業務を，過去の経験やトラブル事例等の蓄積データを参考にして，トラブルの予兆検知を行った事例を紹介する[9]．

図 4.8 は，常陸那珂火力発電所で予兆検知モデルを構築した例で，これまでの設備トラブルデータを用いて同モデルを検証することでその有効性が確認できたものである．

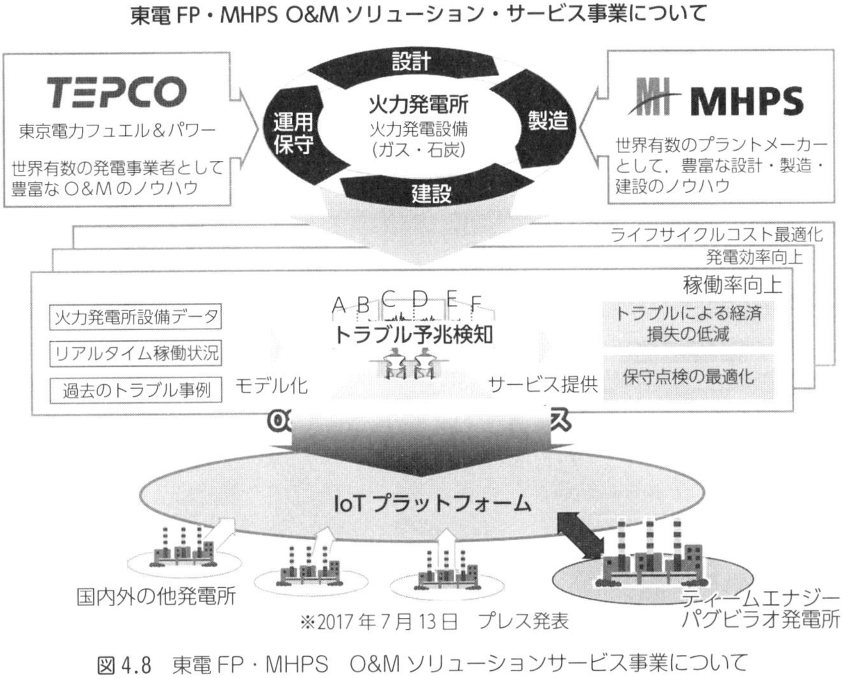

**東電 FP・MHPS O&M ソリューション・サービス事業について**

図 4.8　東電 FP・MHPS　O&M ソリューションサービス事業について

具体的には，ボイラのチューブの故障を予知することができた事例であり，これによりトラブルによる緊急停止を避けることができた．

この他に，GE パワーが開発した産業向け IoT プラットフォームである「Predix

（プレディックス）」を活用した事例がある[10]．富津火力発電所においてアセット・パフォーマンス・マネジメント（APM）を導入して，その効果を検証している．

電力会社の既設設備に適用することは，当時日本で初の試みで，長期的な信頼性や運用面での柔軟性，ライフサイクルコストの削減に寄与することを確認するとともに，これまで運転してきたデータを活用したデジタルソリューション実現を目指して運用している．

### 4.3.2　送配電事業

図 4.9 は，東京電力パワーグリッド株式会社の IoT プラットフォームの活用事例である．パワーグリッド株式会社においても，前項で述べた東京電力フュエル＆パワー株式会社の IoT プラットフォームと同様の「PI システム」を活用している[8]．

東京電力パワーグリッド株式会社の場合は，変電所等の監視制御システムと連携して試験運用を行っている．設備数が多いため，すでに大量の運用データがシステム内に存在しており，送電線や変電所，配電線に至るまで，非常に多くの種類の設備を管理・運用している．

それらの大量のデータと「PI システム」とを連携し，設備管理や異常診断等に利

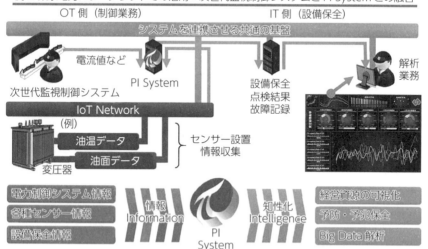

図 4.9　次世代監視制御システムと PI システムとの融合

用する基盤システムを構築するために現在検証中である．

検証結果が良好であれば，設備故障の予兆把握が期待できるので，保守業務の業務革新を目指して実運用への適用検討を続けていく．

次に，東京電力パワーグリッド株式会社から分割したベンチャー企業である「株式会社エナジーゲートウェイ」という会社があり，IoTプラットフォームをサービスとして提供する会社である[11]．電気事業が大きく変化している状況において，送配電事業で培った技術を活用して新たなサービスの提供を検討している．図4.10は具体的なサービスのイメージを表している．

図中の家の中心にある電力センサは，電力使用量から機器分離技術を保有するインフォメティス株式会社との業務提携[12]により専用に開発したもので，家庭の電気の利用状況から家庭用機器の利用状況や機器の異常判定，省エネ性のチェック等の情報提供サービスを実現しようと検討を行っている．

また，これらの情報の活用方法として，他のサービス事業者と協同した新たなサービスの展開も視野に入れて活動している．図4.10の右側のサービス事業者との協同した実証試験としては，セコム株式会社とのタイアップ[13]がある．

本件は，株式会社エナジーゲートウェイが提供しているIoTプラットフォームを活用して，セコム株式会社のサービス向上のための情報を提供し，お客様にタイムリーなサービスを提供することを検討している．技術的なポイントとしては，電力消費量のデータからどのような情報を推定できるかということで，AI技術を活用

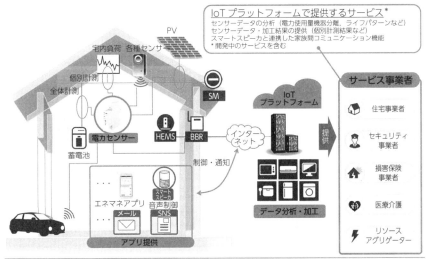

図4.10　エネジーゲートウェイについて

した推定も検討している．そこで得られた情報を利用して，サービスの向上や新たなサービスの検討等を行っている．

### 4.3.3 東京電力ホールディングス

東京電力ホールディングスにおいても，IoTプラットフォームの活用をしながら新たなサービスを構築し，電気事業だけでなく副業の可能性を検討している．

その動きの一つとして，東京電力ベンチャーズ株式会社という会社を2018年6月に立ち上げた[14]．これは，東京電力のもつIoTプラットフォームを活用した事業を検討する会社で，家庭や企業向けの新たなサービスを探索している．

図4.11は，電力エネルギーの供給システムの変化を示すもので，東京電力の掲げている「Utility3.0」という将来像[15]の中では，電気エネルギーは電力会社から供給するだけでなく，自然エネルギーや余剰エネルギーを電力会社内で蓄電池等に一時的に蓄えておき，電力消費の増加する時間帯にそのエネルギーを有効に活用していくイメージをもっている．

図4.12は，東京電力ベンチャーズの取り組むサービスの概要を示しており，エネルギー産業だけでなく，ヘルスケアや見守りサービス，通信サービス，EVの活用サービス等も含め，幅広く検討していく．特に，EVに関わる蓄電池の活用方法については，今後の電力供給方式の改革に直結すると考えており，$CO_2$の発生が少

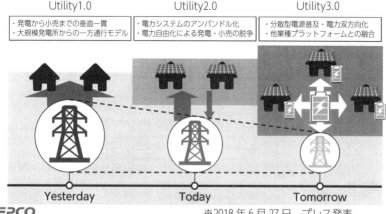

図4.11　電力業界のビジネスモデル変遷

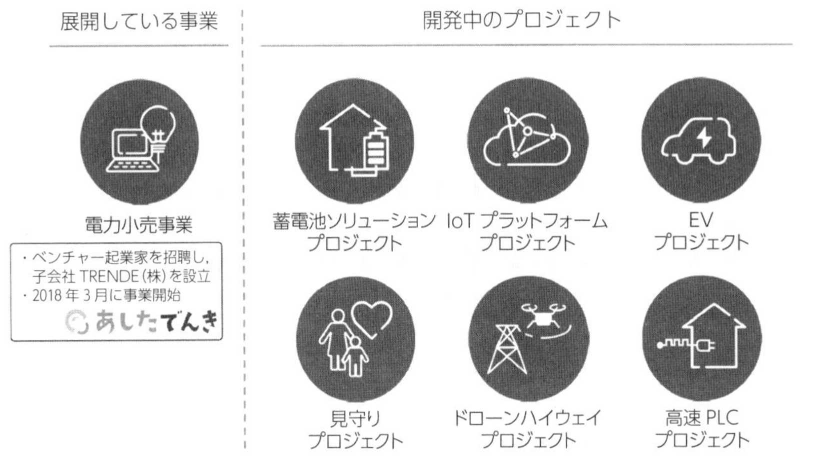

展開している事業 | 開発中のプロジェクト

電力小売事業
・ベンチャー起業家を招聘し，子会社 TRENDE (株) を設立
・2018年3月に事業開始

蓄電池ソリューションプロジェクト

IoT プラットフォームプロジェクト

EV プロジェクト

見守りプロジェクト

ドローンハイウェイプロジェクト

高速 PLC プロジェクト

TEPCO Ventures, Inc. All Rights Reserved. ※2018年6月27日　プレス発表

図 4.12　東京電力ベンチャーズについて

ない電力の利用を拡大していく上で，重要なテーマであると考えている．

以上のように，現状の東京電力グループにおける IoT プラットフォームについて紹介した．いずれも，今後，さらなる改良や新たな知見を活かし，業務改革を目指して検討している．

## 4.4　IBM の IoT プラットフォーム[16]

空間に存在する物や現象の大部分は，GIS（地理空間情報システム，geographic information system, geospatial information system）で処理できる情報として表現できる．そのため，GIS は，自然から人文に幅広い分野で利用されている．

近年，衛星画像，航空測量データ，IoT（Internet-of-Things）で収集された計測データなど，活用しうる地理空間データが爆発的に増加している．このようなデータの増加は，属性の異なる複数の分野で得られたデータセットを，共有する地理情報をもとにそれぞれ重ね合わせて新たな情報価値を引き出す応用にかつてない機会をもたらす一方で，データ管理に膨大な課題をもたらしている．

IBM 社の PAIRS（Physical Analytics Integrated Data Repository and Services）Geoscope（以後 PAIRS）[1]は地図，衛星，気象，ドローン，IoT などからもたらされるあらゆる時空間データを，ジオタグ（位置情報を示すメタデータ），時間で紐

---

1) PAIRS Geoscope は 2021年7月現在，"IBM Weather Operations Center: Geospatial Analytics という商品名でサービスがなされている．
https://www.ibm.com/products/weather-operations-center/geospatial-analytics

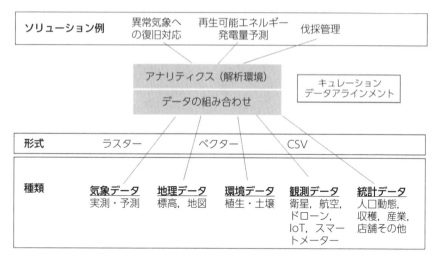

図 4.13 多種, 多形式の時空間情報データを組み合わせから得られるソリューション

づけて管理するためのデータストアおよびそれらを用いたアナリティクスを実行する AI 指向のクラウド型時空間情報ビッグデータプラットフォームであり, 分散型, 高並列型, キーバリュー型をベースにしている. 広く必要とされる時空間情報 (公的機関および民間が提供する膨大な量の時空間データ) をあらかじめデータの座標調整 (アラインメント) を含むデータキュレーションを済ませ, PAIRS 型のデータとして取り込んだデータセットをもつ. これにより, 複雑なクエリへのスケーラブルなアクセスや, 機械学習ベースの分析・AI を, データをダウンロードすることなく実行することができる. ユーザが提供する時空間データも同様なプロセスで取り込まれ, 必要に応じて PAIRS の時空間データと組み合わせた解析が行われる. 図 4.13 に様々な種類の時空間情報データの組み合わせにより得られるソリューション例を示す. IT の他の多くの分野とは異なり, 衛星画像や数値気象予測モデルの出力などの地理空間データでは HDF (hierarchical data format), GRIB (gridded binary), GeoTiff などのバイナリファイルが, 一般的であるが, 異なるフォーマットの多数のファイルに分散したデータを相互に組み立て, 解析を行うために必要とされるファイルレベルでのデータ管理は, エンドユーザに過大な負担をもたらし, また, バイナリファイルレベルでのデータ検索・照会機能も, 分析のニーズを満たすには十分でない. より強力なクエリを可能とし, 迅速な検出力を提供するためには, ファイルレベルではなくデータに直接インデックスを付けることが必要とされる.

様々な産業領域において, 時空間情報データを組み合わせることで得られる代表

表 4.1　時空間情報データの活用例

| 産業分野 | 金融 | 電力 | 農業 | 保険 | 小売り | 公共 |
|---|---|---|---|---|---|---|
| 業務例 | 商品取引 | 植生管理 | 適正作物選択 | リスクモデル開発（洪水、山火事） | 供給管理 | 災害対応 |
| クエリー例 | 作物の植え付け量は？<br>沖縄で予想されるトウモロコシの収穫量は？ | 送配電線のどこで木が抵触しているか？<br>伐採の時期は？ | 最適な作物は何か？<br>肥料、殺虫の投与はいつにすべき？ | どこの資産が影響を受ける可能性があるか？<br>一年のどの時期がもっとも高いリスクをもつか？ | どこに、いつ、何を出荷すべきか？<br>どこで販売促進を行うべきか？ | ハリケーンの被害を受けるところは？<br>最適な緊急対応は？ |
| 利用するデータ群 | 気象、土地利用、土壌、衛星 | 気象、衛星、送配電線データ | 気象、土地利用、土壌、衛星 | 気候、植生、交通、人口統計 | 気象、社会経済的データ、店舗所在位置 | 気象、気候、衛星、地図、社会経済的データ |
| 事例 | 早期の収穫量判断 | 沿線木々管理 | 精密農業 | 洪水リスク | 店舗の最適場所 | 緊急事態対応 |

的なソリューションを表 4.1 に示す．例えば，産業分野「電力」における「植生管理」とは，送配電線が周囲の樹木などと接触することで停電などを起こすことのないように，送配電線周りの樹木状態を伐採などにより適正管理することをいう．衛星データにより，対象とする送配電網周囲の樹木環境を植生指数などの観測を交え解析することで，樹木の「樹冠」幅（crown width），および高さなどを求める．これにより，対象送配電線と樹木の距離が分かるが，さらに気象データから樹木の成長を予測し，伐採計画を立てるというものである．多くの適用において気象変化が大切なデータであることが分かるが，PAIRS には ECMWF（ヨーロッパ中期予報センター）などの全世界を対象とした膨大な気象観測データ，数値予測データが簡単にクエリできる形で保存される．また衛星データも欧州宇宙機関（ESA, European Space Agency）を中心に，1 日に 10 テラバイト以上のデータが自動的キュレーションを経て PAIRS にいつでも利用可能な形で取り込まれている．PAIRS では，従来の GIS が，主にベクトル（点，線，ポリゴン）ベースの静的なプランニングツールから，あらゆる種類のデータを大規模に実用的に処理可能なリアルタイム技術へと進化させた．

　PAIRS の機能構成の概略を図 4.14 に示す．図で最下層に示された部分は入力されるデータを示している．オープンデータ，商用データ，ユーザデータに大別される．「オープンデータ」としての衛星，気象，環境関連データなどは，PAIRS の複数のエージェントが指定された ftp サイトや web ページのデータを常時チェックし，データセットに更新が見出されると，直ちにダウンロードされ，PAIRS のグローバルグリッド（後述）にマッピング処理された後に，Hadoop/Hbase システムに格納される．これにより，ペタバイト級のデータのホスティングと管理が可能になる．

ユーザ独自の空間情報データである「ユーザデータ」もオープンデータと同様の処理が行われるが，ほぼすべてのデータフォーマットに対応するインターフェースが装備されている．「商用データ」は有償で提供されるデータで，例えば高解像の衛星データなどであり，ユーザデータと同様承認のないアクセスができないようにセキュリティ設計がなされている．すべてのデータセットは地理座標，時間を通して紐づけされるが，これは「グローバルグリッド」と呼ばれる PAIRS 特有のデータキュレーションで実現されている．入力されるすべてのラスタ（画像）データを同じ形式のデータに自動変換し，かつ画素レベルでのデータ管理（indexing）を行い，もっとも格子密度が近くかつより密度が高い PAIRS グリッドに再展開され PAIRS 時空間情報データとして格納される．他の解像度が異なるデータ群と自動で格子点合わせがなされ，複数データ層間の情報検索の可能性を容易にしている．例えば「風速が 30 m/s を超えると予想された地域で，過去 30 m/s 超の風速で停電を起こした地域を示せ」というような複数のデータセットをまたがるクエリにも素早く解答することが可能である．

　一般的な地理空間データは極めて大きなデータ量であり，またほとんどのユースケースでは複数のデータセットの統合が必要であることから，それらをシステムから移動させて利用するには処理速度の観点から困難を生ずる．大きな質量が小さな質量を引き寄せるのと同じように，ビッグデータはより多くのデータ，および関連サービスを引き寄せる傾向があることから，データグラビティ（data gravity）という概念が生まれた．従来の GIS の多くは，データをアプリケーションや解析に「移動」させているため，処理・活用できるデータ量には限界がある．具体的には，これらの課題に対処するためには，GIS のデータベース・バックエンドをより強力なものにする必要がある．このようなデータグラビティの課題を解決するには，データの大きさや，多くのユーザがそれぞれの用途で同じビッグデータ（気象など）を必要としていることを考えると，クラウドをベースとした共有システムがより経済的であり，サービスとしてリモート利用も可能となる．分析タスクをクエリに押し込んだ非常に大きなデータセットの処理が可能となり，データの移動が避けられる．PAIRS は「アナリティクス・プラットフォーム」として AI，アナリティクスの実行環境が実装されているため，大規模なデータを他システムへ転送することなく，ソリューションの構築を可能としている（図 4.15）．

## 4.5　東京電力のドローンに関わる取り組み

　近年のドローン技術の発展に伴い，東京電力グループにおいても様々な業務に対してドローンの活用を検討している．ドローンを業務で活用できれば，安全面や費

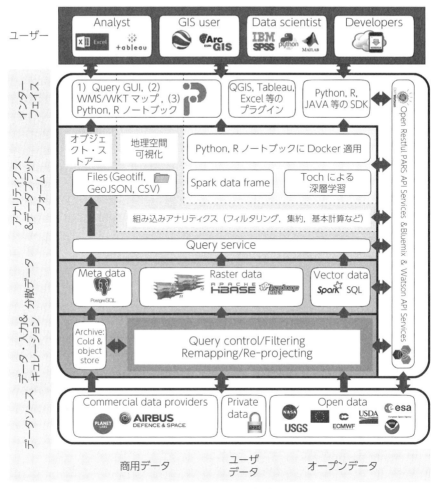

図4.14 PAIRSの機能構成

用面で現状業務の効率化や改革に寄与できる可能性をもっている．ここでは，東京電力グループのドローン活用に関する主な取り組み事例について紹介する．

東京電力グループは多くの設備を運用しているので，それらの設備を保守運用管理する業務は欠かせないものである．送電線や配電線，変電所さらには大型のプラントを保守運用管理するためには，多くの労力と時間を要し，高所作業の比率が高くなり，安全対策も不可欠で，これらがコストアップの要因となっている．

この保守管理業務，特に大型の設備に関する高所監視および状況把握のためにドローンを活用することは，保守運用管理業務の人員と費用の削減が期待され，さら

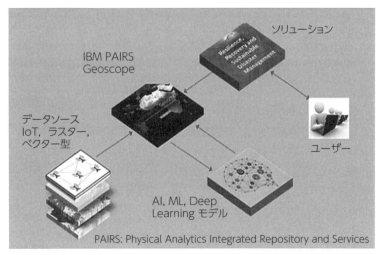

図 4.15　ビッグデータアナリティクスプラットフォームとしての PAIRS

に安全確保の面では非常に有効であると考えている．

まずは，具体的な取り組み状況について，送電線の巡視にドローンを活用する例を紹介する．

### 4.5.1　送電線保守業務適用検討例

図 4.16 は，自律飛行型ドローンの開発である．送電線からある程度の距離を保って飛行し，電線のたるみに沿って電線を監視するもので，電線の画像を収集しながら飛行をするドローンの導入を検討している[17]．

ドローンによって撮影した映像をもとに，電線断線の予測やキズ等の電線上の損傷を発見することができ，電線のトラブルによる停電を未然に防止することが可能となる．

現状は，ヘリコプターによる巡視を行っているが，費用面や安全面で制限があり，ドローンによる巡視ができれば，機動性や安全面で非常に有利なので，巡視業務への適用に向けて検討している．

次に，送電設備保守に関わる具体的な業務適用事例を紹介する．図 4.16 は，AI 技術を活用して設備保守の効率化を目的とした取り組みの一つで，カメラの小型高性能化と低価格化，パソコン処理能力の向上に伴い画像処理性能が向上し，これにより画像を活用した異常判定技術の適用検討中の一例[18]である．

この AI 技術を，送電線の設備保守業務に利用できないか検討した結果，送電線の損傷を判定する業務に対して適用可能性を見いだし，現在検証を実施している．

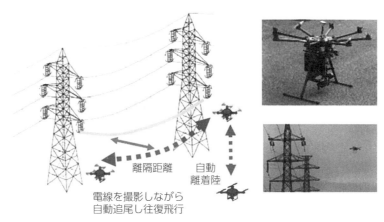

図 4.16　自律飛行型ドローンの開発

図 4.17 は，現状の業務を示したものである．まず，ヘリコプター等で送電線の画像を撮影する．その画像データを人手で確認し，異常を検出する作業を行っている．そのため，VTR での確認作業に多くの時間と手間を要している．

そこで，図 4.18 のように，ヘリコプター等で電線を撮影した映像を，AI を活用した判定システムを利用することで，異常の検知作業に対し人手を介さずに判定することができる．さらに報告書作成までの自動化を検討しており，大幅な業務効率化が可能となる．

AI 技術の利用については，今まで撮影してきた電線の大量の VTR データから，故障画像を抽出し，AI に学習させ，自動的に異常を検出することができるようになる．

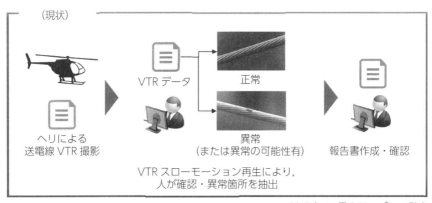

※2017 年 11 月 9 日　プレス発表

図 4.17　送電事業における監視業務の例

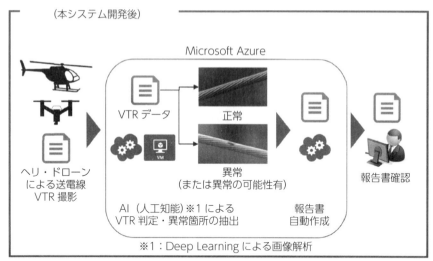

※2017年11月9日 プレス発表

図 4.18　送電監視業務への AI 技術適用例

　また，画像撮影にはヘリコプターだけでなく，将来的にはドローンの活用を視野に入れて検討している．ドローンについては，今後性能面で発展していくものと期待されるので，このような現場の保守管理業務で利用する場面が多くなる．これにより，大幅なコストダウンも期待され，今後の実用化に向けて検討を進めている．
　ドローンとの情報送受信の面で無線通信の利用ニーズが高まり，送電線からの影響を考慮した通信方式の評価も実施していく必要がある．

### 4.5.2　ドローンへの強磁界の影響調査・評価について

　送電線等の点検保守のためドローンを活用する場合，送電線から発生する電磁界の影響を無視できない．そこで，ドローンに対してどの程度の磁界強度に耐えられるか評価するため，磁界発生装置の近傍にてドローンを配置または飛行させて，影響の度合いを確認・評価したので，以下に，その際の評価手法と，実際の送電線近傍での飛行への影響について，東京電力グループで行っている研究を紹介する[19]．
　架空送電線の点検保守合理化のためドローンを活用した電力設備診断手法がすでに検討されている[20]．送電線近傍では，送電線電流による商用周波磁界が生じる．ドローンは強磁界環境下ではコンパスエラーを生じて飛行が不安定になる．そのため，ドローンを活用した電力設備診断においては，ドローンが磁界から受ける影響を評価し，使用する機体に応じた接近限界距離をあらかじめ検討しておく必要がある．

実験に用いた機種は，図4.19に示す代表的なドローン3機種を対象とした．

検討を進める過程で，まずは送電線近傍における磁束密度分布の解析を行った．解析結果を先行研究[21][22]の磁界耐性試験結果と比較することで，上記3機種に対し接近限界距離の推定を実施し，架空送電線の点検における実用性について比較検討した．

解析手法については，電力中央研究所の磁界計算プログラム（CRIMAG 2010 Ver. 1.00）を使用した．

磁束密度は，メッシュ幅を 0.5 m × 0.5 m に設定して計算を行った．送電線に対して直角な断面の磁束密度分布を2次元のカラーマップで示すと図4.20のようになる．なお，図4.21に示す方向について，接近限界距離を検討した．水平方向については，最も外側に突出している中相位置を基準に検討を行い，垂直方向については，上相位置を基準に検討を行った．

線路モデルについては，地方系送電線の電線配置（66 kV 垂直二回線と 154 kV

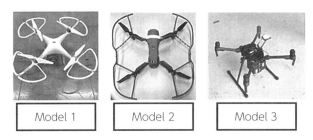

図4.19　Target drones for this study.

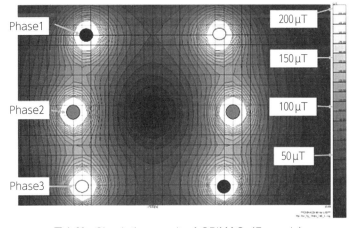

図4.20　Simulation result of CRIMAG (Example)

Ex：In a situation a compass error occurs at 100μT

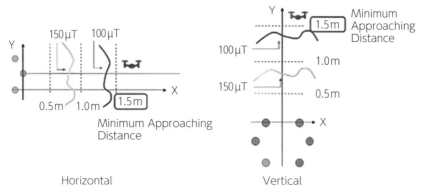

図 4.21　Definition of the minimum approaching distance.

垂直二回線）を対象にして，2 000 A の電流を印加した際の磁束密度分布を図 4.22 のように計算し，この検討により磁束密度分布の条件の厳しい 154 kV 垂直二回線のモデルを採用した．その際の電線配置については図 4.23 とした．電流値については，逆相の 700 A～3 700 A 間を解析対象としている．架空地線については回線に流れる電流の 1 %未満の電流しか流れないため，本稿での解析では省略している．

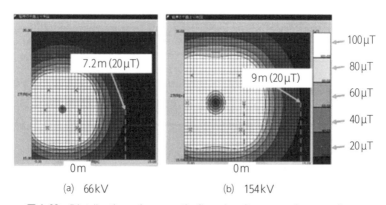

図 4.22　Distribution of magnetic flux density around power lines.

### 4.5.3　試験結果

　検討対象のドローン 3 機種に対する接近限界距離の計算結果を図 4.24 に示す．計算結果より接近限界距離の側方，上方の差は 0 m ないし 0.5 m で，概ね一致した．これは磁束密度が至近の送電線電流により定まるためと考えられる．

　次に，各機種の接近限界距離について検討する．本稿で評価した 700 A～3 700 A

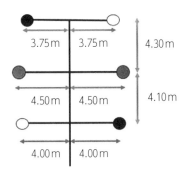

図 4.23 Power line configuration in this study.

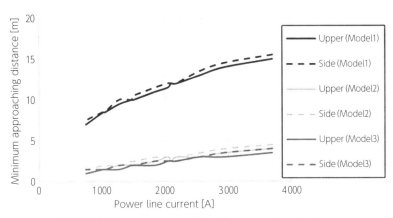

図 4.24 Minimum approaching distance of each drone.

間での解析結果によれば，Model 1 の接近限界距離は 7 m〜15.5 m となった．Model 2，Model 3 については 1.5 m〜4.5 m となっている．Model 1 と比較して，同一電流値でおよそ三分の一から四分の一まで距離を縮められる結果となっており，より送電線へ接近できることが判明した．

### 4.5.4　今後の方針

　ドローン 3 機種の磁界耐性試験結果と，154 kV 送電線の磁界解析結果に基づき，送電線電流値と接近限界距離との関係を定量的に評価した．

　今後の方針としては，同手法による送電線点検に活用可能性のある機体についての接近限界距離の評価，他の電圧階級での評価，異なる相配置条件での検討を予定している．

## 4.6 V2Hのエミッション試験法とV2G・スマートシティのEMC課題
### 4.6.1 はじめに
　自動車からの二酸化炭素排出量低減の一つの方法として，電気自動車やプラグインハイブリッド自動車，燃料電池車等，駆動用に蓄電池や発電機を備えた自動車（電動車両）の普及が拡大しつつある．一方で，東日本大震災による系統電力の不足や，太陽光発電をはじめとする再生可能エネルギーの普及に伴い，蓄電池を活用した電力のピークカット／シフトへの要求が高まりつつある．さらに，電源セキュリティの観点からも，非常時の電力供給に対する要望も強まりつつある．そのような状況の中，電動車両の蓄電・発電能力を活用して，屋内配線に給電を行うV2H（Vehicle to Home）技術の普及が期待されている．

### 4.6.2 V2Hのエミッション試験法
　図4.25にV2Hのイメージを示す．ここで，EMCの観点で見ると車両に接続される充放電装置は，大容量のスイッチング回路を有するため，このシステムにおける主要なエミッションノイズの発生源と考えられ，エミッション性能の規定が必要不可欠であると考えられる．従来，電動車両の充電システムのほうが先に商品化が進んだこともあり，車両の充電モードのEMCに関してはIEC 61851-21-1[23]およびIEC 61851-21-2[24]でEMCに関する規格化が進んでいる．また，UN R10[25]では車両の型式認証のための要件に車両の充電モードにおけるEMC試験が規定されている．一方，V2Hの利用シーンで想定される車両からの放電モードに関して，IEC 61851-21シリーズやUN R10では未整備であるため，各メーカが自主的に対応する状態となっていた．そのため，2018年から自動車技術会のCISPR分科会に

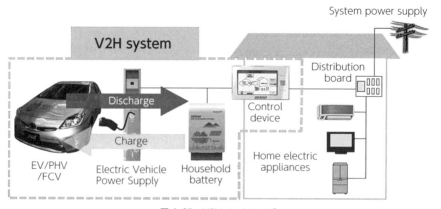

図4.25　V2Hのイメージ

おいて，V2Hの放電モードにおけるエミッションの要求事項が審議され，2020年3月に日本自動車技術会規格（JASO）から「自動車のV2Hモードの妨害波に対する限度値と測定法に関するガイドライン」[26]が発行された．以降でそのテクニカルペーパの内容を紹介する．

(1) 適用範囲

テクニカルペーパでは，V2Hの放電モードをもつ車両から伝導または放射し，他の無線システムや電子機器に対して電磁障害を生じるおそれがある妨害波の限度値と測定法に関するガイドラインを提供している．対象となるV2Hの放電モードを表4.2に，構成を図4.26に示す．図4.26における凡例4と6は，日本では一般的にCHAdeMOケーブルが用いられており，DC高圧線とCAN通信線からなる．

表4.2　対象となるV2Hの放電モード

| 対象モード | 概要 |
|---|---|
| V2H切替方式 | V2Hの放電モードをもつ車両と電力系統は直接接続（系統連系）しないが，切替器を用いてV2Hの放電モードをもつ車両から系統もしくは住宅等に電力の供給を行うモード． |
| V2H系統連系 | V2Hの放電モードをもつ車両から住宅等に設置された電力変換器を介して電力系統と接続（系統連系）をして住宅等に電力の供給を行うモード． |

(2) 高調波電流エミッション

(2-1) 高調波電流エミッションの測定法

V2Hの放電モードに対する高調波電流エミッションの測定法のガイドラインを表4.3に示す．表4.3における対象部位は，図4.26のV2Hの構成に基づいている．また，表4.3の制約事項にあるIEC 61851-21-1の4 Generalでは，動作時の電源電圧が+10%から−15%の範囲内であることや，商用周波は±1%の範囲内であること，さらに，ユーザで操作可能な車両のスイッチはすべてOFF（例：ヘッドライトやエアコンはOFF）とすることなどが規定されている．

次に，測定レイアウトの例を図4.27に示す．

(2-2) 高調波電流エミッションの限度値

V2Hの放電モードに対する高調波電流エミッションの限度値のガイドラインを表4.4に示す．表4.4における対象部位は，図4.26のV2Hの構成に基づいている．なお，限度値はIEC 61000-3-2やIEC 61000-3-12の基本規格に従うことになっているが，これはIEC 61851-21-1やUN R10充電モードの試験と同じ扱いである．

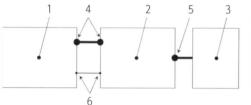

1 車両
2 EVPS
3 系統もしくは住宅等
4 AC ポートまたは DC ポート
5 系統または負荷接続 AC ポート
6 制御信号ポートまたは通信信号ポート

(a) ブロック図

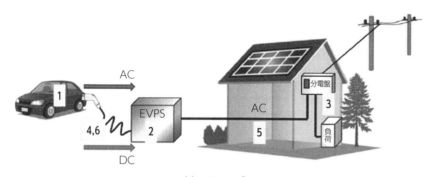

(b) イメージ

図 4.26　V2H の構成

表 4.3　高調波電流エミッションの測定法

| 対象部位 | | 測定法のガイドライン | 制約 |
|---|---|---|---|
| 車両 | AC ポート | 1 相当たりの定格電流値が 16 A 以下の場合，IEC 61000-3-2[27]に従う．1 相当たりの定格電流値が 16 A を超える場合，IEC 61000-3-12[28]に従う． | 動作条件は，IEC 61851-21-1 の 4 General〜に従う．リファレンスインピーダンスネットワークは，必要に応じて，JIS C 61000-3-2[29]に従う． |
| | DC ポート | 対象外 | — |
| | 制御信号ポートまたは通信信号ポート | 対象外 | — |

# V2Hのエミッションテスト法とV2G・スマートシティのEMC課題

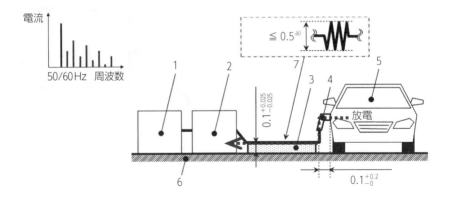

1 EVPS模擬装置
2 高調波電流エミッション測定器（必要に応じてリファレンスインピーダンスネットワークを含む）
3 絶縁支持台（比誘電率 $\varepsilon r \leqq 1.4$）
4 給電コネクタ
5 車両
6 グラウンドプレーンまたは大地等価床（JASO D 002[30]に従う）
7 給電ケーブル
注a）ケーブル長が1mを超える場合，余長を切断するか無誘導になるように折り返す．

図4.27 高調波電流エミッションの測定レイアウト

表4.4 高調波電流エミッションの限度値

| | 対象部位 | 限度値のガイドライン | 制約 |
|---|---|---|---|
| 車両 | ACポート | 1相当たりの定格電流値が16A以下の場合，IEC 61000-3-2に従う．1相当たりの定格電流値が16Aを超える場合，IEC 61000-3-12に従う． | 定格電圧100Vおよび200Vに対する限度値の補正は，JIS C 61000-3-2に従う． |
| | DCポート | 対象外 | － |
| | 制御信号ポートまたは通信信号ポート | 対象外 | － |

## (3) 電圧変動フリッカ

### (3-1) 電圧変動フリッカの測定法

V2H の放電モードに対する電圧変動フリッカの測定法のガイドラインを**表 4.5**に示す．**表 4.5** における対象部位は，**図 4.26** の V2H の構成に基づいている．また，**表 4.5** の制約事項にある IEC 61851-21-1 の 4 General では，動作時の電源電圧が ＋ 10 ％から −15 ％の範囲内であることや，商用周波は ± 1 ％の範囲内であること，さらに，ユーザで操作可能な車両のスイッチはすべて OFF（例：ヘッドライトやエアコンは OFF）とすることなどが規定されている．

次に，測定レイアウトの例を**図 4.28** に示す．

### (3-2) 電圧変動フリッカの限度値

V2H の放電モードに対する電圧変動フリッカの限度値のガイドラインを**表 4.6**に示す．**表 4.6** における対象部位は，**図 4.26** の V2H の構成に基づいている．なお，限度値は IEC61000-3-3 や IEC61000-3-11 の基本規格に従うことになっているが，これは IEC61851-21-1 や UN R10 充電モードの試験と同じ扱いである．

## (4) 伝導エミッション

### (4-1) 伝導エミッションの測定法

V2H の放電モードに対する伝導エミッションの測定法のガイドラインを**表 4.7**に示す．**表 4.7** における対象部位は，**図 4.26** の V2H の構成に基づいている．測定周波数は，150 kHz から 30 MHz である．

次に，測定レイアウトの例を**図 4.29** に示す．

### (4-2) 伝導エミッションの限度値

V2H の放電モードに対する伝導エミッションの限度値のガイドラインを**表 4.8**に示す．**表 4.8** における対象部位は，**図 4.26** の V2H の構成に基づいている．

表 4.5　電圧変動フリッカの測定法

| | 対象部位 | 測定法のガイドライン | 制約 |
|---|---|---|---|
| 車両 | AC ポート | 1 相当たりの定格電流値が 16 A 以下の場合，IEC 61000-3-3[31]に従う．1 相当たりの定格電流値が 16 A を超える場合，IEC 61000-3-11[32]に従う． | 動作条件は，IEC 61851-21-1 の 4 General〜に従う． |
| | DC ポート | 対象外 | — |
| | 制御信号ポートまたは通信信号ポート | 対象外 | — |

# V2Hのエミッション試験法とV2G・スマートシティのEMC課題

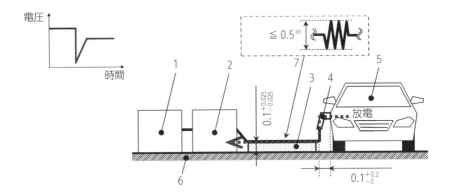

1 EVPS 模擬装置
2 電圧変動フリッカ測定器
3 絶縁支持台（比誘電率 $\varepsilon r \leq 1.4$）
4 給電コネクタ
5 車両
6 グラウンドプレーンまたは大地等価床（JASO D 002 に従う）
7 給電ケーブル
　注 a）ケーブル長が1mを超える場合，余長を切断するか無誘導になるように折り返す．

図4.28　電圧変動フリッカの測定レイアウト

表4.6　電圧変動フリッカの限度値

| 対象部位 | | 限度値のガイドライン |
|---|---|---|
| 車両 | ACポート | 1相当たりの定格電流値が16A以下の場合，IEC 61000-3-3に従う．1相当たりの定格電流値が16Aを超える場合，IEC 61000-3-11に従う． |
| | DCポート | 対象外 |
| | 制御信号ポートまたは通信信号ポート | 対象外 |

表4.7 伝導エミッションの測定法

| 対象部位 | | 測定法のガイドライン | 制約 |
|---|---|---|---|
| 車両 | ACポート | IEC 61851-21-1 の 5.3 Emissions に従う(注). 動作条件は定格電流の30％以上とする. EVPS模擬装置が測定結果に影響を与えないように，ノイズフィルタ等で対応する. | CISPR 16-1-2[33]で規定するAMNを使用する. |
| | DCポート | IEC 61851-21-1 の 5.3 Emissions に従う(注). 動作条件は定格電流の30％以上とする. EVPS模擬装置が測定結果に影響を与えないように，ノイズフィルタ等で対応する. | CISPR 25[34]で規定するANを使用する. |
| | 制御信号ポートまたは通信信号ポート | IEC 61851-21-1 の 5.3 Emissions に従う(注). | CISPR 32[35]で規定するAAN，CVP，カレントプローブを必要に応じて使用する. |

(注) V2HモードもIEC 61851-21-1の充電モード試験と同様に自動車からのエミッションを測定することを意図している. したがって，V2Hモードの測定法は，IEC 61851-21-1におけるACmains/DC charging stationをEVPS模擬装置に置き換えて実施する.

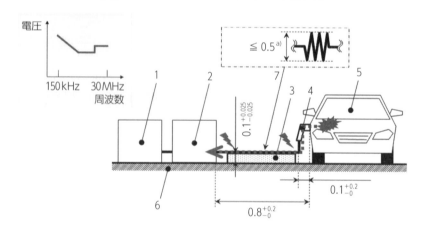

1 EVPS模擬装置
2 擬似回路網または測定プローブ
3 絶縁支持台（比誘電率$\varepsilon_r \leq 1.4$）
4 給電コネクタ
5 車両
6 グラウンドプレーン
7 給電ケーブル
　注a) ケーブル長が1mを超える場合，余長を切断するか無誘導になるように折り返す.

図4.29 伝導エミッションの測定レイアウト

# V2H のエミッション試験法と V2G・スマートシティの EMC 課題

表 4.8　伝導エミッションの限度値

| 対象部位 | | 限度値のガイドライン | 制約 |
|---|---|---|---|
| 車両 | AC ポート | IEC 61851-21-1 の Table 4 Maximum allowed radiofrequency conducted disturbances on a.c. power lines に従う. | ― |
| | DC ポート | IEC 61851-21-1 の Table 5 Maximum allowed radiofrequency conducted disturbances on d.c. power lines に従う. | 車両と EVPS 間で, 空中または路上配策され, 放射に寄与する DC ケーブルの長さの仕様値を L (m)(注) としたとき, L < 3 であれば, 限度値は適用しない. 3 ≦ L < 30 であれば, 限度値が適用される下限周波数を, 60/L（MHz）とする. L ≧ 30 またはケーブル長の規定がない場合, 限度値はそのまま適用される. |
| | 制御信号ポートまたは通信信号ポート | IEC 61851-21-1 の Table 6 Maximum allowed radiofrequency conducted disturbances on network and telecommunication access に従う. | 限度値の適用条件は, IEC 61851-21-1 の 5.3 Emissions に従う. |

(注)　地中配策やシールド配管等で放射を抑制する処置のある部位は, 長さの算出から省くことができる.

## (5)　放射エミッション

### (5-1)　放射エミッションの測定法

V2H の放電モードに対する放射エミッションの測定法のガイドラインを表 4.9 に示す. 表 4.9 における対象部位は, 図 4.26 の V2H の構成に基づいている. 測定周波数は, 30 MHz から 1 GHz である.

次に, 測定レイアウトの例を図 4.30 に示す.

表 4.9　放射エミッションの測定法

| 対象部位 | 測定法のガイドライン | 制約 |
|---|---|---|
| 車両 | IEC 61851-21-1 の 5.3 Emissions に従う(注). 動作条件は定格電流の 30% 以上とする. EVPS 模擬装置が測定結果に影響を与えないように, ノイズフィルタや電磁遮蔽等で対応する. | 擬似回路網は, 車両のポートに応じて表 4.7 の条件に従う. |

(注)　V2H モードも IEC 61851-21-1 の充電モード試験と同様に自動車からのエミッションを測定することを意図している. したがって, V2H モードの測定法は, IEC 61851-21-1 における AC mains/DC charging station を EVPS 模擬装置に置き換えて実施する.

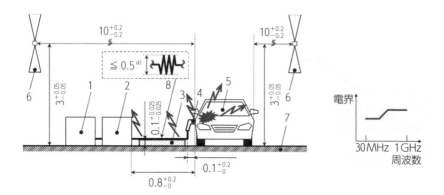

1 EVPS 模擬装置
2 擬似回路網
3 絶縁支持台（比誘電率εr ≦ 1.4）
4 給電コネクタ
5 車両
6 受信アンテナ
7 グラウンドプレーンまたは大地等価床（JASO D 002 に従う）
8 給電ケーブル
　注 a）ケーブル長が 1 m を超える場合，余長を切断するか無誘導になるように折り返す．

図 4.30　放射エミッションの測定レイアウト

(5-2) 放射エミッションの限度値

V2H の放電モードに対する放射エミッションの限度値のガイドラインを表 4.10 に示す．表 4.10 における対象部位は，図 4.26 の V2H の構成に基づいている．

表 4.10　放射エミッションの限度値

| 対象部位 | 限度値のガイドライン |
|---|---|
| 車両 | IEC 61851-21-1 の Table 7 Maximum allowed vehicle high-frequency radiated disturbances に従う． |

## 4.6.3　V2G・スマートシティの EMC 課題

### (1)　V2G の開発動向

図 4.31 に V2G の開発動向のイメージを示す．①非常用電源対応，②家庭のエネルギー利用最適化，③社会のエネルギー利用最適化の順で普及する見込み．現状は①～②が普及開始．ここで，V2G・スマートシティの利用形態の中には VPP (Virtual Power Plant) と呼ばれるエネルギーリソース（EV 等）を，IoT 技術により，遠隔で統合制御し，あたかも一つの発電所のように機能させ，電力需給調整に

# V2Hのエミッション試験法とV2G・スマートシティのEMC課題

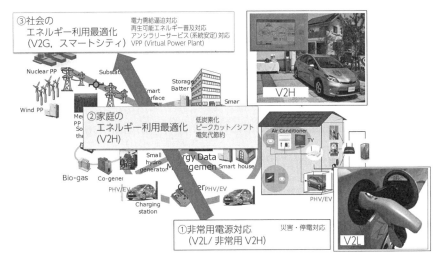

図 4.31 V2G の開発動向のイメージ

活用する技術が検討されている．これは，東日本大震災後，従来の大規模集中電源に依存した硬直的なエネルギー供給システムを脱却するとともに，急速に普及している再生可能エネルギーを安定的かつ有効に活用することが喫緊の課題となっている現状において，普及拡大が見込まれる EV の蓄電池容量は，家庭用蓄電池よりも大きく，一つのエネルギーリソースとして電力システムの需給バランス調整への活用が期待されるためである．したがって，VPP はスマートシティ実現のためのキーテクノロジーとなる可能性がある．

(2) エミッション課題

V2G・スマートシティの観点では単体の EMC 性能だけでなく，IoT 技術によりコネクテッド／ネットワーク化されたグリッドレベルの EMC 性能もカギとなると考えられる．ここで，表 4.11 に V2G・スマートシティにおけるエミッションの課題を示す．特に，V2G の車両や EVPS 側のエミッション要求の整備や制度化時の産官連携が重要なテーマとなると考えられる．

(3) イミュニティ課題

表 4.12 に V2G・スマートシティにおけるイミュニティの課題を示す．特に，グリッドレベルの伝搬現象の影響範囲を分類化し，コンポーネントレベルの試験法に最適化できるかどうか，一方で，グリッドレベルの複雑な通信環境に関しては，動的な試験方法の有効性の見極めが重要なテーマとなると考えられる．

表 4.11　V2G・スマートシティにおけるエミッションの課題

| 項目（キーワード） | 課題 |
|---|---|
| V2G・VPP | V2G の制度化（車両・EVPS 側のエミッション要求整備）<br>→電気事業法・電波法・系統連系規定等の考慮が必要．経産省・総務省・国交省・電力業界・通信業界・自動車業界など産官連携が必須と考えられる． |
| 5G | 放射エミッション性能開発，人体ばく露対応が必要と考えられる． |
| 大出力急速充放電<br>（数百 kW） | 伝導・放射エミッション性能開発，人体ばく露対応，体内植込機器干渉抑制が必要と考えられる． |
| 走行中ワイヤレス充電 | 電波法対応，伝導・放射エミッション性能開発，人体ばく露対応，体内植込機器干渉抑制，車載機干渉抑制が必要と考えられる． |

表 4.12　V2G・スマートシティにおけるイミュニティの課題

| 項目（キーワード） | 課題 |
|---|---|
| 5G | 6GHz 以上の周波数帯に関して通信品質（S/N）と電磁環境両立性（妨害波印加）の境界の明確化が必要と考えられる． |
| OTA（Over the air） | グリッドレベルの複雑な通信環境を模擬したイミュニティ試験の必要性の検証．それに応じて，静的（アンテナ固定）から動的（リバブレーションチャンバなど）試験方法の有効性を見極める必要があると考えられる． |
| HEMP<br>（High-Altitude<br>Electromagnetic<br>Pulse：高高度核爆発<br>電磁パルス） | グリッドレベルの伝搬現象の影響範囲を大規模シミュレーションやスケールモデルの実測等で分類化し，コンポーネントレベルの試験規定（サージレベル）に最適化することが可能かの検証が必要と考えられる． |
| 雷撃 | 同上 |

### 4.6.4　おわりに

　電動車両の蓄電・発電能力を活用して屋内配線に給電を行う V2H に関するエミッション試験方法（JASO TP 20001）の内容を示すとともに，今後の V2G やスマートシティに対する EMC の課題について記述した．

## 4.7　IoT 技術を活用した鉄道保全技術

### 4.7.1　鉄道保全技術について

　鉄道車両の安全運行を実現するにあたって，鉄道システムの保全（＝保護して安全であるようにすること）は重要な役割を担っている．鉄道システムは，車両や車上機器，線路脇に存置された電気機器はいうまでもなく，線路やトンネル，橋梁な

どの施設など，様々な要素を含み，それらの保全は広範囲かつ多岐にわたることが特徴的である（**表4.13**参照）．このため，鉄道事業における保全費用の割合は大きく，国内鉄道各社における営業費用のおよそ3割を占めている[36]．これに加えて，トンネルや橋梁など施設の老朽化の進行，人口減少に伴う労働力不足もあり，保全効率化は喫緊の課題となっている．

表4.13 鉄道システムにおける保全対象

| 分類 | | 例 |
|---|---|---|
| 車両 | 機関車 | 電気機関車，内燃機関車 など |
| | 旅客車 | 電車，気動車，客車 |
| | 貨物車 | 電車，貨車 |
| | 特殊車 | 除雪車，軌道試験車 など |
| 地上設備 | 電気設備 | |
| | 電路設備 | 電車線路，送電線路，配電線路 |
| | 変電設備 | 変電所，配電所 など |
| | その他 | 配電盤，開閉器，避雷器 |
| | 運転保安設備 | |
| | 信号保安設備 | 閉そく装置，連動装置，各種信号装置 |
| | 保安通信設備 | 運転専用電話，列車無線，沿線電話 |
| | 踏切保安設備 | 踏切警報機，踏切遮断機 など |
| 土木施設 | 軌道 | レール，枕木，道床，路盤 |
| | 構造物 | 橋梁，トンネル など |
| | 停車場設備 | 駅，プラットホーム，旅客通路 など |

　従来，鉄道システムの保全は，機器が故障した後に問題に対処する事後保全（BM：Breakdown Maintenance），または，保全対象の状態によらず運用実績に基づいて定められた周期に基づいて定期的に保全する時間基準保全（TBM：Time Based Maintenance）が多く採用されてきた．BMでは対象の修理・交換が完了するまで車両を運行させることは不可能であるし，TBMでは余裕をもたせた保全周期とすることで鉄道システムの安全性を確保することができる一方，保全対象が正常な状態であっても一律に修理・交換することとなるため，保全費用増加の一因となっていた．こうした背景から，保全対象の劣化傾向に基づいて適切なタイミングで保全する状態基準保全（CBM：Condition Based Maintenance）への移行が進め

られている（図 4.32 参照）．特に，CBM で必要となる広範囲・高頻度の状態監視や異常診断といった機能は IoT や AI など近年大きく進展した新技術との親和性が高いことも相まって，その潮流は今後も加速するものと期待されている．

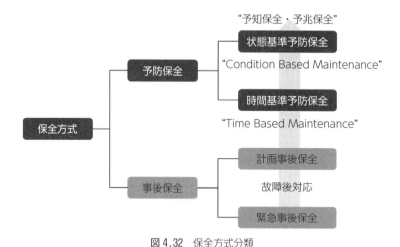

図 4.32　保全方式分類

### 4.7.2　鉄道保全への IoT 技術活用

　従来の鉄道システムの保全は，保全対象を検査員が直接検測・診断を実施するため，非効率かつ属人的な要素を多分に含むものである．数万 km におよぶ線路の定期点検では，運行時間外の夜間に多くの検査員を動員して徒歩で状態確認を実施しているし，沿線に広く点在する 1 万基を超えるような信号設備の点検作業では，実作業時間のうち移動時間に半分以上を費やしている状況にある[37]．また，車両および車上機器の点検では，保全対象となる車両を順次運用から外して検査する体制を採らなければならないため，保全計画に見合った予備車両を追加保有する必要が生じてしまう．

　具体的な保全周期は，2001 年 12 月公布「鉄道に関する技術上の基準を定める省令」，ならびに同省令の第 90 条第二項を法令根拠とする「施設及び車両の定期検査に関する告示」にて規定されている．このうち，車両の定期検査に関する告示において「車両については，別表の上欄（中略）に掲げる車両の種類ごとに，それぞれ同表下欄（中略）に掲げる期間を超えない期間ごとに定期検査を行わなければならない．ただし，耐摩耗性，耐久性等を有し，機能が別表の下欄に掲げる期間以上に確保される車両の部位にあっては，この限りではない」との規定，加えて同告示の解釈基準において「技術的実績に応じ，実証データによる確認や理論的解析等客観

的な検討方法により，鉄道事業者が告示への適合を証明した場合には，上記の装置等の検査周期や検査方法を定めることができる」との解釈が明記された．この規定・解釈により，鉄道事業者が安全性の根拠を示すことで，独自の検査周期や検査方法を定めることが可能となったことも，CBM 移行が活発化している背景に存在する[38].

IoT 技術（センシング，通信，分析技術）を活用した一般的な CBM では，振動や温度，圧力や電流などを計測する物理センサを活用し，保全対象の状態監視データをリアルタイムに取得，性能劣化をインテリジェントに予測できるようになる．鉄道車両には，すでに多くのセンサ類が適用されており（図 4.33 参照），車両を構成するパンタグラフや乗降用ドア，空調装置，車両駆動用インバータなど車上機器の異常を検出する機能を有している．また，地上設備側の状態監視についても，その費用対効果が大きいことから数多く検討・適用されている．

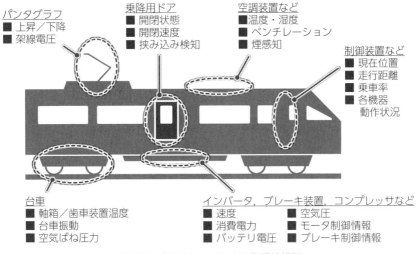

図 4.33　車両上センサによる取得情報例

### 4.7.3　レール変位検出

レールは車両走行の際に受ける大きな衝撃によって，間隔の変動やたわみ，捻じれなどが発生してしまう．これをレール変位と呼び，車両の乗り心地悪化や，脱線などの重大事故を引き起こすため，検測による管理と補修を行っている．例えば，レール間隔の変動は，軌間ゲージと呼ばれる測長器を用いた測定により管理され，たわみについては，レールの長手方向に一定の長さの弦を張り当て，この中点を基準として垂直方向の変位量を得る正弦矢法などの測定手法[39]により管理されてきた．

先述したように，人力で数万kmに及ぶようなレールの測定を実施することは非効率であり，古くは1925年頃から機械式の測定機構をもつ検測車が導入されている[40]．その後，検測センサの登場，精度向上や小型・軽量化といった測定デバイスの進歩に加え，リアルタイム処理を可能とする計算機の性能向上によって，ドクターイエローなどに代表される高速走行下での測定を可能とする検測専用車が登場することとなり，最近では光学式センサによってレール変位量を取得する検出器が営業車両にも搭載されるようになった．このような変遷を経て，レール状態の変化を高頻度に取得することが可能になり，クラウド上に大量の測定データを蓄積・分析し，より効率的な線路設備の保守計画策定を実現するIoTソリューション[41][42]も登場している（図4.34参照）．

図4.34　軌道検測データ管理システム例

### 4.7.4　トロリ線変位検出

　トロリ線とは，車両への給電に使用する接触電線であり，車両のパンタグラフと常時摺動して運用され，機械的な摩耗や変位などが発生する．特にトロリ線の摩耗が進行すると，パンタグラフとの接触面に空隙が生じ，高温のアーク放電を頻繁に誘引，最終的にはトロリ線の溶断に至ってしまうことから，レール変位同様に検測による管理と補修が行われている．こうした劣化を捉えるため，検測車の屋根上に設置する観測用カメラを通した目視確認や，アーク光に含まれる紫外線を検出する測定器[43]，トロリ線とパンタグラフ間の接触力測定器[44]などを活用した状態診断が実施されてきた．近年では，車両屋根上に設置する複数カメラの撮影画像を解析し，トロリ線の摩耗量や変位量，パンタグラフの接触力に至るまで，非接触・高精度に取得する検測装置[45]が実用化され，検測専用車や営業車にも搭載・運用されている．

### 4.7.5 沿線設備モニタリング

軌道脇に設置される信号装置もまた保全対象の一つである．信号設備には，信号機や踏切保安装置，走行レールを切り替える分岐器や転てつ器などがあり，これら設備の不具合も列車運行に直接影響を与えるものであるため，定期的な保全管理がなされている．このような沿線に点在する設備の保全に係る作業員の移動ロス解消を目的に，近距離無線ネットワーク標準規格である ZigBee（IEEE802.15.4）を活用し，複数端末間でセンシングデータを中継伝送する実証実験も行われている[46]（図 4.35 参照）．

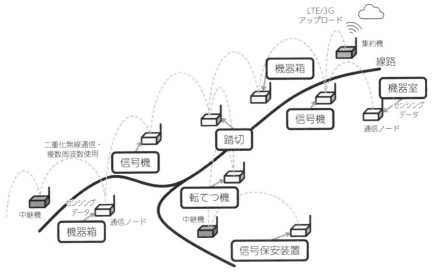

図 4.35　近距離無線ネットワークを活用した状態監視システム例

### 4.7.6 抽象データの分析

ビッグデータの取得・管理，および，分析技術の高度化を背景に，車両の快適性や安全性を維持・向上させるため，車両運行情報（車両速度や走行位置など）や車上機器の稼働状況などと，限られた測定点のデータ（車内の騒音と振動乗り心地）との関係を解明する取り組みも推進されている（図 4.36 参照）．長期間にわたる測定データの分析結果をもとに，車両保守の高効率化や，実運用状態を考慮した車両設計へのフィードバック活用を目的としている[47]．

### 4.7.7 鉄道車両における EMC 課題

昨今の鉄道車両は保守性向上のため，従来空気圧によって制御していたドア装置

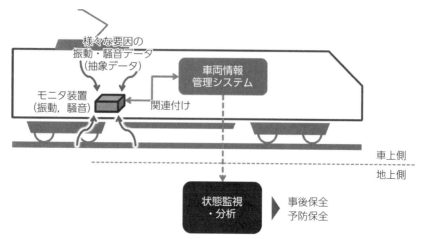

図 4.36 乗り心地モニタリングシステム構成図

やブレーキ装置などが電気制御化に移行，加えて，乗客の快適性向上を目的に高機能の車内案内表示装置や無線装置などサービス機器が順次搭載されてきた．これに伴って，車両内に敷設される電線・通信線の本数は数百本オーダへと増加し続けており，電磁ノイズ伝播の観点においては，レールや金属製の車体を含め，極めて複雑な伝播経路を構成し得るようになったとも捉えられる（図 4.37 参照）．実際に，車両上インバータの高電圧スイッチングノイズが，複数の伝播経路を通って車両内各所に伝播し，車両上に搭載されたサービス機器の誤動作につながるケースも発生している．この他にも，鉄道車両には運行制御に係る信号装置も搭載されているため，安全性担保の面から信号装置への電磁ノイズ対策が種々検討・適用されるなど，鉄道分野においても，電磁ノイズ低減は重要な技術課題として認識されている．

　車両運行中に発生する電磁ノイズ問題は，ノイズ発生―伝播メカニズムの複雑さにより，不明瞭さを伴って表出する．この不明瞭さをはらんだ問題に直面した実例を図 4.38 に示す．先頭車両（図中右側）に搭載された装置（ノイズ被害装置）に何らかの電磁ノイズが伝播し，不具合発生に至った事例である．車両運行下における主要配線上のコモンモード電流などを測定・記録した初動調査の結果，ノイズ被害装置の信号線などに中間車（図中左側）上インバータの動作と連動した電磁ノイズ成分を観測した．

# IoT技術を活用した鉄道保全技術

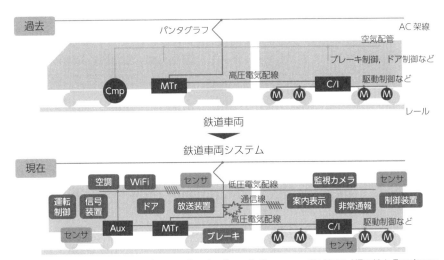

Aux：Auxiliary power supply, C/I：Converter/Inverter, Cmp：Air Compressor, M：Motor, MTr：Main Transformer

図 4.37 複雑化する鉄道車両の EMC 環境

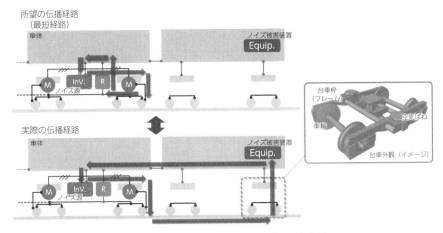

図 4.38 鉄道車両におけるノイズ不具合事例

しかしながら，先頭車両にはモータ電線などインバータノイズ電流が直接伝播する経路は存在しない．さらに，車体（装置 GND と接続）とレール間は意図的に絶縁した構成であったため，一見，インバータを起点としてノイズ被害装置を経由するようなノイズ電流伝播経路の閉ループを構成しないように考えられる．この不具合は再現性に乏しく，インバータノイズとの決定的な因果関係を立証できない状況にあったことから，解決に至るまで車両運行中に関与しうる色々な要素を絡めた仮説について検討する必要に迫られることとなった．

結果として，数多くの現車測定とデータ分析を通し，ノイズ周波数（MHz 帯）において，車輪やベアリングなど台車を構成するコンポーネントを介したインバータノイズ伝播経路が存在することを明らかとし（図 4.39 参照），装置不具合とインバータノイズとの因果関係を解明した[48]．ノイズ伝播経路の形成には，コンポーネント間の絶縁ゴム部に存在する寄生容量に加えて，車軸を支持するベアリングの構造に起因した容量成分が関与しており，ベアリングを構成する内輪と外輪，およびこの間の離隔距離によって変動する容量成分の値が，車輪の転動状態によっても変動することも明確になった．走行状態ではベアリング内のグリスは攪拌し，内輪と外輪間の間隔は一定となるが，停止状態では車体荷重が数百 kg 単位で各ベアリングにかかるため，一方が導通状態と見なせるほど近接してしまう．換言すれば，車輪

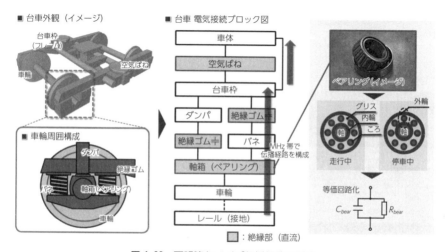

図 4.39　不明瞭なノイズ伝播経路の形成

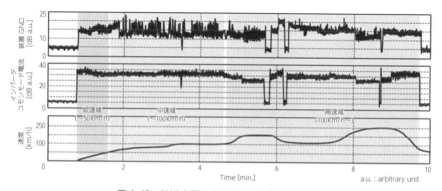

図 4.40　鉄道車両におけるノイズ不具合事例

の回転速度によってノイズ伝播経路のインピーダンスは変動する状態にあり，事実，車両走行速度によって装置信号線上に表出するノイズ電圧も変動する特性を示していた（図4.40参照）．

こうした不明瞭なノイズ伝播経路の存在や，車両走行中のノイズ電圧変動理由について，後講釈で説明することは容易いが，「装置信号線上のノイズ電圧が車両走行速度によって何となく変動しているように見える」初動の状況からノイズ問題発生メカニズムの推定，ひいては，ベアリングの関与まで想到することは非常に難しい．上述した仮説検討においても，制御モード切替えによるインバータノイズ特性の変動や，同一車両編成に設置された空調装置や他の電源装置などを発生源とするノイズ重畳の可能性をはじめ，ノイズフィルタの経年劣化や，電線の物理的な断線によるノイズ伝播様態変化の可能性，車両外の環境に目を向けて，変電所，住居や工場など周辺施設や，隣接線を走行する車両から発せられたノイズである可能性をも考慮に入れなければならなかった．細かくは，車輪と接触する線路踏面の錆や湿潤具合が影響することも勘案する必要がある．

煩雑な仮説検討に見て取れるように，実運用下の鉄道車両ノイズ検討にあたっては，車両や鉄道システム，周辺環境の複雑化によって，ノイズ不具合に関与する可能性のある対象が増加し続けている（図4.41参照）．鉄道車両の知識や運用実態を把握した上で，周辺環境をも含めたシステムレベルでのイントラEMCを考えねばならない状況が発生し始めている．この状況下において，IoT技術の進展とともにノイズ耐力の低い低電圧駆動のデバイスが，車両，鉄道システムや周辺環境に大量に配置された将来，ノイズ問題解決はさらに難化する一方，保全などに係る重要な機能に影響を与える問題であるため，調査・対策期間の短期化要求も高まることも想像に難くない．こうした事態に備え，IoT技術の適用ともに，鉄道車両ノイズの管理技術についても併せて検討する必要があるものと考える．

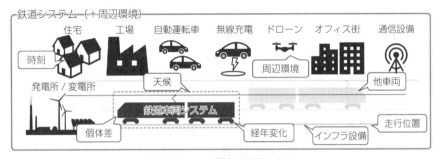

図4.41 ノイズ検討範囲の拡大

## 4.8 ペースメーカ等医療機器とEMC

### 4.8.1 はじめに

電磁界とペースメーカ等医療機器の相互作用に関する重要な検討課題として電磁干渉がある．植込み型心臓ペースメーカ，あるいは，植込み型除細動器（implantable cardioverter-defibrillator：ICD）に代表される体内植込み型医用機器は，外部との通信装置を備えたセラピー機能付の機種，心房あるいは心室内に直接本体が埋め込まれるリードレス型など新技術を組み込んだデバイス開発が行われており，心臓再同期療法（cardiac resynchronization therapy：CRT）およびCRTにICD機能を付加したCRT-Dも加えたこれら植込み型不整脈治療デバイス（以下，ペースメーカ等）装着者数は今後も増加が予測されている．

携帯電話，無線LAN，RFIDや電子商品監視機器（Electronic Article Surveillance：EAS）など従来生活環境で用いられている電波利用機器に加え，第5世代移動通信システム（5G）やワイヤレス電力伝送（Wireless Power Transfer：WPT）機器の普及が進む状況において，ペースメーカ等に対する電磁干渉影響（Electro-Magnetic Interference：EMI）評価は重要な課題となっている．多数の機器が無線により接続され動作するIoTシステムは，5Gの主要アプリケーションのひとつでもあり，ワイヤレスセンサネットワークや無線給電などとの融合，ユビキタス＆ユニバーサルタウン実現技術[49]としても期待されているが，誰もが安全・安心に利用できる電磁環境基盤（電磁環境両立性EMC：Electro-Magnetic Compatibility）の確立が必要不可欠である．本稿では，ペースメーカ等EMIとその評価法について概説する．さらに，検討が進む数値シミュレーション技術に基づく推定技術を紹介する．

### 4.8.2 植え込み型医療器の電磁干渉影響評価

不整脈治療のため心臓に刺激パルスや電圧ショックをあたえるペースメーカは，つねに心電位をモニター（センシング）しながら必要な場合に心臓の刺激伝導系に代わって心筋を電気刺激（ペーシングあるいは除細動刺激（ICDの場合））し，適切な心収縮を発生させる．成人の場合は前胸部鎖骨の下など，小児の場合は腹部などの上皮脂肪と筋肉の間に植込まれ，医師により患者ごとに適切に設定されたセンシング感度およびペーシング出力で動作する．電波利用機器による電磁界の作用によりペースメーカに雑音が混入しその波形が心電位と類似のもの，あるいは心電位の検知を妨げるような状況の発生があると，ペースメーカ等はその雑音に反応し電磁干渉影響による誤動作が発生し得る．植込み型医療機器に誤動作が発生した場合には健康に悪影響が生じる可能性があることから，電波利用機器の利用者，ペース

メーカ等の装着者，および双方の機器の製造者等が影響の発生・防止に関する情報を共有し影響防止に努めていくことが重要である．

現在我国で流通するペースメーカ等については，国際安全規格（ISO14117等[50][51][52][53][54][55][56]）のEMC要求に対する適合証明の添付が薬事承認の条件となっている．例えば385 MHz（または450 MHz）から3 GHzまでの周波数範囲では，2.5 cm離れた距離にあるダイポールアンテナへ120 mWの入力電力でばく露した場合でも干渉を生じないことを確認する必要がある．しかし，ペースメーカ等の電磁干渉影響における雑音混入のメカニズムについては，伝導電流，変動磁界，高電圧交流電界等，干渉源により複数あり[57]，電磁界の強度や周波数だけでなく放射源の寸法や信号波形などの条件によってもその影響が異なる．さらに，ペースメーカ等の機種ごとに設定可能なセンシング感度やEMI特性が異なっていることから，現状では，市場網羅性を考慮した複数機種の実機を用いた試験測定による評価が必要となっている．

これら電磁干渉試験を行うためには，人体にペースメーカ等が植え込まれている状態，すなわち，体内にあってペースメーカ等が心電位をセンシングしながら動作している条件を実現しなければならない．さらに，干渉による動作不良が生じてい

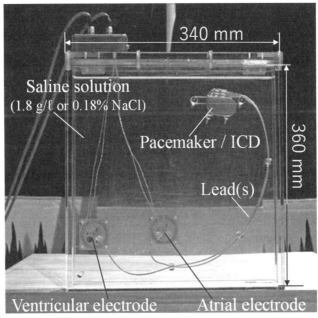

図 4.42　ペースメーカ EMI の試験用生体モデル（縦型トルソーファントム）

ないかを観測するための仕組みも必要である．そこで，実際の電磁干渉影響評価には人体を模擬するモデル（ファントム）が用いられる．図 4.42 に示すのは，日本国内での試験に使用されている縦型の試験用ファントムであり，Irnich のモデル[58]を基としたものである．内部は 0.18 重量％の食塩水（EN45502[55]で規定）で満たされており，心房および心室を模擬したリング状の各電極から水溶液中に配置されたペースメーカ等本体へリードを通じて疑似心電位を注入できる．さらに，これら電極は同時にペースメーカ等が発出するペーシングパルスの検出を可能とする仕組みになっている．メーカごと，あるいはペースメーカや ICD 等の機種ごとに本体の寸法，形状，接続するリードが異なっており，これらを交換しながら等しい条件で EMI 評価を実施できる試験系である．近年，血管内や心臓内にリードを挿入しない皮下植込み型除細動器やリードレス心臓ペースメーカが日本でも認可され植え込み症例が報告されるなど使用者が増加している．ここで示した実験用ファントムは，これら新機種にも対応が可能である．

試験では，図 4.43 に示すように，電波暗室内において電波を発射状態とした放射源とファントムを近接させて設置し，ペースメーカ等が，機種，感度，リード極性および動作モードごとに定められたセンシング・ペーシング動作に干渉影響が生じないか調査する．影響が生じた場合には，その影響が消滅する距離（影響距離）と影響の度合いを記録する．影響の度合い（レベル）については，表 4.14 に示すように，心臓ペースメーカと ICD についてそれぞれ分類される．

これまでに，各種電波利用機器の電磁干渉影響について多くの実験的調査研究がなされており[59][60]，総務省より「各種電波利用機器の電波が植込み型医療機器へ

図 4.43　放射源と試験用生体モデルの配置

## 表 4.14　影響レベル判断基準
### 発生した影響の患者への影響レベル（ペースメーカ）

| | 正常状態　可逆的影響 | 不可逆的影響 | 生体への直接的影響 |
| --- | --- | --- | --- |
| | | 体外解除可 | 要交換手術 |
| 正常機能の維持 | レベル0 | | |
| 1周期以内のペーシング／センシング異常（2秒以内に回復） | レベル1 | | |
| 1周期（2秒）以上のペーシング／センシング異常 | レベル2 | | |
| ペースメーカのリセット・プログラム設定の恒久的変化 | | レベル3 | |
| 持続的機能停止 | | レベル5 | |
| 恒久的機能停止 | | | レベル5 |
| リードにおける起電力/熱の誘導 | | | レベル5 |

### 発生した影響の患者への影響レベル（ICD）

| | 正常状態　可逆的影響 | 不可逆的影響 生体への直接的影響 | |
| --- | --- | --- | --- |
| | | 体外解除可 | 要交換手術 |
| 正常機能の維持 | レベル0 | | |
| 1周期以内のペーシング/センシング異常（2秒以内に回復） | レベル1 | | |
| 1周期（2秒）以上のペーシング/センシング異常 | レベル2 | | |
| 一時的細動検出能力の消失 | レベル3 | | |
| 不要除細動ショックの発生 | レベル4 | | |
| プログラム設定の恒久的変化 | | レベル4 | |
| 持続的機能停止 | | レベル5 | |
| 恒久的機能停止 | | | レベル5 |
| リードにおける起電力/熱の誘導 | | | レベル5 |

影響度合いの分類

| レベル | 影響の度合い（従来からの分類） |
|---|---|
| 0 | 影響なし |
| 1 | 動悸，めまい等の原因にはなりうるが，瞬間的な影響で済むもの． |
| 2 | 持続的な動悸，めまい等の原因になりうるが，その場から離れる等，患者自身の行動で現状を回復できるもの． |
| 3 | そのまま放置すると患者の病状を悪化させる可能性があるもの． |
| 4 | 直ちに患者の病状を悪化させる可能性があるもの． |
| 5 | 直接患者の生命に危機をもたらす可能性のあるもの． |

及ぼす影響を防止するための指針」[61]およびパンフレット（**図 4.44**）が示されている[62]．年度ごとに実施された試験結果の詳細は，総務省のホームページで公開されている[63]．

### 4.8.3　高精度数値シミュレーションを用いた電磁干渉影響評価技術

シミュレータを用いたペースメーカ等の電磁干渉特性推定に関する検討について紹介する[64][65][66]．実験的調査研究により得られた知見に基づき，ペースメーカ等のリード線と筐体内部回路間のコネクタ部に誘起される開放電圧を評価指標とする電磁干渉予測モデルを提案し高精度数値シミュレーションを用いた推定法を提案している．前述のようにペースメーカ等の電磁干渉影響は，内部回路に生じる干渉電圧が心電位と類似した場合，もしくは明らかに設定されたセンシング感度を超えた場合に引き起こされるが，実際の電磁干渉発生時の干渉電圧を実機より取得することは困難である．そこで，実験調査で得られた干渉発生距離に基づく比較評価による影響推定法を開発した．実験調査に用いられているペースメーカ等を含む平板型トルソーファントムを再現した数値モデルを用いることで，各種電波利用機器を対象とした干渉電圧の特性を有限要素法（Finite element method：FEM）解析により推定している．リードを高精度に再現し，ペースメーカ等の内部回路を模擬したコネクタ部に負荷インピーダンスを接続して誘起される電圧を評価している．数値解析モデル例を**図 4.45**に示す．数値解析で得られた干渉電圧がある閾値を超える距離を評価した結果，実験調査と概ね一致することが確認されている．

さらに著者らは，小型化した直接変調電気/光（EO：Electrical to Optical）変換器を模擬的なペースメーカの筐体内部に挿入しリードを接続した新たなペースメーカ EMI 評価装置を開発している[66]．同装置を用いて WPT 装置や第 5 世代移動通

図 4.44 「各種電波利用機器の電波が植込み型医療機器等へ及ぼす影響を防止するための指針」[61][62]

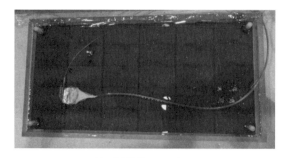

(a) 試験用ファントム

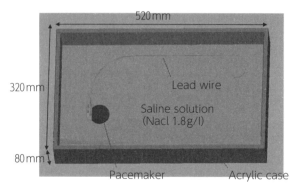

(b) 数値解析モデル

図 4.45 植え込み型心臓ペースメーカを設置したファントムの数値モデル

信システム Sub-6 GHz 周波数帯における干渉誘起電圧測定を実施しており，これら周波数帯における干渉の閾値検索や要因分析に基づく干渉緩和技術の可能性などについて検討を継続している．

### 4.8.4 むすび

植込み型医療器に対する電磁干渉問題については，特に高齢化社会を迎えつつある先進国での関心が高く，我が国では総務省が中心となりこれまで多くのペースメーカや ICD 実機を用いた大規模な試験が各種電波利用機器に関して継続的に実施されてきた．一方で，多数の実機を用いた試験実施には人的・時間的コストが必要であり，また，実利用環境において電波利用機器の周囲に生じる様々な状況（電波の反射，散乱等）を考慮した試験実施には課題がある．現在，数値解析技術は大きく進歩しており，今後，ペースメーカ等の電磁干渉特性推定に関するシミュレーシ

ョンの応用と高精度化が期待されている.

## 4.9 無線 IoT システムを用いた防災・減災，防疫への取り組み事例[67]

筆者らは，図4.46に示す IoT システムを構築し，運用している．傾きや水位などのセンサをマイコンに接続し，LoRa 無線（OSI（Open Systems Interconnection）参照モデルの物理層（PHY）に相当）を用いて IoT server に集めて可視化している．Gateway は中継装置であり，3G または LTE 携帯回線経由で Network server に IP 接続している．LoRaWAN プロトコルは，LoRa Alliance が定めたオープンな仕様であり，データリンク層に相当する．図のとおり LoRa device と Network server 間で Network Session Key（NwkSKey；128bit AES 暗号鍵）を共有して，セキュアなバックホール回線を実現している．また，Application server とセットで使用することが想定されており，Application Session Key（AppSKey；128bit AES 暗号鍵）も用いる.

LoRaWAN 通信を開始するときには「アクティベーション」と呼ばれる手順により暗号鍵を交換するが，この手順には ABP（Activation by Personalization）と OTAA（Over-the-Air Activation）との2種類がある．ABP ではデバイスごとに異なる NwkSKey，AppSKey，Device Address が必要である．つまり事前にユーザがデバイスごとにマイコンプログラムに書き込む必要があり煩雑である．しかし，アクティベーションの際は，これらの情報を LoRa デバイスが Network server へ一方的に通知するだけでよいので，リンクバジェットの余裕があまりない通信路で，一か八かセンサ情報を投入する場合は通信成功率が高い．筆者らは図3.4のような電波伝搬特性を測定するときは，この ABP を使っている.

一方 OTAA の場合は，Device EUI，Application EUI，App Key の情報をもってサーバに対して Join 要求をし，承認されれば Session Key や Device Address がサーバからデバイスに通知される，といったハンドシェイクになるため，リンクバジェットの余裕があまりない通信路には適さない．しかし，EUI や App Key は，サービス提供者があらかじめデバイスのプログラムに一律に書き込んでおけばよく，ユーザが別途デバイスごとに書き込む必要はない．したがって，大量にデバイスをばらまく場合は，サービス側もユーザ側も管理が楽であるというメリットがある．4.9.1項や4.10節で述べるシステムは OTAA を用いている.

図4.46の例では，Application server は MQTT（Message Queueing Telemetry Transport；TCP／IP ネットワークで利用できる IoT 通信プロトコルの一種）サーバも兼ねており，AppSKey で復号したデータを IoT server に送信（Publish）している．MQTT で受信（Subscribe）したデータは，Elasticsearch（Elastic 社が開

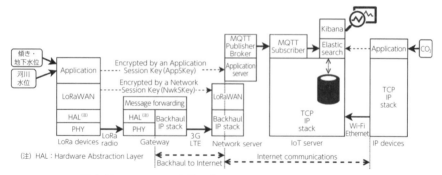

図 4.46　LoRaWAN 無線を使用した IoT システムの構築例.
(https://lora-alliance.org/about-lorawan/ を参照しながら本書用に改変)

発しているオープンソースの全文検索エンジン）に蓄積され，同じ Elastic 社の Kibana で可視化しているので，Web ブラウザで閲覧できる．Wi-Fi や Ethernet などを用いて IP で直接 IP 接続されているマイコンからも，（図の例では $CO_2$ 濃度などの）センサ情報を同じ IoT server に蓄積できるようにしている．

　4.9.1 項は，回線維持費がかからない自営網で河川水位をモニターすることを目的に LoRaWAN を用いた事例である．また，4.9.2 項は COVID-19 対策の一環で構築した，大学の講義室の $CO_2$ 濃度の遠隔モニタシステムの事例紹介である．4.10 節では，LTE などの携帯無線が使えない場所に設置されたセンサ情報を収集するために LoRaWAN 無線を用いた事例を紹介する．なお，降雨や電磁的な干渉（EMC）に関する考察は 3.1 節で述べたとおりである．

### 4.9.1　LoRaWAN を用いた河川水位監視システム

　回線維持費がかからない自営網で河川水位をモニターすることを目的に LoRaWAN 無線を用いた事例である．

　平成 29 年 7 月九州北部豪雨等を受け，国土交通省では実施すべき対策を，「中小河川緊急治水対策プロジェクト」としてとりまとめた．平成 29 年時点での設置済み水位計は約 5,200 カ所であったが，さらに約 5,800 カ所（約 5,000 河川）増設することによって，それまで設置されていなかった河川や地先レベルでのきめ細やかな水位把握が必要な河川への水位計の普及を促進し，水位観測網の充実を図ろうとしている[68]．これら中小河川の水位計を倍増させるためには，設置及び維持コストの克服が課題であった．そこで，洪水時の水位観測に特化した水位計を「危機管理型」と呼ぶことにし，低コスト化（1 カ所 100 万円以下）を目指している．

　図 4.47 に筆者らが構築した河川水位計測システムを示す．橋梁に設置したセン

# 無線IoTシステムを用いた防災・減災，防疫への取り組み事例

図4.47　河川水位計測システム例．
(橋梁に設置したセンサデータをLoRaWAN無線でGateway中継装置に送り，クラウド経由で端末にて分析する)

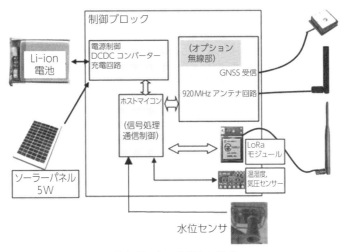

図4.48　センサ端末の構成

サ端末の水位データをLoRaWAN無線で2.8 km離れたGatewayまで11分ごとに送信し，クラウド(図4.46に示したElasticsearch)に蓄積しながら(同Kibanaにて)可視化する．

図4.48は，センサ端末の構成であり，設置施工が容易で廉価な非接触型(赤外線レーザーおよび超音波の2方式)のセンサを評価した．電源は，ソーラパネルを用いた自立運転としている．LoRaWAN以外にSONY社のELTRESも選択できる．

橋梁からの距離を，水面で反射して戻ってくるまでの信号伝搬時間から推定する原理であるため，波面の影響を取り除く信号処理が必要であった．赤外線レーザー

に比べて開口径の広い後者のほうが，当該処理は容易であった．図4.49に，信号処理後の測位結果例を示している．図中の既設機は，自治体が設置した水圧式センサによる測位値であり，Webサイト[68]にて開示されている．これに隣接して提案機（超音波式）を設置した結果，両者の測位差は±1cmであり，所望の性能を得た[69]．

図4.49の事例では，センサ端末を橋梁に設置する際にその設置強度が，風速60m/sの猛烈な風に対しても耐えられることを証明する必要があった．平野部（本件は松山平野）の河川は風の通り道となるためであり，設置場所や施工方法に加えてその強度計算費用も含めて，コストについては十分な検討が必要である．

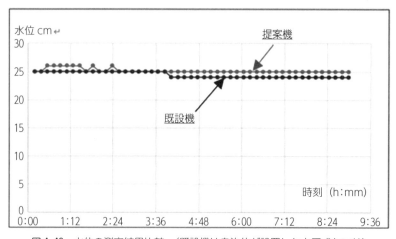

図4.49　水位の測定結果比較．（既設機は自治体が設置した水圧式センサ）

### 4.9.2　Wi-Fiを用いた講義室内$CO_2$濃度遠隔モニターシステム

COVID-19対策の一環で構築した，大学の講義室の$CO_2$濃度を遠隔で監視するシステムの事例である．無線はキャンパスネットワークの一部であるWi-Fiを用いた．

新型コロナ対策の一つである室内換気において，換気タイミングを知る手段として$CO_2$センサが注目されている．愛媛大学工学部附属社会基盤iセンシングセンターでは，講義室を対象として，機械換気，強制換気，および自然換気による換気時の，室内の風速および浮遊するエアロゾル汚染物質（$CO_2$濃度，粉塵など）を計測した．その結果，$CO_2$濃度が飛沫核の指標として有効できると判断し，工学部講義棟の全24講義室の教卓に，スタンドアロンで動作する$CO_2$（NDIR，非分散型赤外線吸収，方式デュアルビーム）センサ端末を2020年10月に設置した．閾値（ビ

# 無線 IoT システムを用いた防災・減災，防疫への取り組み事例

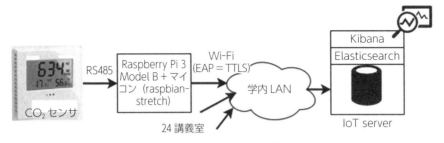

図 4.50　講義室内 $CO_2$ 濃度遠隔監視システム

ル管理法基準と同じ 1,000 ppm）を超えたらアラームを出し換気を促し，閾値を下回れば換気完了とすることにした．しかし，現場にいる教員に頼る運用では，換気行動を徹底することは困難であろうことが予想された．

そこで図 4.50 に示すように，計測した $CO_2$ 濃度値を RS485 端子から読み出し，Wi-Fi ネットワークを経由して図 4.46 に示した IoT サーバに集めて，遠隔監視もできるようにした．閾値を超えたら，当該センターおよび担当事務職員宛てにメールを発信し，$CO_2$ 濃度が所定の時間経過後も下がらなければ，様子を見に行ってもらう運用である．すべての講義室の $CO_2$ 濃度は，学生にも開示しており，見えなかったものを可視化することによって安心感が得られる効果の他，防災の専門家による行動変容の研究，センサ端末の電源プラグ抜けや故障の検知にも活用されている[70]．

図 4.51 に Kibana の可視化例を示す．12:25 くらいから講義室に学生が入室し始めて，講義が始まる 12:40 に $CO_2$ 濃度がピークになった（1,020 ppm）ものの，その直前（12:35）に室温が下がり始めていることから，教員がエアコンの操作と窓の解放とを程よく調整した結果 1,000 ppm 以下の環境を維持できたと考えられる．その後，$CO_2$ 濃度は 600〜800 ppm で変動しているが，14:00 を過ぎると急激に $CO_2$ 濃度と湿度が下がり，室温は上昇していることから，講義が定刻の 10 分前に終了して学生は退室し，教員はエアコンのスイッチを切ったと思われる．参考までに学校環境衛生基準では，1,500 ppm を換気の目安値としている．また，大気中の $CO_2$ 濃度は約 400 ppm であるのに対して，人間の呼気の $CO_2$ 濃度は約 40,000 ppm である．

換気実態のエビデンスを記録し公開できるようになったことにより，新型コロナウイルス感染症に対する学生の不安や教職員の負担を和らげ，安全・安心な教室環境を維持管理することに寄与できるようになった．

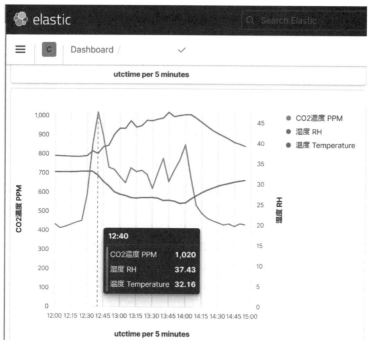

図 4.51　Kibana による CO2 濃度，温度，湿度の可視化例（2021 年 6 月 24 日）

### 謝辞

4.9.1 項で述べた内容は，愛媛県産業技術研究所，および株式会社エム・コットとの共同研究（2019〜2020 年度）の成果である．同秋元英二氏，および山本達也氏に記して深く感謝申し上げる．

## 4.10　LPWA を用いた斜面変状監視システムの概要
### 4.10.1　背景と現状

　超スマート社会（Society5.0）実現のため，IoT・ビッグデータ・AI 等の技術を活用した防災システムの開発が急務である．近年，地球温暖化により台風が大型化していると言われている．その結果，台風等に起因する集中豪雨によって斜面が不安定化し崩壊に至る事例が後を絶たない．斜面災害から人的・物的資産を守るためには，より広範囲で，低コスト，省人化できる斜面変状監視システムの開発が求められている．既存の斜面変状監視システムは，崩壊の危険性のある斜面に観測機器を設置し，変状を管理するものが一般的である．ところが，従来の観測システムは設置・運用コストが高いため全国 50 万カ所以上と言われる土砂災害危険箇所に対

# LPWA を用いた斜面変状監視システムの概要

してごく一部しか導入されていないのが現状である．従来の観測手法である有線システムでは配線コスト，計測範囲の制限等問題点が多くある．その問題点を解消するため Bluetooth，Zigbee のような近接無線通信方法を用いた研究が行われてきた．近年では，それらの無線通信よりも長距離通信を可能とする LPWA（Low Power Wide Area）が注目されている．LPWA は，10 km 以上の長距離通信性能，乾電池 1 個で数年間稼働できる低消費電力，約 100 kbps 以下の遅い伝送速度という特徴を有する（図 4.52）．

LPWA は，「免許が必要な周波数帯を使用した規格」（セルラー系）と「免許が不要な周波数帯を使用した規格」（非セルラー系）の 2 種類に大別される[71]．斜面変状をモニタリングするシステム開発においても，セルラー系と非セルラー系を用い

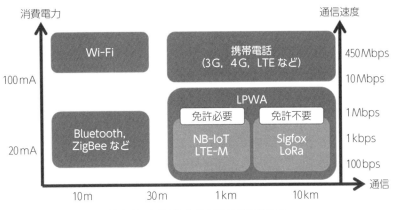

図 4.52　LPWA と他の通信規格の比較

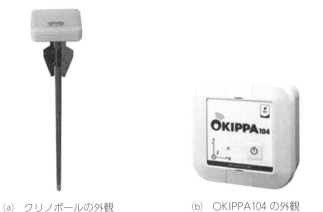

(a)　クリノポールの外観　　(b)　OKIPPA104 の外観

図 4.53　斜面変状監視センサの外観

たシステムがいくつか開発されている．セルラー系では，例えば，LTE-M を用いたクリノポールが挙げられる（図 4.53 (a)）．クリノポールは，傾斜センサ，データ保存用メモリ，測定データから異常を判断する CPU，インターネットと接続する通信機，装置を動作させる電源などを内蔵した一体型の構造となっている．センサ部は地中 1 m にある先端部分に内蔵されているため，地表面の温度変化の影響を受けにくい．計測された傾斜データは，メモリに一時保存された後，内蔵されている通信モジュール（LTE Cat.M1）とアンテナを介してクラウドサーバーにデータ送信する．

また，非セルラー系では，Sigfox を用いた OKIPPA104 がある（図 4.53 (b)）．OKIPPA104 は，傾斜角度，衝撃検知，GPS，温度，方位角を計測可能であり，内蔵バッテリーで 2 年間（1 回/時間通信）稼働する．センサ Box の大きさは，10 cm × 10 cm × 4 cm で 2 カ所のビス止めで固定が可能である．

## 4.10.2　LoRaWAN を用いた斜面変状監視システム

前述のモニタリングシステムの他に，著者らが開発を進めている斜面変状監視システム（以下，本システムと称す）について本節で説明する．本システムでは，非セルラー系 LPWA の LoRaWAN による無線通信を用いたセンサを開発しており，現場実装することでその性能評価を行った．具体的には，LoRaWAN 通信が可能な傾斜計，伸縮計，水位計を開発し，実斜面へ適用した．適用する際に，LoRaWAN 通信が観測候補地（受信機設置場所）から可能であるか検証するために電波伝搬実験を実施した．次に，カシミール 3D[72] によって受信機からの可視範囲を示した可視マップを作成し，可視マップと電波伝搬実験結果を比較することで可視マップによる通信状態の推定が可能か検証した．さらに開発したセンサ群を実斜面に実装し，傾斜角度，水位，気温などのデータを実際にモニタリングすることで斜面の変動をモニタリングした．

## 4.10.3　電波伝搬実験

本システムでは，実斜面の観測場所に傾斜計，水位計などのセンサを設置し，その計測データを LoRaWAN を用いた送信機で送信する．ゲートウェイ（基地局）が計測データを受信した後，インターネットサーバーに計測データをアップし，PC，スマートフォンなどの端末でリアルタイムに計測データを確認することが可能である．本項で示す電波伝搬実験では，GPS トラッカー（送信機）から受信機へ通信を行い，観測場所とゲートウェイの通信状況（受信感度）を評価した．

愛媛県 N 地区に位置する地すべりは，長さ 40 m，深さは 5〜10 m 前後の不安定

ブロックが推定されている．すべり面は，崩積土と風化岩層の境界および強風化岩の土砂化した部分が想定され，地すべりにより斜面直下の国道は土砂災害の被害を受ける可能性がある．そのため斜面のリアルタイム監視が必要であり，本システム導入の事前検証として電波伝搬実験を行った．国道56号線沿いで行った電波伝搬実験の方法を述べる．まず，秦皇山森林公園展望台に既設されているゲートウェイに向けて，SF値（拡散率）12のGPSトラッカーから20秒に1度の頻度でGPSデータを送信した．SF（Spreading Factor）値[73]とはスペクトル拡散変調方式を用いた通信方式における送信データ速度と拡散符号速度の比を表すものである．なお，LoRaWANでは，SF値は6から12までが利用可能である．SF値が大きくなればより長距離の通信が可能となるが，通信にかかる時間も増大するためより多くの電力を消費することになる．また，同一チャネルに対して複数のデバイスから同時に通信が行われた場合でも，SF値が異なっていれば干渉せず通信を行うことができるため，センサノード数が膨大であっても正しく通信を行うことが可能である．GPSトラッカーによる通信を行った状態で，各観測候補場所がある国道56号線沿いを移動した．その移動中および観測候補場所付近で受信感度を示すRSSI値（Received Signal Strength Indicator）を測定した．電波伝搬実験終了後，取得したRSSI値データとGPSデータを統合してプロットし，実験結果を評価した．実験によって取得したRSSI値データとGPSデータを統合しプロットしたものを図4.54

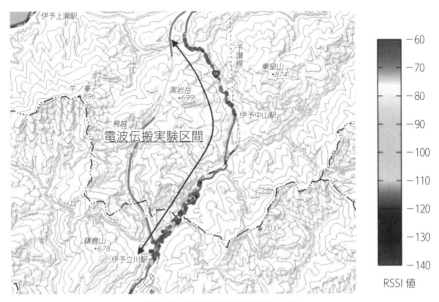

図 4.54　電波伝搬実験結果の一例

に示す．図より，受信可能な場所と受信不可能な場所が一目瞭然である．GPSトラッカーの計測RSSI値の最大は $-82\,\mathrm{dBm}$ で，最小は $-125\,\mathrm{dBm}$ であった．受信したデータは安定した通信が可能であるRSSI値の基準値 $-120\,\mathrm{dBm}$ 以上の値であったため全体的に通信可能と言える．

### 4.10.4　可視マップを用いた通信評価

カシミール3D[72]によって作成した秦皇山森林公園展望台に設置されているゲートウェイからの可視マップに電波伝搬実験結果から得られたRSSI値データをプロットし，可視範囲とRSSI値を比較評価した．可視マップにRSSI値データをプロットしたものを図4.55に示す．実験を行った国道56号線は複雑な地形に沿って敷設されており，電波伝搬実験を行った場所すべてが可視範囲内ではないことが分かる．一方，プロットされたRSSI値データを見ると，可視範囲外に関わらず受信できている箇所も確認できる．また，N地区の地すべり地の南側では国道56号線は可視範囲内となり，□から■（$-109\,\mathrm{dBm}\sim-117\,\mathrm{dBm}$）とRSSI値がよくなっていることが確認できた．つまり，ゲートウェイからの可視範囲内では，ほぼ確

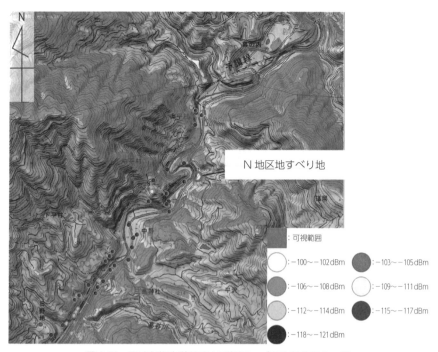

図4.55　電波伝搬実験結果と可視マップの比較検証の一例

実に電波送受信が可能であり，可視範囲外でも送受信可能な範囲が一定程度存在することが確認された．LoRaWANを用いた斜面変状監視システムを構築する際，斜面変状モニタリング場所に対して，どこにゲートウェイを設置するかが課題となってくるが，可視マップをあらかじめ作成することにより，ゲートウェイ設置場所の一次スクリーニングが可能となることが分かった．

### 4.10.5　斜面変状モニタリング結果

　本システムは，傾斜センサ（測定範囲：±5°，測定精度：0.01°），地下水位センサ（測定範囲：0〜150 kPa，測定精度：±0.2％），温度センサ（測定範囲：−55〜125℃，測定精度：±0.5℃）をそれぞれ通信部基盤に接続したセンサーボックスを斜面に杭固定し，斜面の傾斜角度，地下水位，気温を連続的に計測するものである．また，通信部基盤から設定された頻度でデータを基地局に送信する．なお，データ計測および基地局へのデータ送信は，センサーボックス内に設置した乾電池の電力のみで行い，AC電源などの外部電力は使用していない．基地局でのデータ受信後は，サーバ上にデータを収集し，インターネット上で計測結果を確認することができるシステム（図4.56）である．その結果，リアルタイムの斜面変状モニタリングが可能となる．本システムを愛媛県T地区の道路斜面に試験導入した事例について以下に示す．

　本システムを試験導入した斜面は，T地区にあり，I駅前面の斜面である．対象地域は三波川帯に位置し，三波川結晶片岩類に分類され，主に苦鉄質片岩，泥質片岩，砂質片岩，珪質片岩からなる[74]．計測対象斜面は，標高100〜150 m付近で，傾斜約40°の急傾斜となっている．斜面の模式図とセンサーボックス設置状況について図4.57に示す．傾斜センサを含むセンサーボックスは，計測斜面の10カ所（A〜J地点）に設置しており，そのうち1カ所については地下水位を計測する水位センサも併せて接続している．センサーボックスの設置位置は標高120〜150 m付近で，それぞれSlope A〜Slope Jと呼称する（図4.57参照）．なお，水位センサ

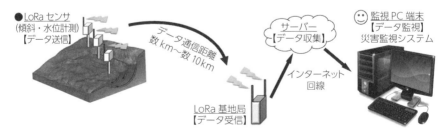

図4.56　LoRaWANを用いた斜面変状監視システム

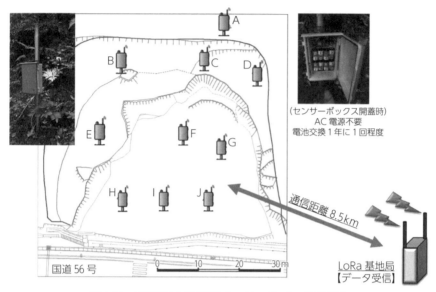

**図 4.57　計測斜面の模式図とセンサーボックス設置状況**

**図 4.58　計測データ管理サイトと計測結果の一例**

は Slope F に設置している．計測斜面からデータ受信基地局までは直線距離で約 8.5 km 離れており，データ送信は 10 分間に 1 回の頻度である．データ受信基地局設置に当たり，十分な精度で計測地データを受信できることを事前確認している．本システムは平成 30 年 3 月 1 日より試験運用を開始しており，継続的にデータを計測している．

# LPWA を用いた斜面変状監視システムの概要

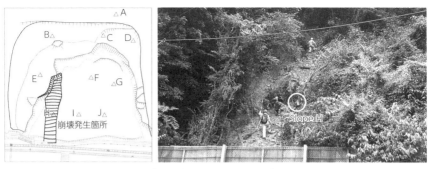

図 4.59　計測斜面の模式図とセンサーボックス設置状況

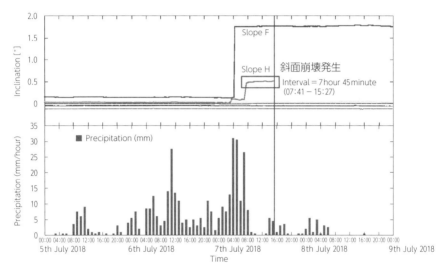

図 4.60　傾斜計測結果と降水量データ（平成 30 年 7 月 5〜8 日）

インターネット専用サイトで確認できる計測結果の一例を図 4.58 に示す．専用サイトでは，Slope A〜J までの傾斜角度・気温・地下水位データをリアルタイムに確認することができ，また，地図上の各センサ位置をクリックすることで，計測の時系列データを確認できる仕組みとなっている．

本システムの試験設置から 4 か月後に，平成 30 年 7 月豪雨が発生した．この豪雨で，本システムを試験導入した上記斜面で小規模崩壊を確認した．崩壊発生箇所とその外観を図 4.59 に示す．この崩壊により，Slope H が巻き込まれデータ送信停止状態となった．なお，この崩壊は小規模であり，発生した土砂は落石防護柵で完全に止められており，道路への被害は一切発生していないことを明記しておく．

次に，平成30年7月5〜8日の各計測地点における傾斜計測結果と，降水量データの結果を図4.60に示す．降水量データは，気象庁が計測したデータであり，管理斜面からも最も近い場所（2地点間距離約6km）の計測データである．図の降水量データより，7月6日正午前後と7日未明にピークが確認できる．特に，7日未明のピーク時には，まずSlope Fで変状（傾斜の急増）を検知し，その後，Slope Hでも変状を検知している．最終的に，Slope Hは発生した小規模崩壊に巻き込まれデータ送信が停止している．Slope Fについては，変状を検知したものの斜面崩壊には至っていないため，その後の計測データは安定している．Slope Hの変状検知日時は7月7日7時41分であり，小規模崩壊発生日時と考えられるデータ送信停止日時は同日15時27分である．つまり，変状検知から崩壊まで約8時間のタイムラグがあり，当該斜面から離れる時間は十分にある．地震の揺れに起因する斜面崩壊とは異なり，豪雨災害の場合は斜面崩壊に至るまでに必ず変状が現れるので，その変状を検知することができれば，斜面災害による人的・物的被害の軽減につながると考える．

　本節では，LoRaWANを用いた斜面変状監視システムを愛媛県T地区の道路斜面に試験導入した結果について説明した．平成30年7月豪雨時のモニタリング結果より，従来から認識されているように，豪雨に起因する斜面崩壊の場合には崩壊前に変状が発生することを傾斜センサで検知することができ，本システムの有用性を確認することができた．本システムの優位性は，既存の斜面変状管理システムと比べて設置・管理コストを低減させる可能性があることである．今後は本システムを高度化させ，より多くの斜面に実装することで斜面災害から人的・物的資産を守るシステムを構築する．

## 4.11 オープンデータを利活用したスマートシティの推進

　「官民データ活用推進基本法」（2016年12月14日公布・施行）などの法整備が進み，日本でもスマートシティへの取り組みが本格化し始めている．内閣府は，スマートシティを，「ICT等の新技術を活用しつつ，マネジメント（計画，整備，管理・運営等）の高度化により，都市や地域の抱える諸課題の解決を行い，また新たな価値を創出し続ける，持続可能な都市や地域であり，Society 5.0の先行的な実現の場」と定義している[75]．

　内閣府で定義されたSociety 5.0リファレンスアーキテクチャをベースとし，Society 5.0の各層の構成要素を具体化するとともに，スマートシティの推進主体をはじめとした関連ステークホルダーがスマートシティサービスを構築する際に参

# オープンデータを利活用したスマートシティの推進

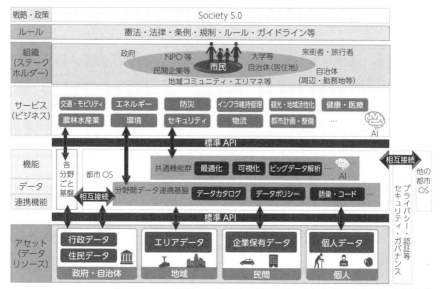

(COCN2018年度プロジェクト最終報告「デジタルスマートシティの構築」をもとに内閣府作成)

図 4.61　スマートシティのアーキテクチャのイメージ ([77] からの転載)

考とすることができるよう定義されたアーキテクチャ (スマートシティリファレンスアーキテクチャ)[76][77]のイメージを図 4.61 に示す.

スマートシティを推進し，スマートシティ間でサービスやデータが相互に効率よく流通するようになることを目的として，文献[76]では，スマートシティの基礎プラットフォームとして都市オペレーティングシステム (OS) を定義し，その都市 OS において必要最低限のデータや認証等のやり取りルール (API) を定めている．この都市 OS の設計において，参照された海外のスマートシティアーキテクチャの一つが 2.4 節の FIWARE である．

## 4.11.1　高松市の取り組み事例

香川県高松市は，国内で初めて，FIWARE による IoT 共通プラットフォーム (データ連携基盤) を構築し，産学民官による「スマートシティたかまつ推進協議会」(2017 年 10 月設立) と連携し，データ利活用による地域課題の解決を推進している．

図 4.62 に示すように，次の四つの課題について，データを利活用した解決を図りつつ，持続的に成長できるスマートシティの実現を目指している[78].

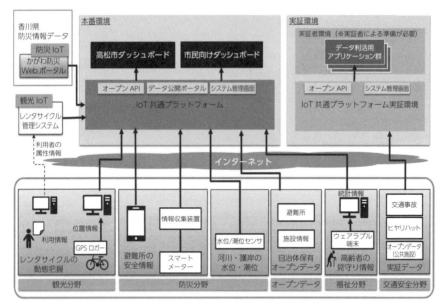

**図 4.62** 高松市 IoT 共通プラットフォーム システム全体イメージ．([80] からの転載)

(1) **防災：大規模災害への対応**

　ゲリラ豪雨や台風などによる，河川の氾濫リスクや高潮のリスクが近年高まっている．また近い将来，発生が予想される南海トラフ大地震（30 年以内の発生確率が 70〜80 %（2020 年 1 月 24 日時点）とされている）等の大規模災害時における避難所の状況把握の迅速化や市民への迅速かつ的確な情報提供が求められている．

　そこで，FIWARE を用いて，河川の水位や避難所の安全情報などをリアルタイムに把握し，早期の災害対策に活用することにし，IoT 共通プラットフォーム上の表示データソース数を KPI として定めている．具体的には，市道アンダーパスの冠水状況や水位・潮位センサの設置地点の映像の収集・活用に向けた取り組みや，道路や電力等の社会インフラ状況に関するデータやため池の水位データ等の活用の在り方等についての検討を進めている[76]．

(2) **観光：観光・MICE の振興**

　MICE とは，観光庁によれば，企業等の会議（Meeting），企業等の行う報奨・研修旅行（Incentive Travel），国際機関・団体，学会等が行う国際会議（Convention），展示会・見本市，イベント（Exhibition/Event）の頭文字のことであり，多くの集客交流が見込まれるビジネスイベントなどの総称とされて

いる．高松でも，インバウンド振興策の一環として，誘致活動を盛んに行っている．課題として，観光客の宿泊に結びつくナイト観光，食文化の魅力の創出など，新たな観光資源を発掘する必要を挙げている．また，多言語案内標識や外国語を話せるスタッフの充実をはじめ，ユニバーサルデザインを取り入れた，外国人受入環境を充実する必要がある．

そこで，FIWARE を用いて観光客（外国人含む）によるレンタサイクルの動態データを収集・分析を行うことにより，重点的な多言語対応や新たな観光資源を発掘することにした．

(3) 福祉

ウェアラブル端末を用いて認知症高齢者等を見守り，地域における事故予防を行う．具体的には，ひとり暮らしの高齢者等に，バイタル情報（呼吸・心拍）等が分かるウェアラブル端末を装着してもらい，民生委員等のスマホアプリで確認できるようにすることで，地域一体となった見守りの実証実験を実施した．

(4) 交通安全

香川県は，交通事故多発県として知られ，交通事故死亡者数の多さ，交通マナーの悪さにおいて，全国ワースト上位である．平成 29 年の 10 万人当たり交通事故死亡者数 4.94 人（全国ワースト 5 位）．平成 28 年の JAF アンケート調査で居住県の交通マナーが「とても悪い」または「悪い」と回答した割合が80 ％（全国ワースト 1 位）．

そこで交通マナー向上を図るため，ドライブレコーダーに記録されたビッグデータを収集・分析し，自動車の視点での危険度マップや事故を直接体験できる VR 等の安全運転の習慣化へ活用する実証実験を実施した．

図 4.62 中の実証環境は「サンドボックス（砂場）」と呼ばれており，複数の Working Group （WG）が利用している．例えば「交通事故撲滅 WG」では，交通マナーの向上を図るため，市内を走る営業車などに設置したドライブレコーダーから得られる情報をビッグデータとして収集，マップ化し，他のオープンデータ（教育・福祉施設の場所やイベント情報等）とともに，行政による交通安全の啓発活動等における活用可能性を検証した．さらに，実際に危険箇所付近を運転中の運転者向けに音声で注意を促すアプリによる運転時のドライバーへの有用性等を検証した[79]．

中核都市の高松市と近隣自治体である観音寺市と綾川町が，図 4.63 に示すように，既存の防災システムと交通・気象等の異種システムの連携で，自然災害発生時に自治体間で迅速な情報の共有を図る IoT 共通プラットフォームの動作実証実験を行っている．データ収集サーバにより IoT 共通プラットフォームに登録された異種デ

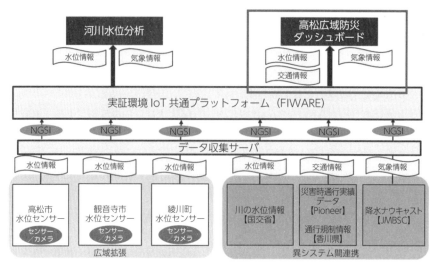

図 4.63 高松広域防災ダッシュボード（□ 枠の部分）（[81] からの転載）

ータ（水位データ，交通データ，気象データ）を取得し，地図表示した上で一元的に可視化する機能を実装した．異種データを一元同時表示することにより，防災担当者の状況理解を促進して，さらに Web 上で各自治体の防災担当者が災害状況を迅速に共有する仕組みが構築されている．また，その近隣自治体の共同利用によるプラットフォームの低コスト運営モデルの研究を実施した点が評価されている[81]．

上記 (3) 福祉，(4) 交通安全については，実証実験に留まっているとのことであり，持続可能な実装方法を検討することが，今後の課題と言える．

### 4.12 スマートシティにおける人材育成の課題

2017 年 2 月 27 日，高松市，日本電気株式会社（NEC），STNet，香川大学，香川高等専門学校の 5 者は高松市のスマートシティ実証環境の構築・利用に向けた基本合意書を締結した．締結内容は，スマートシティ推進に向けた実証環境の構築の検討および，人材発掘・育成に向けた検討の 2 点であった[82]．また，2018 年 7 月 6 日，香川大学と情報通信交流館 e-とぴあ・かがわの交流拠点事業を締結した．来るソサイエティ 5.0 時代に向け，情報通信技術（ICT）の活用を通じ，地域課題の解決ができるデータ利活用人材の育成について連携して進めることが合意された[83]．

スマートシティにおいては，課題解決による都市経営や，都市サービスの進化に市民が積極的に関与する市民中心設計が求められている[84]．一方，IT 人材の不足

は深刻化[85]しており，ITエンジニアのような専門知識をもった「プロの開発者」だけでなく，専門知識をもたずにアプリケーション開発に参加する「市民開発者（Citizen Developer）」の要請に応えるローコード／ノーコード開発環境が重要視されている[86]．

以上の背景に基づき，香川大学は情報通信交流館 e-とぴあ・かがわ，日本電気株式会社とともに，スマートシティの開発者の確保という課題を設定した．これを解決するため，市民開発者になりうる多様な背景をもつ学習者がローコード／ノーコード開発によりデータ利活用サービスのプロトタイプを作成でき，それらに基づくアイデア発想を可能にする教育プログラム（データ利活用人材育成プログラム）を開発した．高松市におけるスマートシティプロジェクト「スマートシティたかまつ」と連携する形で，本プログラムを市民に展開した．図 4.64 に産学官民連携による運営体制を示す．市民がデザイン思考[87]に基づき自ら地域課題を設定（「定義」）し解決策を考え（「概念化」），地域サービス，行政サービスの「試作」，「テスト」，評価（「共感」）を行う過程を産学官で支援するモデルとなっている．市民は周辺から様々な支援を受けつつ，自ら価値を創造する過程を繰り返し経験し，データ利活用に係るコンピテンシーを高めることを教育目標としている．

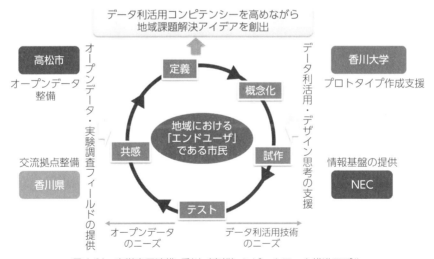

図 4.64　産学官民連携　香川（高松）シビックテック推進モデル

## 4.12.1 産学官民連携によるデータ利活用人材育成プログラムの開発

(1) オープンデータを活用したデータ利活用サービスプロトタイプ作成支援環境の全体設計

データ利活用サービスの構築に必要になるセンサによる周辺環境データの取得，アプリとデータ基盤との間のデータのやり取り，アプリにおけるデータ加工や可視化といった処理を行うために必要なプログラミングの知識が補完されるようにし，プロトタイプの作成（「試作」）に係る困難さが低減されることを目指した．そこで，本プログラムの学習成果物であるデータ利活用サービスの枠組みを定義し，データ収集機能やデータ利活用機能の部品として利用可能な，アプリケーションやライブラリを整備し，学習者である市民に提供することとした．

本プログラムでは，様々な分野の地域課題を想定し，異なる分野のデータの新たな組み合わせからアイデアの創出が可能であると言われている分野横断型[84]のデータを扱える環境を前提条件に設定した．スマートシティの実装としてSmartSantander，City of Things，IoT-LAB，Bristol Is Open などがあり，それぞれがデータ利活用基盤上に構築されている[88]．また，本環境では，官民データ連携の前提となるオープンデータ[89]・オープン API（Application Programming Interface）[90]の提供が可能なデータ利活用基盤を用いることとした．

以上の検討に基づき，日本電気株式会社の提供するデータ利活用基盤を活用した．本データ利活用基盤の実体は，オープンソースソフトウェアである IoT データ利活用プラットフォーム FIWARE（2.4 節参照）である．FIWARE は，現実のモノ・コトをデータで表現する標準形式（NGSI データモデルと呼ぶ）を定めている．標準形式を定めることにより異分野のデータ統合が可能となっている．図 4.65 にNGSI データモデルを示す．NGSI データモデルは，現実に存在するモノ・コトを"Entity"として定義し，そのモノ・コトがもつ特徴を"Attribute"（属性と呼ぶ）として定義する．さらに個々の属性には，その属性を説明するデータとして"Metadata"（メタデータと呼ぶ）を付与する形式である．

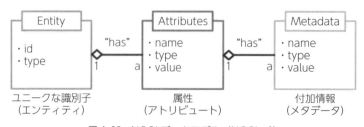

図 4.65 NGSI データモデル（NGSI v2）

NGSIデータモデルに基づき特徴を抽出したものをそのモノ・コトのデータモデルと呼ぶ．また具体物をデータモデルに当てはめて属性の値を決めたものをエンティティと呼ぶ．図4.66に，NGSIデータモデルに基づいて表現されたバスのエンティティを示す．

FIWAREの中核となるモジュールはコンテキストブローカであるOrion[91]である．図4.67はOrionを介して実現できるIoT（Internet of Things）の実装イメージを示している．NGSIデータモデルで表現された現実世界の物理モデル（エンティティ）をOrionで保持する．サイバー世界においてサービスを実現させるためのビジネスロジックを記述し，エンティティ間で状態を連動させる．各エンティティ

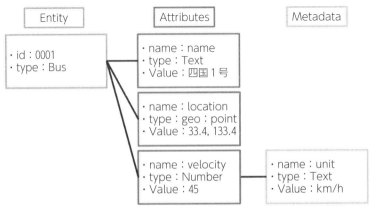

図4.66 データモデルに基づくエンティティの表現（バスの例）

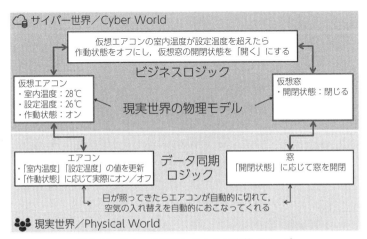

図4.67 Orionを利用したIoTの実装イメージ

の状態と現実世界のセンサやアクチュエータの挙動との関係をデータ同期ロジックで記述する．このようにロジックを切り分けることで，サイバー空間におけるビジネスロジックの検証が可能になることや，ビジネスロジックの検証後に実機（センサやアクチュエータ）を選定できるため，試作にかかるコストが低減できるなどのメリットがあると考えられる．また，自治体が保有しているオープンデータをエンティティとして登録しておくことにより，開発者が提供できるリソースと自治体が保有しているリソースとを組み合わせたサービスの検討も可能になる．

⑵　**データ利活用サービスの開発環境の整備**

　上記の全体設計に基づき，データ利活用サービスの開発支援環境を整備した．本支援環境は継続的に更新がなされている．図4.68に2021年現在におけるサービス開発支援環境の全体像を示す．ビジネスロジックはクラウド上で動作するフローベースプログラミングエディタのNode-RED[92]を用いて，WebサーバやIoTサーバを構築する．図4.69にNode-REDで実際にプログラミングを実施している画面を示す．Node-REDでは，プログラムの機能をノードというブロックで表現でき，それらを線（フロー）でつなぎあわせることで視覚的にプログラミングができる．WebサーバやIoTサーバからOrionに接続し，エンティティの追加，参照，更新，削除の処理を行う．これらの定型的な処理をオリジナルノードとして定義し，それらを再利用する形でプログラミングの知識がなくてもサービスが開発できる環境を目指した．

　FIWAREでは，Orionを中核として，様々なGE（Generic Enablersというモジュール群）を組み合わせてより高度な機能（例：ビッグデータ解析等）を追加実装することを可能にしている[93]．2021年現在，データ利活用人材育成プログラムにおいて利用しているのはスマートシティたかまつに導入されているデータ利活用基盤「IoT共通プラットフォーム実証環境[94]」である．スマートシティたかまつでは，市民中心型のスマートシティを推進するため，データ利活用基盤の一部を試験環境として協議会の企業や高等教育機関等が無償で扱えるように開放している．本基盤で扱えるモジュールとしては，変更通知モジュールのCygnusと，履歴管理モジュールのSTH-Cometがある[94]．Orionではエンティティの状態変化を他のモジュールに通知する購読機能をもつ．これを有効にすることで状態変化がCygnusを介してSTH-Cometに通知され履歴が蓄積される．STH-Cometでは，蓄積された時系列データの参照や各種の統計処理が可能である．履歴データをサーバで抽出し，グラフとして可視化するなどのサービス開発が可能である．

　FIWARE（Orion）の利点として，現実世界のセンサやアクチュエータをサイバー世界でオープンAPIを経由して扱えるようにしている点が挙げられる．そのため，

## スマートシティにおける人材育成の課題

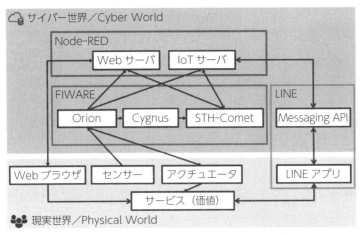

図 4.68　データ利活用サービスの開発支援環境

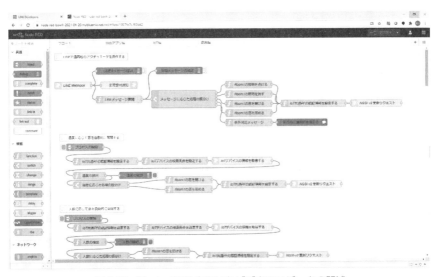

図 4.69　Node-RED を用いたビジネスロジックの記述

他の既存のアプリケーションと API を介した連携も容易となる．現在は，LINE との連携を想定したサンプルプログラムを整備している．これにより，センサから集めた情報に基づき，LINE に通知を出したり，LINE から遠隔でアクチュエータを操作したりするなどのプロトタイプ作成が可能となっている．

　センサやアクチュエータの実装においても，ローコード／ノーコード開発を可能にするため，利用頻度の高い機能についてはアプリ化するなど活用しやすい形を整

図 4.70　位置情報同期アプリケーション

備した．図 4.70 は，Android で動作する位置情報同期アプリである．本アプリは，一定時間間隔で現在地の経緯度を調べ，データ利活用基盤へ送信する機能をもつ．id を指定することで特定のエンティティの位置情報（図 4.66 の location の値）を更新することができる．本アプリはバックグラウンドプロセスで動作可能であり，本アプリを動作させた状態でモバイル端末を任意の移動体に付与することで，移動体の経緯度の変化を収集することができる．これにより，バスロケーションシステムなどのモビリティ可視化サービスを簡便に作れるようにしている．さらに，STH-Comet を組み合わせて利用することでモビリティの移動履歴を収集，分析することを容易にしている．

図 4.71 は，データ収集用に開発した AI カメラ・センサである．汎用の小型コンピュータである Raspberry Pi[95] に，Web カメラを接続し，撮影した写真から人物検知や年齢・性別検知を可能にしている．本実装は，intel 社の提供する OpenVINO[96] を活用し，小型計算機において AI 計算を可能にするため，Neural Compute Stick 2[97] を利用している．こちらもデータ利活用基盤のサービス URL，アクセストークン，エンティティの id などのパラメータを指定するだけでカウントした人数，年齢・性別の分布を特定のエンティティの値として収集できる．これにより，利用度・混雑度の調査や履歴データの分析を可能にしている．

さらに，香川県のオープンデータカタログサイト[98]・高松市のオープンデータ

スマートシティにおける人材育成の課題 223

図 4.71 AI カメラ・センサアプリケーション（左：人物検知，右：属性検知）

カタログサイト[99]において実際に公開されているデータを Orion に登録し，組み合わせて利用できるようにした．これにより，個々の学習者が登録したデータと自治体が保有しているデータを組み合わせてサービス開発を可能とした．

### 4.12.2　データ利活用人材育成プログラムの実践と効果

データ利活用人材育成プログラムを香川県における市民講座「まちのデータ研究室[100]」において実践した．図 4.72 は，まちのデータ研究室のチラシである．2018 年度から現在まで 3 年連続で講座を継続している．本報告では，2018 年度の成果を紹介する．

図 4.72　データ利活用人材育成のための教育プログラム「まちのデータ研究室」

表 4.15 に本プログラムの実践による成果物を示す．参加者は様々な分野の地域課題を設定し，地図や AR を用いたデータ利活用手段によって解決可能な方策を検

表 4.15 「まちのデータ研究室 2018」における成果物の一覧

| # | テーマ | 地域課題 | アプリ機能 | データ |
|---|---|---|---|---|
| 1 | 落ち葉 de FES GOGO | 落ち葉による排水溝詰まり | 回収量，落葉樹の位置を地図上に可視化 | 街路樹，落ち葉の量 |
| 2 | 遊休不動産活用促進 | 空き家の有効活用 | 空き家周辺の人の流れを可視化する | 空き家，人の流れ |
| 3 | みんなの防災 GSS | 災害時の外国人旅行客の誘導 | 防災情報をアイコンに置き換えて表示 | 避難所，水位，津波高さなど |
| 4 | ゴミ出し確認アプリ | ゴミ出し日が分かりにくい | 地図の学校区をタップするとゴミ出し日が表示 | 学校区データ，ゴミ出し日 |
| 5 | マラソン応援&話しかけられる街アプリ | 地域住民と訪問者とのコミュニケーション | 訪問者の名前がARによりカメラに重畳表示 | 観光者，ランナー |

図 4.73 市民講座参加者によるデータ利活用アイデア（コンテストに入賞[101]）

討できることが分かった．図 4.73 の「落ち葉 de FES GOGO」は，オープンガバナンスのコンテストに応募したテーマであり入賞を果たした[101]．「マラソン応援&話しかけられる街アプリ」は，マラソンランナー／観光者が自分のニックネームと位置情報を移動体データ化アプリによってデータを登録することで，AR アプリを利用して地域住民／商店従業員からマラソンランナー／観光客をニックネームで呼んで声掛けできる新たな地域コミュニケーションのアイデアである．以上のように地域に密着したデータ利活用サービスのアイデア創出があった．このことから，スマ

ートシティの開発者の確保という課題に対して，本プログラムに一定の有用性があることが分かった．

### 4.12.3 まとめ

産学官民連携で進められているスマートシティ人材育成について述べた．データ利活用基盤としてFIWAREを用いて，ローコード／ノーコードでスマートシティサービスを開発できる環境を整備している．また官民データ連携を進めるため，香川県，高松市の保有するオープンデータをデータ利活用基盤に登録した状態で利用可能にしている．これらによって，デザイン思考における「試作」のハードルを下げ，新たなデータ利活用サービスの着想につながるよう工夫がなされている．FIWAREでは，コンテキストブローカ（Orion）を介して，各種のセンサ，アクチュエータのオープンAPI化が可能である．市民講座の運営の経験を通じて，これらAPI化されたIoTデバイスと他のWebブラウザや，LINEなどのアプリと連携させられる点がFIWAREのメリットであると考えられる．

本環境を利用することにより，より有用性の高いデータ利活用サービスのアイデア発想につながることが分かった．一方で，オリジナルのアプリを実装まで到達したものは少なく，プロトタイプの作成後の，テスト，共感から次の定義，概念化において，地域の現状に照らして適切な課題設定や解決策の設定を行えるよう，プロトタイプ作成支援環境を拡充するとともに，様々なサンプルアプリケーションを充実させていくことが今後の課題であると考えている．

## 4.13 STNetにおけるIoT・AI取り組み事例

### 4.13.1 IoT・AIへの取り組みと経緯

四国電力グループの情報通信会社である株式会社STNetは，「新しい価値を追求し，進化・成長するライフライン」を目標に掲げ，IoT・AIをその実現の鍵と捉えており，主力商品である光インターネット・データセンターなどの情報通信インフラと，IoT・AIなどの最新ICTを融合させたソリューションの研究開発を進めることで新しい価値の創出を目指している．

2018年には研究開発部を設置し，IoT・AIに関する技術や製品のリサーチと地域の企業や自治体などとの共同研究を通じた地域課題解決（図4.74参照）に取り組んでおり，まずはシンプルなものから，様々な試行錯誤を通じて体感・経験し，知見や勘所を自分のものにしていくことを考えている．

また，知見を有する企業や大学であれば地域を問わず積極的に協業や共同研究に取り組むことで，ビジネス化における競争優位性を意識しつつ，新たなサービスの

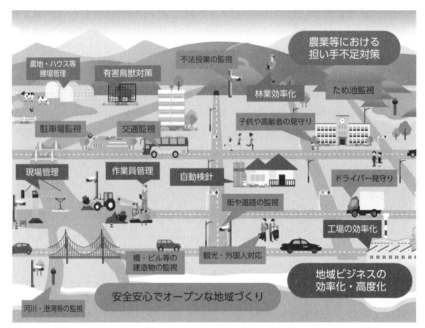

図 4.74　STNet による AI・IoT での地域課題解決イメージ

実現と既存サービスの進化を目指している．

### 4.13.2　主な取り組み技術

以下，重点的に取り組んでいる技術を紹介する（図 4.75 参照）．

#### a.　LPWA（Low Power Wide Area）

モバイル通信が届かない山間部や小容量で低コストな通信が求められる農業分野における IoT を実現するためのネットワークとして LPWA の研究を進めている．バックホール回線となる STNet の光インターネットやモバイル通信の，さらに先の部分にリーチする IoT 用のネットワークを想定している．

#### b.　画像認識 AI

ネットワークカメラやドローンから得た映像から，モノや事象を見つけたり，数量を数えたりする AI について，その実用性や適用シーンに関する研究を進めている．監視や検査などの精度向上や自動化，顔認証システムへの適用などを想定している．

#### c.　IoT デバイス

センサ，AI カメラ，ドローン，ロボット，サイネージなどの多種多様な IoT デ

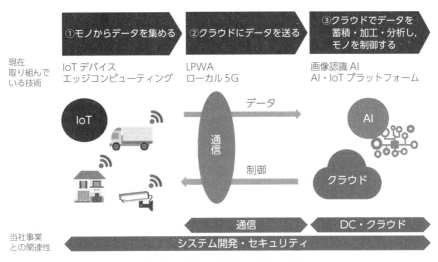

図 4.75　STNet が取り組む主な技術

バイスが毎日のように登場してきている．そこで，ビジネスへの適用性が高いと考えられるものを幅広くリサーチし，フィールドでの実証実験を実施している．

d.　エッジコンピューティング

IoT における AI のニーズの高まりによって，センシングしたデータや画像をネットワークを介してクラウドに連携して AI で処理する仕組みが必要となるが，この仕組みには通信・クラウドのリソースが大量に必要となる．そこで，IoT デバイス側（エッジ）で AI 処理を実装する，エッジコンピューティング技術の研究を進めている．

e.　IoT・AI プラットフォーム

IoT でのデータ収集と AI による分析・制御が組み合わさった新しい時代の DX を多くのユーザに利用していただけるよう，STNet のデータセンターやクラウドに実装できるプラットフォームの研究を進めている．

f.　ローカル 5G

機器の制御を伴う IoT では，多くの IoT デバイスの状態を瞬時に把握分析し，遅延なく制御指示を行う必要があるため，超高速・低遅延・多デバイス・セキュアという特徴をもつ新しいネットワーク「ローカル 5G」の研究を進めている．

### 4.13.3　これまでに行ってきた実証実験

IoT・AI への取り組みを開始した 2017 年以降，四国地域の多くの課題についての実証実験を行っている（図 4.76 参照）．

| 2017 年度 | 2018 年度 | 2019 年度 |
|---|---|---|
| ◆IoT・AI への取り組み開始（2017/1） | ◆研究開発部発足（2018/3） | |
| ○有害鳥獣捕獲監視 IoT | ○ため池水位監視 IoT（香川県高松市） | ○サンポート高松トライアスロン AI コンシェルジュ |
| ○サンポート高松トライアスロン大会見守り IoT<br>・モバイル通信ライブカメラ<br>・環境センサー<br>・体調見守りウェア | ○河川・排水機場等の水位監視 IoT（愛媛県西条市） | ○画像認識カメラ研究<br>・ラック監視<br>・車両ナンバー検知<br>・人数カウント |
| | ○画像エッジコンピューティングによる排水機場ポンプ遠隔監視 IoT（愛媛県西条市） | |
| ○小豆島観光タクシー IoT | | ○店舗マーケティングカメラ |
| ○徳島におけるガス検針等への LPWA 適用検討 | ○積層信号灯監視 IoT | ○パワリコを活用する IoT・AI プラットフォーム |
| ○まんのう池観光ライブカメラ | ○リアルタイム映像伝送による林業の業務効率化 IoT（高知県須崎市） | ○顔認証カメラによるオフィス入退管理 |
| | ○サンポート高松トライアスロン顔認証カメラ | ○LPWA タグによる社有車管理 |
| | | ○プライベート LTE (sXGP) |

**図 4.76　これまでに STNet が実施した IoT・AI 実証実験**

## 事例 1　有害鳥獣捕獲監視 IoT

　四国の里山では耕作放棄地や荒廃山林が年々増加し，イノシシやシカなどの鳥獣による作物被害や人的被害が拡大している．また，捕獲用のわなの巡回作業は，高齢の狩猟者にとって大きな負担になっている．そこで，2017 年に香川県高松市および高知県南国市と共同で，わなが作動したときにメール通知するという有害鳥獣捕獲監視 IoT の実証実験を行った．その結果，有効性が確認できたことから，翌年サービス化した（図 4.77 参照）．

## 事例 2　トライアスロン大会における IoT・AI

　都市型トライアスロンの国際大会であるサンポート高松トライアスロン（香川県高松市で毎年夏に開催）において，STNet は IoT・AI を活用した新しい大会運営を目指した実証実験を 2017 年より毎年実施している（図 4.78 参照）．

　2018 年は顔認証カメラ実証実験を行った（大会は西日本豪雨のため中止．後日実証実験を実施）．この実験では，バイクやラン競技を中継するネットワークカメラ映像から，事前に AI 学習させた選手の顔写真に合致するものを検知・認識し，中継映像に選手プロフィールを同時に表示するもので，ヘルメットとサングラスを着用した競技中の選手も顔認識できることを確認した（図 4.79 参照）．

　海外から多くの選手が参加した 2019 年は，4 か国語（日英中韓）の音声と画面

# STNet における IoT・AI 取り組み事例

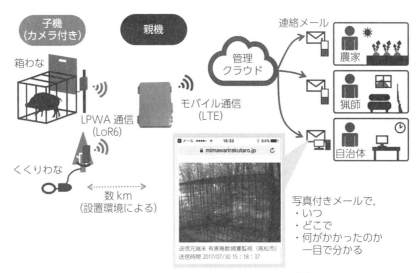

図 4.77　有害鳥獣捕獲監視 IoT システム[102]

| 実証実験 | 大会における価値 | 当社の狙い |
|---|---|---|
| モバイル通信ライブカメラ (2017) | スイム・バンク・ランの広範囲にわたって実施される競技エリア全体の状況を把握する. | 防災や不法投棄等の監視への適用可能性を検討する. |
| LPWA 環境センサー (2017・2018・2019) | | |
| 体調見守りウェア (2017) | 炎天下での大会であり, 大会関係者の体調不良を検知する. | 作業者や運転手の体調見守りへの適用可能性を検討する. |
| 顔認証カメラ (2018) | エグゼクティブやリレーの選手に対して, 広報価値を創出する. | 街の見守りや入退管理セキュリティへの適用可能性を検討する. |
| AI コンシェルジュ (2019) | 参加する国内・海外アスリートの問合せ対応を 24 時間多言語で行う. | 受付や窓口業務への適用可能性を検討する. |

図 4.78　サンポート高松トライアスロンにおける IoT・AI 実証実験

操作によって，大会情報と観光情報を案内する AI コンシェルジュの実証実験を行った（図 4.80 参照）．この実験では，多言語を駆使しつつ，どのような質問に対しても笑顔で応対するアバター AI の特性が，案内業務や高齢者傾聴などに適する可能性があることを確認した．

図 4.79　顔認証カメラ実証実験（2018 年）[103]

図 4.80　AI コンシェルジュ実証実験（2019 年）[104]

事例 3　水位監視 IoT

　近年多発する集中豪雨などの際には，ため池や河川を原因とした浸水被害が懸念される，という声を多くの自治体からいただいている．そこで，香川県高松市ではため池水位監視 IoT（図 4.81 参照），愛媛県西条市では排水機場等水位監視 IoT

# STNetにおけるIoT・AI取り組み事例

図4.81 ため池水位監視IoT実証実験(2018年香川県高松市で実施)[105]

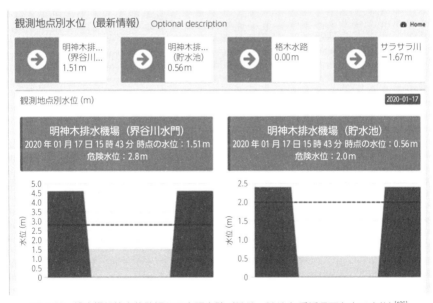

図4.82 排水機場等水位監視IoT実証実験(2018・2019年愛媛県西条市で実施)[106]

(図 4.82 参照) について，それぞれの自治体と共同実証実験を実施し，水位監視の有用性やサービス化に向けた課題などを確認した．

### 事例 4　林業の業務効率化 IoT

　林業の現場でも IoT の力が必要とされている．原木の伐採作業では事前に地権者の立会いによる境界確定作業が必要であるが，地権者の多くは高齢で山間部の現場に向かうことができない．また，調査が必要な現場はモバイル通信の電波が届かない場合が多い．そこで，モバイル通信とは別の通信手段として公共ブロードバンド移動通信システムを使ったリアルタイム映像伝送による境界確認作業の実証実験を行い，その有用性を確認した．(図 4.83 参照)

　今後も，ローカル 5G，ドローン，画像認識 AI，IoT・AI クラウドなどの新しい技術要素を活かしたユースケースの実証実験に取り組んでいく予定である．

図 4.83　林業の業務効率化 IoT 実証実験（2017・2018 年高知県須崎市で実施）[107]

### 4.13.4　EMC と IoT・AI

　本稿で紹介した IoT・AI 事例は，ほとんどが広い屋外フィールド，かつ他の機器等が密集していない状況であったことから電磁両立性の観点での問題が表れることはなかった．しかしながら，今後の取り組みの中には，データセンター業務効率化 IoT・AI や畜産業務効率化 IoT・AI など，多くの機器が密集したり，生体に対して直接 IoT センサを付けるようなケースも出てくることから，IoT センサが発生

する電磁波の把握とエミッション対策，および周辺機器・生体への影響について留意していく必要性を感じている．

### 4.13.5 これからの研究開発

このように STNet では，地域課題解決をきっかけとした新たなサービスの実現や既存サービスの進化を目指して，将来のビジネスへ適用が期待される技術と，そのユースケースをリサーチして，関連する様々な方々と一緒になって多くの実証実験を行っている．そして，その過程においては

- 新たに見えてきたニーズへの対応
- 実用化・サービス化に向けてクリアすべき課題の解決
- お客さまのビジネスゴールに寄り添うソリューションへの検討

などが必要であることが分かってきた．

今後も，これらについて丁寧に対応しつつ，研究開発→サービス開発の継続的な活動を続けていきたいと考えている．そして，何か一つでも地域に新しい価値を生み出すようなビジネスを創出できるよう，チャレンジを続けていきたいと考えている．

### 参考文献

[1] CPS を実現する東芝 IoT リファレンスアーキテクチャー，https://www.global.toshiba/jp/cps/corporate/architecture.html　参照日 May. 10, 2021.

[2] 東芝アナリティクス AI SATLYS™, https://www.global.toshiba/jp/products-solutions/ai-iot/satlys.html　参照日 May. 10, 2021.

[3] RECAIUS（リカイアス）―東芝の AI・音声・知識処理技術を高度に融合したコミュニケーション AI, https://www.global.toshiba/jp/products-solutions/ai-iot/recaius.html 参照日 May. 10, 2021.

[4] 株式会社 日立製作所：「協創事例 | Lumada：日立」，https://www.hitachi.co.jp/products/it/lumada/stories/index.html，参照 June 1, 2021.

[5] 株式会社 日立製作所：「ユースケース | Lumada：日立」，https://www.hitachi.co.jp/products/it/lumada/usecase/index.html，参照 June 1, 2021.

[6] 株式会社 日立製作所：「ソリューション | Lumada：日立」，https://www.hitachi.co.jp/products/it/lumada/solution/index.html，参照 June 1, 2021.

[7] プレス発表：「経済産業大臣からの会社分割（ホールディングカンパニー制への移行）の認可について」東京電力ホールディングス株式会社，https://www.tepco.co.jp/press/release/2016/1273095_8626.html, 2016 年 3 月 29 日，参照 May. 24, 2021.

[8] プレス発表：「国内電気事業者として初，OSIsoft 社との IoT 領域における包括的な戦略提携について」，東京電力ホールディングス株式会社，https://www.tepco.co.jp/press/release/2016/1347802_8626.html, 2016 年 12 月 13 日，参照 May. 24, 2021

[9] プレス発表：「石炭火力発電所における高精度な予兆検知モデルの共同構築および有効性の確認」，東京電力ホールディングス株式会社，https://www.tepco.co.jp/fp/companies-ir/press-information/press/2017/1444208_8628.html, 2017 年 7 月 13 日，参照 May. 24, 2021

[10] プレス発表：「火力発電分野における IoT の共同での開発・導入について基本合意」，東京

電力ホールディングス株式会社, https://www.tepco.co.jp/fp/companies-ir/press-information/press/2016/1326051_8623.html, 2016 年 9 月 26 日, 参照 May. 24, 2021

[11] プレス発表：「「株式会社エナジーゲートウェイ」の設立について」, 東京電力パワーグリッド株式会社, https://www.tepco.co.jp/pg/company/press-information/press/2018/1476918_8687.html, 2018 年 2 月 15 日, 参照 May. 24, 2021

[12] プレス発表：「住宅内の情報を収集・蓄積・加工する IoT プラットフォームを活用したサービスの実現に向けた業務提携について」, 東京電力パワーグリッド株式会社, https://www.tepco.co.jp/pg/company/press-information/press/2017/1440910_8686.html, 2017 年 6 月 20 日, 参照 May. 24, 2021

[13] プレス発表：「セコムと東京電力パワーグリッド"IoT"を活用した"生活見守り""お困りごと解決"新サービスの共同実証試験を開始」, 東京電力パワーグリッド株式会社, https://www.tepco.co.jp/pg/company/press-information/press/2018/1499629_8687.html, 2018 年 7 月 2 日, 参照 May. 24, 2021

[14] プレス発表：「東京電力ベンチャーズ株式会社」の設立について」, 東京電力パワーグリッド株式会社, https://www.tepco.co.jp/press/release/2018/1498836_8707.html, 2018 年 6 月 27 日, 参照 May. 24, 2021

[15] 著書名：「エネルギー産業の 2050 年 Utility3.0 へのゲームチェンジ」(2017)

[16] S. Lu, H. Hamann, "IBM PAIRS: Scalable big geospatial-temporal data and analytics as-a-service, In: Werner M., Chiang YY. (eds) Handbook of Big Geospatial Data. Springer, Cham. https://doi.org/10.1007/978-3-030-55462-0_1

[17] 岸垣 暢浩, 他：「弛度を有する架空送電線に沿った UAV 自律飛行技術の開発」, 平成 30 年電気学会電力・エネルギー部門大会論文集, No. 302, pp. 9-5-17. (2018)

[18] プレス発表：「AI を活用した架空送電線診断システムの共同開発の開始について」, 東京電力パワーグリッド株式会社, https://www.tepco.co.jp/pg/company/press-information/press/2017/1465460_8686.html, 2017 年 11 月 9 日, 参照 May. 24, 2021

[19] 三村 尚稔, 他：「ドローンの送電線への接近限界距離に関する一考察」, 2020 年電気学会電力・エネルギー部門大会論文集, No. 304, p. 08-28. (2020)

[20] 宮島 清富, 他：「架空送電線近傍電磁界の無人航空機に及ぼす影響の基礎検討」, 電力中央研究所 研究報告, No. H17010. (2018)

[21] 山本 尚史, 他：「小型無人飛行機の磁界イミュニティ試験環境の構築」, 令和元年電気学会電力・エネルギー部門大会論文集, No. 358, pp. 11-4-11 (2019)

[22] 三村 尚稔, 他：「産業用ドローン及び AHRS センサの強磁界下での影響評価」, 令和 2 年電気学会全国大会論文集, No. 7-102, pp. 166-167 (2020)

[23] IEC61851-21-1: "Electric vehicle conductive charging system –Part 21-1: Electric vehicle on-board charger EMC requirements for conductive connection to an a.c./d.c. supply", (2017)

[24] IEC61851-21-2: "Electric vehicle conductive charging system-Part 21-2: Electric vehicle requirements for conductive connection to an AC/DC supply-EMC requirements for off board electric vehicle charging systems", (2018)

[25] UN ECE Regulation No. 10 Revision 6: "Uniform provisions concerning the approval of vehicles with regard to electromagnetic compatibility", (2019)

[26] JASO TP 20001：「自動車の V2H モードの妨害波に対する限度値と測定法に関するガイドライン」, (2020)

[27] IEC61000-3-2: "Electromagnetic compatibility (EMC)-Part 3-2: Limits-Limits for harmonic current emissions (equipment input current ≤ 16 A per phase), (2020)

[28] IEC61000-3-12: "Electromagnetic compatibility (EMC)-Part 3-12: Limits-Limits for harmonic currents produced by equipment connected to public low-voltage systems with input current＞16 A and ≤ 75 A per phase", (2011)

[29] JIS C 61000-3-2：「電磁両立性—第 3-2 部：限度値—高調波電流発生限度値（1 相当たりの入力電流が 20 A 以下の機器）」, (2019)

［30］ JASO D 002：「自動車―電波雑音特性―第1部：自動車の測定方法」，(2014)
［31］ IEC61000-3-3："Electromagnetic compatibility (EMC)-Part 3-3: Limits-Limitation of voltage changes, voltage fluctuations and flicker in public low-voltage supply systems, for equipment with rated current ≦ 16 A per phase and not subject to conditional connection", (2021)
［32］ IEC61000-3-11："Electromagnetic compatibility (EMC)-Part 3-11: Limits-Limitation of voltage changes, voltage fluctuations and flicker in public low-voltage supply systems-Equipment with rated current ≦ 75 A and subject to conditional connection", (2017)
［33］ CISPR 16-1-2："Specification for radio disturbance and immunity measuring apparatus and methods-Part 1-2: Radio disturbance and immunity measuring apparatus-Coupling devices for conducted disturbance measurements", (2017)
［34］ CISPR25："Vehicles, boats and internal combustion engines −Radio disturbance characteristics −Limits and methods of measurement for the protection of onboard receivers", (2016)
［35］ CISPR 32: "Electromagnetic compatibility of multimedia equipment-Emission requirements", (2019)
［36］ 稲津 博章：「メンテナンスの革新～世界一のメンテナンス技術をめざして～」，JR EAST Technical review, No. 2, pp. 3-6(2003)
［37］ 穴見 徹広：「スマートメンテナンスの取り組み状況について」，JR EAST Technical review, No. 62, pp. 5-10(2019)
［38］ 中島 啓行・今井 宏：「新保全体系の導入による車両メンテナンス革命―プラットフォームの共通化によるライフサイクルコストの低減の提案―」，J-TREC technical review, No. 1, pp. 34-37(2013)
［39］ 古川 敦：「鉄道軌道のメンテナンス」，SE Report, Vol. 42(1), No. 178, pp. 4-9(2015)
［40］ 坪川 洋友：「車両からの軌道検測技術」，計測と制御，Vol. 56, No. 2, pp. 105-110(2017)
［41］ 作田 大輔・浜岡 敬伸・明石 洋介・田中 賢治：「営業車に搭載可能な検測技術の開発と実用化」，日立評論，Vol. 100, No. 5, pp. 74-78(2018)
［42］ 森本 寛之・江口 俊宏・荒木 信吉・藏田 孝二・平田 博之：「Hitachi Rail Innovation デジタル技術を活用した鉄道サービスの未来像」，日立評論，Vol. 100, No. 2, pp. 34-39(2018)
［43］ 根津 一嘉・早坂 高雅・臼田 隆之：「紫外線で離線を測る」，Railway Research Review, Vol. 66, No. 2, pp. 26-29(2009)
［44］ 池田 充：「パテントシリーズ パンタグラフの接触力測定方法及び接触力測定装置」，Railway Research Review, Vol. 65, No. 7, pp. 36-37(2008)
［45］ 根津 一嘉・松村 周・網干 光雄：「電車線路検査・状態監視への画像技術適用に関する動向調査」，鉄道総研報告，Vol. 25, No. 4, pp. 47-50(2011)
［46］ 鈴木 雅彦・工藤 由康・小林 巧：「無線を活用した新しい信号設備の状態監視について」，鉄道総研報告，No. 55, pp. 47-50(2016)
［47］ 古谷 了・樫山 昌樹・小西 健太：「乗り心地モニタリングシステムの開発」，サイバネティクス，Vol. 24, No. 4, pp. 8-12(2019)
［48］ Keisuke Fukumasu, Hirokazu Kato, Umberto Paoletti, Kiyoto Matsushima, and Toshiaki Takami: "Equivalent Circuit Modeling of Railway Bearings under Dynamic Conditions based on Measurement", 電気学会論文誌 A (基礎・材料・共通部門誌), Vol. 141, No. 2, pp. 139-146, (2021)
［49］「ユビキタスネット社会に向けた研究開発の在り方」について，情報通信審議会，H16.7.28 諮問第 9 号．
［50］ ISO 14708-1:2000 "Implants for surgery -- Active implantable medical devices -- Part 1: General requirements for safety, marking and for information to be provided by the manufacturer."
［51］ ISO 14708-2:2005 "Implants for surgery -- Active implantable medical devices -- Part 2: Cardiac pacemakers."

［52］ ANSI/AAMI PC69:2000 "Active implantable medical devices-Electromagnetic compatibility-EMC test protocols for implantable cardiac pacemakers and implantable cardioverter defibrillators."

［53］ ANSI/AAMI PC69:2007 "Active implantable medical devices-Electromagnetic compatibility-EMC test protocols for implantable cardiac pacemakers and implantable cardioverter defibrillators."

［54］ ISO 14117: 2019 "Active implantable medical devices － Electromagnetic compatibility － EMC test protocols for implantable cardiac pacemakers, implantable cardioverter defibrillators and cardiac resynchronization devices"

［55］ EN 45502-1:1997 "Active implantable medical devices-Part 1: General requirements for safety, marking and information to be provided by the manufacturer."

［56］ EN 45502-2-1:2004 "Active implantable medical devices-Part 2-1: Particular requirements for active implantable medical devices intended to treat bradyarrhythmia (cardiac pacemakers)."

［57］ 豊島 健，心臓ペーシング 4, pp. 276-287, (1998)

［58］ W. Irnich, L. Batz, R. Muller, and R. Tobisch, PACE, vol. 19, pp. 1431-1446, (1996)

［59］ 不要電波問題対策協議会，"～医用電気機器への電波の影響を防止するために～携帯電話端末等の使用に関する調査報告書"，1997.

［60］ 総務省，"電波の医用機器等への影響に関する調査研究報告書"，2001-2006，"電波の医療機器等への影響に関する調査研究報告書"，2007-2017，"電波の植込み型医療機器及び在宅医療機器等への影響に関する調査"，2018-2020.

［61］ 総務省，"各種電波利用機器の電波が植込み型医療機器等へ及ぼす影響を防止するための指針"，平成 30 年 7 月．（https://www.tele.soumu.go.jp/resource/j/ele/medical/guide.pdf）

［62］ 総務省「「各種電波利用機器の電波が植込み型医療機器等へ及ぼす影響を防止するための指針」に関するパンフレット"

［63］ 総務省，「電波の医療機器等への影響の調査研究」https://www.tele.soumu.go.jp/j/sys/ele/seitai/chis/, June 2021.

［64］ Naoki Tanaka, Takashi Hikage, Toshio Nojima: "FEM Simulations of Implantable Cardiac Pacemaker EMI Triggered by HF-Band Wireless Power Transfer System," IEICE TRANSACTIONS on Electronics, Vol. E99-C, No. 7, pp. 809-812, July 2016.

［65］ 日景 隆，大塚敦生，西川 拓次："新たな電波利用に向けた植込み型医療器 EMI 評価技術"，BIO Clinica, Vol. 36, No. 7, pp. 73-78, Jun. 2021.

［66］ T. Hikage, S. Ito, A. Ohtsuka, URSI RADIO SCIENCE LETTERS, VOL. 2, pp. 1-3, Nov. 2020.

［67］ 都築伸二，無線 IoT システムを用いた防災・減災，防疫への取り組み事例の紹介，令和 3 年電気学会基礎・材料・共通部門大会，持続可能なポストコロナ社会の実現に向けた研究・技術開発の紹介─基礎・材料・共通部門の取り組み─，（2021 年 9 月 3 日）

［68］ 危機管理型水位計に関するポータルサイト，河川情報センター，http://www.river.or.jp/riverwaterlevels/, 参照 May 31, 2021.

［69］ 秋元英二，LPWA 通信を使った水位監視システムの性能向上研究，愛媛県産業技術研究所，㈱エム・コット，愛媛大学との共同研究（令和元年度から 2 年度），令和 2 年度愛媛県産業技術研究所業務年報，N59，2021 年版

［70］ 愛媛大学工学部附属 社会基盤 i センシングセンター，コロナ対策 空気モニタリングと換気アラート，http://i-sain.eng.ehime-u.ac.jp/monitoring/, 参照 May 31, 2021.

［71］ 辻理絵子：「急速に普及が進む LPWA で広がる IoT ビジネス」，株式会社三井物産戦略研究所，p. 7 (2018)

［72］ カシミール 3D，風景 CG と地図と GPS のページ，http://www.kashmir3d.com/, 参照 Nov. 27, 2020.

［73］ 辻丸勇樹，坂本龍一，近藤正章，中村宏：「LPWA 通信を利用する IoT プラットフォーム向けの電力効率を考慮したゲートウェイ配置手法の検討」，研究報告システム・アーキテク

チャ（ARC），2017-ARC-228 巻，7 号，pp. 1-7（2017）．

[74] 坂野靖行，水野清秀，宮崎一博：大洲地域の地質，地域地質研究報告：5 万分の 1 地質図幅／地質調査所［編］，高知（13）第 59 号 NI-53-34-7，産業技術総合研究所地質調査総合センター，p. 59（2010）．

[75] 内閣府：「スマートシティ」，https://www8.cao.go.jp/cstp/society5_0/smartcity/index.html，参照 July 28, 2021．

[76] スマートシティ リファレンスアーキテクチャ ホワイトペーパー，戦略的イノベーション創造プログラム（SIP）第 2 期，ビッグデータ・AI を活用したサイバー空間基盤技術におけるアーキテクチャ構築及び実証研究事業，2020 年 3 月 31 日（第 1 版），参照 July 13, 2021, https://www8.cao.go.jp/cstp/stmain/a-whitepaper1_200331.pdf．

[77] 「戦略的イノベーション創造プログラム（SIP）第 2 期 ビッグ．データ・AI を活用したサイバー空間基盤技術」におけるアーキテクチャ構築及び実証研究，内閣府 政策統括官（科学技術・イノベーション担当）付，国土交通省，https://www.mlit.go.jp/scpf/projects/docs/smartcityproject_co(2).pdf，参照 Aug. 20, 2022．

[78] 平成 29 年度データ利活用型スマートシティ推進事業の成果報告，資料 7-1，総務省，https://www.soumu.go.jp/main_content/000561139.pdf，参照 Aug. 21 2022．

[79] データを活用した交通事故撲滅に向けた実証事業を実施します，市長定例記者会見，高松市報道発表資料，2018 年 12 月 27 日．

[80] スマートシティ実現に向けた高松の取組，高松市，https://www.city.takamatsu.kagawa.jp/kurashi/shinotorikumi/machidukuri/smartcity/index.files/jigyougaiyou20220713.pdf，参照 Aug. 20, 2022．

[81] 異種システム連携による都市サービス広域化（高松広域 - 防災）と複数都市間のデータ連携の実証，2019 年度成果報告書，戦略的イノベーション創造プログラム（SIP）第 2 期スマートシティ実証研究，新エネルギー・産業技術総合開発機構，日本電気，2020 年 3 月．

[82] 日本電気株式会社：「高松市・NEC・STNet・香川大学・香川高専，スマートシティ実証環境の構築・活用に向けた基本合意書を締結」，日本電気株式会社，https://jpn.nec.com/press/201802/20180227_05.html，参照 May 12, 2021．

[83] 香川大学：「香川大学と情報通信交流館（e－とぴあ・かがわ）における交流拠点事業の実施に関する覚書の締結について」，香川大学，https://www.kagawa-u.ac.jp/files/9015/3050/6966/0702_etopia.pdf，参照 May 12, 2021．

[84] 日本電気株式会社：「世界のデータ利活用型スマートシティ開発動向」，日本電気株式会社，https://jpn.nec.com/techrep/journal/g18/n01/180103.html，参照 May 12, 2021．

[85] 経済産業省：「IT 人材の最新動向と将来推計に関する調査結果」，国立国会図書館，https://warp.da.ndl.go.jp/info:ndljp/pid/11203267/www.meti.go.jp/press/2016/06/20160610002/20160610002-7.pdf，参照 May 12, 2021．

[86] Charles Lamanna: "Empower Your Organization with the Microsoft Power Platform", PBC, https://www.pbc.co.jp/blog/decode-2020-openingkeynote_2020-06-17/，参照 May 12, 2021．

[87] Rikke Friis Dam, Teo Yu Siang: "5 Stages in the Design Thinking Process", Interaction Design Foundataion, https://www.interaction-design.org/literature/article/5-stages-in-the-design-thinking-process，参照 May 12, 2021．

[88] Juan Ramón SANTANA, Martino MAGGIO, Roberto DI BERNARDO, Pablo SOTRES, Luis SÁNCHEZ, Luis MUÑOZ: "On the Use of Information and Infrastructure Technologies for the Smart City Research in Europe: A Survey", IEICE Transactions on Communications, Vol. E101. B, No. 1, pp. 2-15 (2018)

[89] 庄司昌彦：「オープンデータの動向とこれから」，情報の科学と技術，Vol. 65, No. 12, pp. 496-502 (2015)

[90] Ulrich Ahle：「FIWARE —都市を成長の原動力へ変革中」，京都スマートシティ EXPO，https://expo.smartcity.kyoto/2018/doc/ksce2018_doc66.pdf，参照 May 12, 2021．

[91] FIWARE foundation: "Orion Context Broker へようこそ", FIWARE foundation, https://

fiware-orion.letsfiware.jp/，参照 May 12, 2021.

［92］Node-RED User Group Japan：「概要」，OpenJS Foundation, https://nodered.jp/，参照 May 12, 2021.

［93］Juanjo Hierro: "FIWARE Overview", Let's FIWARE, https://www.letsfiware.jp/fiware-overview-and-description-of-ges/，参照 May 12, 2021.

［94］高松市：「実証環境」，高松市, https://www.city.takamatsu.kagawa.jp/smph/kurashi/shinotorikumi/machidukuri/smartcity/iotjisshokankyo.html，参照 May 11, 2021.

［95］Raspberry Pi Foundation: "Raspberry Pi", Raspberry Pi Foundation, https://www.raspberrypi.org/，参照 May 12, 2021.

［96］intel: "OpenVINO", intel, https://www.intel.co.jp/content/www/jp/ja/internet-of-things/openvino-toolkit.html，参照 May 12, 2021.

［97］intel: "Neural Compute Stick 2", intel, https://ark.intel.com/content/www/jp/ja/ark/products/140109/intel-neural-compute-stick-2.html，参照 May 12, 2021.

［98］香川県：「香川県オープンデータカタログサイト」，香川県, https://opendata.pref.kagawa.lg.jp/，参照 May 12, 2021.

［99］高松市：「オープンデータたかまつ」，高松市, https://opendata.smartcity-takamatsu.jp/odp/about/，参照 May 11, 2021.

［100］情報通信交流館 e－とぴあ・かがわ：「まちのデータ研究室 2020」，https://www.e-topia-kagawa.jp/lecture/towndata2020/，参照 May 12, 2021.

［101］PadIT：「チャレンジ！！オープンガバナンス 2018」，チャレンジ！！オープンガバナンス 2018 事務局，http://park.itc.u-tokyo.ac.jp/padit/cog2018/area/shikoku.html#takamatsu-shi，参照 May 12, 2021.

［102］STNet：「IoT を活用した有害鳥獣捕獲監視装置のフィールド実験の実施について」，STNet, https://www.stnet.co.jp/archives/001/201902/press0821S.pdf，参照 May. 11, 2021.

［103］STNet：「サンポート高松トライアスロン 2018 における顔認証 AI カメラ等の IoT 実証実験の実施について」，STNet, https://www.stnet.co.jp/archives/001/201902/press0629-2-s.pdf，参照 May. 11, 2021.

［104］STNet：「サンポート高松トライアスロン 2019 における AI コンシェルジュ等の実証実験について」，STNet, https://www.stnet.co.jp/archives/001/201907/press0701-s.pdf，参照 May. 11, 2021.

［105］STNet：「IoT を活用した，ため池水位確認システムの実証実験について」，STNet, https://www.stnet.co.jp/archives/001/201902/0808-s.pdf，参照 May. 11, 2021.

［106］STNet：「愛媛県西条市との水位センサー等を活用した IoT 実験について」，STNet, https://www.stnet.jp/archives/001/201902/0823-s.pdf，参照 May. 11, 2021.

［107］STNet：「林業の業務効率化に向けた新しいソリューションの映像伝送に成功」，STNet, https://www.stnet.jp/archives/001/201902/press0629-1-s.pdf，参照 May. 11, 2021.

# IoT時代におけるEMC技術

## 5.1 電磁波の吸収と遮蔽ならびに最新の研究紹介

　電波吸収体や電磁遮蔽体は，その言葉どおり電磁波の吸収と遮蔽を目的としており，様々な通信に対する電磁環境整備，電気電子機器ならびにシステムから放射する不要な電磁波の評価や対策において欠かせない存在となっている．5G通信の拡大やBluetooth，IoT機器の普及によって我々の生活が快適となる一方，不要な電磁波による電気電子機器ならびにシステムへの影響が大きくなるものと予想される．このため，電気電子機器ならびにシステムの電磁波の影響を正確に評価する電波暗室やシールドルームに対するニーズも高まるものと考える．本節では，様々な電磁環境整備ならびに電波暗室で適用され，発展してきた磁性吸収材であるフェライト焼結体（以降フェライトと称す）による電波吸収について述べるとともに，抵抗性，誘電性および磁性吸収材によるミリ波帯電波吸収体を紹介する．一方，生体磁気観測など極低周波の磁気環境整備へ適用が期待される強磁性金属箔帯による磁気シールドについて紹介する．

### 5.1.1 電波吸収体と電磁遮蔽体について [1] [2] [3] [4] [5]

　はじめに電波吸収体と電磁遮蔽体による電磁波の吸収について述べる．電波吸収体や電磁遮蔽体に用いられる材料は，抵抗性，誘電性および磁性吸収材の三つに分類できる．それぞれの材料の性能を示す電気的特性は，導電率 $\sigma$，複素比誘電率 $\dot{\varepsilon}_r$ および複素比透磁率 $\dot{\mu}_r$ を用いて表す．これらは物質固有の電気的性質を表し，材料定数と呼ばれる．

　電波吸収体や電磁遮蔽材の層構造へ平面波が入射したときの反射と透過は，4端子回路網で考えた等価回路（伝送線理論）を適用することができる．一般に，電波吸収体は層構造の背面に金属板を配置した構成で設計される（最近では，背面に金属板を用いない透過材による電波透過体も考案されている）．図5.1に示すように，平面波が単層構造の電波吸収体に入射した場合の入力インピーダンスは式 (5.1)

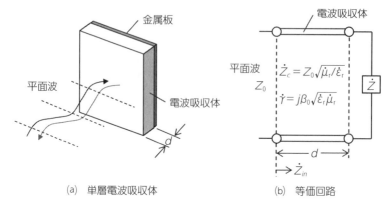

(a) 単層電波吸収体　　(b) 等価回路

**図 5.1** 単層構造の電波吸収体と等価回路

で示され，$\dot{Z}_{in}/Z_0 = 1$ の無反射条件を満たすことにより電磁波を吸収する．

$$\frac{\dot{Z}_{in}}{Z_0} = \sqrt{\frac{\dot{\mu}_r}{\dot{\varepsilon}_r}} \tanh j \frac{2\pi}{\lambda_0} d\sqrt{\dot{\varepsilon}_r \dot{\mu}_r} \tag{5.1}$$

$Z_0$ は自由空間インピーダンス，$\dot{Z}_{in}$ は入力インピーダンス，$d$ は電波吸収体の層厚さ，$\lambda_0$ は自由空間波長である．なお，伝送線理論による式 (5.1) の導出については省略する．

一方，電磁遮蔽体は不要な電磁波の放射源近傍で適用されることが多く，式 (5.1) の仮定は平面波かつ層が平坦で無限に大きい（波長に比べて大きい）ことを前提としており，放射源近傍では成り立たなくなる．この場合，伝送線理論での解析は困難であり，モーメント法，有限要素法や FDTD 法 (Finite Difference Time Domain) などの数値計算が中心となる．なお，電磁遮蔽体に吸収される電磁エネルギー $P$ を表すと式 (5.2) となる．

$$P = \frac{1}{2}\omega\mu''_r |H|^2 + \frac{1}{2}\omega\varepsilon''_r |E|^2 + \frac{1}{2}\sigma|E|^2 \tag{5.2}$$

$\mu''_r$ は複素比透磁率の虚部，$\varepsilon''_r$ は複素比誘電率の虚部である．なお，極低周波における磁気遮蔽は，ある空間に磁束を侵入させないようにする目的で，透磁率が非常に高い磁性体や磁性箔帯を適用して磁束を迂回させる方法がとられる．

このように，電波吸収体と電磁遮蔽体の実現には，適用する材料の性能を示す材料定数を把握することが重要となる．以下では，電波吸収体の具体的な設計事例について述べる．

### 5.1.2 フェライトによる電磁波の吸収[1][6][7]

1960 年代に，東京工業大学　末武教授，内藤教授，清水教授らによるフェライト

の高周波領域における磁気緩和現象に着目した新しい磁気的電波吸収体が研究開発され，現在では多くの電波吸収体が実用化されている．ここでは，このフェライトによる電磁波の吸収について述べる．

スピネル型フェライトは代表的な高透磁率フェライトであり，その化学式は2価の金属酸化物と酸化鉄で $(M^{2+} O)(Fe_2 O_3)$ と表される．なお，化学式の（ ）表現は固相反応による固溶体を示している．磁性を示す $M^{2+}$ としては，$Mn^{2+}$，$Fe^{2+}$，$Co^{2+}$，$Ni^{2+}$，$Cu^{2+}$ などがあり，2種類以上を入れることにより所望の磁気特性に調整することができる．

スピネル型フェライトに高周波磁界を印加した場合，磁化の変化は印加磁界の変化に対して即応できず，時間遅れ（遅れ角 $\delta$）を生じる．磁界 $H$ と磁束密度 $B$ をそれぞれ $H = H_m e^{j\omega t}$，$B = B_m e^{j(\omega t - \delta)}$ と表すと，透磁率は式 (5.3) のように複素数で表示される．

$$\dot{\mu} = \frac{B_m}{H_m} e^{-j} = \frac{B_m}{H_m} (\cos\delta - j\sin\delta) \equiv \mu' - j\mu'' \tag{5.3}$$

式 (5.3) において，実部 $\mu'$ が通常の透磁率に相当し，虚部 $\mu''$ は位相遅れ $\delta$ で生じた損失に相当する．

一例として，図 5.2 にスピネル型フェライトである $(Ni^{2+} O)_{1-x} (Zn^{2+} O)_x$ $(Fe_2 O_3)$ の複素比透磁率の周波数に対する分散特性を示す．この図から，実部 $\mu'_r$ が大きな組成ほど低い周波数から分散を起こし，$\mu'_r$ は周波数に比例して低下することが分かる．一方，虚部 $\mu''_r$ はある周波数でピークをとる．虚部 $\mu''_r$ の発現は，磁壁がピン止めされた位置（不純物や格子欠陥）での振動による磁壁共鳴，磁化の回転に伴う磁気モーメントによる磁気回転，さらには，電子スピンの歳差運動によるスピン共鳴が考えられる．スピネル型フェライトではスピンの運動に伴う減衰が大きく，かつ，磁化回転による緩和が起こる周波数と重なるため，緩和型の周波数分散をもつことが多い．この高周波領域における透磁率の磁気緩和現象に着目したものがフェライトである．

ここで，金属板で裏打ち（伝送線路では短絡）したフェライトは，先に述べた単層構造の電波吸収体として取り扱うことができる．フェライトの厚さ $d$ が波長 $\lambda_0$ に比べて十分に小さい場合，式 (5.1) を Taylor 展開（$\tanh jx = j\tan x \cong j(x + x^3/3) |x| \ll 1$）して近似式を求めると式 (5.4) を得る．

$$\frac{\dot{Z}_{in}}{Z_0} \cong \frac{2\pi d}{\lambda_0} \mu''_r + j\frac{2\pi d}{\lambda_0}\left\{\mu'_r - \frac{1}{3}\varepsilon'_r \left(\frac{2\pi d}{\lambda_0}\mu''_r\right)^2\right\} \tag{5.4}$$

式 (5.4) から，$\dot{Z}_{in}/Z_0 = 1$ の無反射条件を満たす複素比透磁率 $\dot{\mu}_r$ は式 (5.5) とな

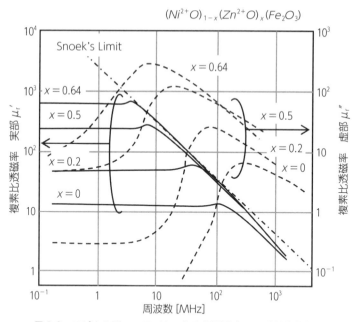

図 5.2 スピネル型フェライトの複素比透磁率の周波数分散特性

る．ただし，$c$ は光速である．

$$\mu'_r \cong \frac{1}{3}\varepsilon'_r \quad \mu''_r \cong \frac{\lambda_0}{2\pi d} = \frac{c}{2\pi d}\frac{1}{f} \tag{5.5}$$

式 (5.5) の結果から，$\mu'_r$ は厚さおよび周波数に関係なく一定の値 (1/3) $\varepsilon'_r$ となり，$\mu''_r$ は $1/f$ の周波数に逆比例した条件となる．また，厚さの薄いフェライトを得るためには，大きな $\mu''_r$ が必要となることが分かる．

次に，得られた無反射条件を適用したフェライトの設計事例について述べる．フェライトの複素比誘電率の実部 $\varepsilon'_r$ は 11〜15 の値を示し，$\varepsilon'_r = 15$ を代表値として $\dot{Z}_{in}/Z_0 = 1$ の無反射条件を満たす複素比透磁率 $\dot{\mu}_r$ を求めてみる．フェライトの厚さを $d = 5.5$ mm とし，式 (5.5) を用いて周波数 20〜400 MHz に対する複素比透磁率 $\dot{\mu}_r$ の無反射曲線および反射量 $-20$ dB 領域を求めた結果について図 5.3 (a) に示す．また，MnZn 系フェライトの組成および焼成条件などを種々検討して得られた周波数 10〜1,000 MHz に対する複素比透磁率の $\mu'_r$ を●印，$\mu''_r$ を○印で示す．

図 5.3 (a) により，MnZn 系フェライトの実際に得られた $\mu'_r$ は，周波数 110 MHz 付近で $\mu'_r$ 無反射曲線と交差し，かつ，周波数 30 MHz 以下で反射量 $-20$ dB の $\mu'_r$ 曲線の範囲内となることが分かる．また，測定した $\mu''_r$ は $\mu''_r$ 無反射曲線とほぼ一致していることが分かる．なお，MnZn 系フェライト電波吸収体の複

# 電磁波の吸収と遮蔽ならびに最新の研究紹介

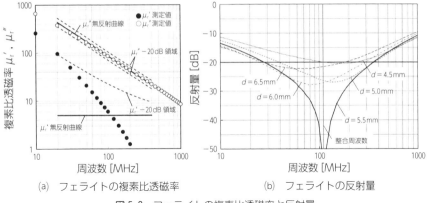

(a) フェライトの複素比透磁率　　(b) フェライトの反射量

図5.3　フェライトの複素比透磁率と反射量

素比誘電率の測定値は $\varepsilon_r = 14.2 - j0.3$ である．ここで，MnZn系フェライトの得られた最適な組成および焼成条件により，厚さを $d = 4.5 \sim 6.5$ mm，0.5 mm間隔で製作したフェライトの反射量を測定した結果を図5.3 (b) に示す．前述した複素比透磁率の無反射曲線および反射量－20 dB曲線の説明により，厚さ $d = 5.5$ mmで整合となり，周波数110 MHzで反射量が極小を示すことが分かる．また，反射量－20 dBの下限周波数が約28 MHzとなることが分かる．

電波暗室に適用される電波吸収体は，様々な電気電子機器ならびにシステムから放射する不要な電磁波を評価するため，MHz帯からGHz帯，場合によってはTHz帯まで，超広帯域に電磁波を吸収する特性が求められる．現在では，フェライトと誘電性損失体とを組み合わせた複合電波吸収体の適用が主流となっている．図5.4に示すように複合電波吸収体は，それぞれの損失材料の特長を活かし，30 MHz～300 MHz程度の低周波領域ではフェライトが，300 MHz以上の高周波領域では誘電損失体が効率よく電波を吸収するように設計されている．

### 5.1.3　ミリ波帯電波吸収体[7][8]

近年の情報通信，センシングの分野における周波数利用は，マイクロ波帯からミリ波帯へと飛躍的に発展している．3GPP（3rd Generation Partnership Project）では，広帯域対応のモバイル機器により，瞬時にデータにアクセスできることを目的とした5Gの規格策定を進めており，周波数帯の候補として28 GHz，39 GHz，72 GHzの利用が考えられている．一方，ミリ波帯によるセンシングでは，自動車の運転支援や自動運転を支える24 GHz，76 GHzミリ波レーダや，空港保安検査場や駅改札等の警備支援として衣服に隠れた危険物を可視化する76 GHz，94 GHzミ

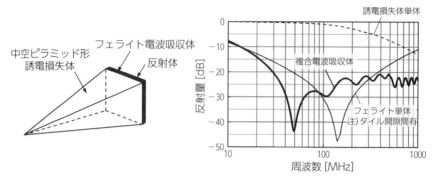

図 5.4 超広帯域に電磁波を吸収する複合電波吸収体の概要

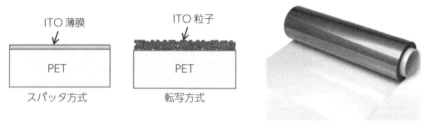

(a) ITO 抵抗被膜製作方式　　(b) ロール状抵抗被膜

図 5.5 ITO 抵抗被膜の一例

リ波レーダが実用化されている．これら製品の研究開発や実用化に伴い，アンテナをはじめとする情報通信機器のマイクロ波帯からサブミリ波帯まで測定可能な環境を求める事例の増加や，ミリ波帯における様々な EMC（Electro-Magnetic Compatibility：電磁的両立性）対応の必要性が生じている．ここでは，抵抗性，誘電性および磁性吸収材の具体的な例を挙げ，マイクロ波，ミリ波において機能する電波吸収体について紹介する．

(1) 抵抗性吸収材（抵抗被膜）によるミリ波帯電波吸収体

ミリ波帯で利用されている電波吸収体の一つに，抵抗皮膜を利用した $\lambda/4$ 型電波吸収体が挙げられる．抵抗皮膜には様々な材料が使用されるが，性能のよいものは ITO（Indium Tin Oxide：酸化インジウムスズ）であり，図 5.5 に示すように PET（ポリエチレンテレフタレート）などの表面に真空蒸着法やスパッタ法などによってロール状に製造されている．このように製作された抵抗皮膜は，金属より 1/4 波長離れたところに配置することができないため，樹脂スペーサを用いた多層構成のシート型電波吸収体として利用されている．抵抗値 $R$ を有する抵抗被膜（波長に比べ非常に薄い）に電磁波が入射すると，抵抗被膜に高周波電流 $I$ が流れる．

# 電磁波の吸収と遮蔽ならびに最新の研究紹介

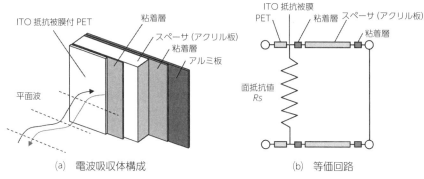

**図 5.6** ミリ波帯抵抗被膜 1 層 $\lambda/4$ 型電波吸収体の一例

これにより，単位面積当たり $RI^2$ の電力が消費され，電磁波エネルギーが吸収される．

ここでは，35 GHz 帯，55 GHz 帯および 75 GHz 帯で機能する抵抗皮膜を一層用いた $\lambda/4$ 型電波吸収体を製作し，反射量を評価した結果について紹介する．$\lambda/4$ 型電波吸収体の構成を図 5.6 (a) に示す．また，等価回路を図 5.6 (b) に示す．抵抗皮膜には ITO 膜を形成した厚さ 175 μm の PET フィルムを用い，アクリル板，アルミ板，それぞれを厚さ 37 μm の粘着層にて固定した．ここで，アクリル板厚さ $t$ は，35 GHz 帯で 1.017 mm，55 GHz 帯で 0.631 mm，75 GHz 帯で 0.414 mm とした．なお，35 GHz 帯および 55 GHz 帯に適用した抵抗被膜の面抵抗値は $Rs = 386Ω$，75 GHz 帯の面抵抗値は $Rs = 337Ω$ とした．また，アクリル板の複素比誘電率は $\varepsilon_r = 2.69 - j0.02$，粘着層は $\varepsilon_r = 2.81 - j0.16$，PET フィルムは $\varepsilon_r = 3.16 - j0.03$ である．

製作した 35 GHz 帯，55 GHz 帯および 75 GHz 帯の $\lambda/4$ 型ミリ波帯電波吸収体について，周波数 30〜90 GHz，入射角度 3° にて反射量を測定した結果を図 5.7 の○印で示す．また，抵抗被膜の面抵抗値 $Rs$ と各層の厚さおよび複素比誘電率 $\varepsilon_r$ から計算した反射量（計算方法は 5.1.1 項参照）を実線で示す．図 5.7 において，周波数帯 35 GHz から 40 GHz，50 GHz から 57 GHz，ならびに 67 GHz から 79 GHz で反射量 –20 dB が得られており，ミリ波帯で有効な $\lambda/4$ 型電波吸収体が得られている．また，計算結果の実線ともよい一致を示していることが分かる．なお，反射量 –20 dB の比帯域幅 $\Delta f/f_0$ は 14 ％程度を得ている．

**(2) 誘電性吸収材によるミリ波帯電波吸収体**

誘電性損失材料は，カーボンやグラファイトなどの導電性材料を発泡体に混合または含浸させたものが利用されている．現在では，ポリスチレンやポリエチレン，さらにはポリプロピレンを基材とした誘電性損失材料が使用されている．

カーボンを含有した発泡ポリエチレンの断面図を図 5.8 (a) 上に示す．この材料

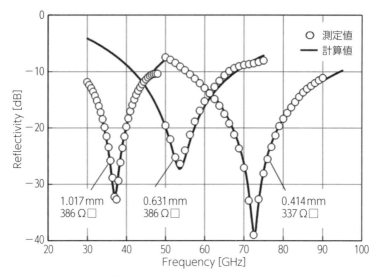

図 5.7　ITO 抵抗被膜を用いた λ/4 型電波吸収体の吸収特性例

の電気的な等価回路をモデル的に表すと，図 5.8 (a) 下のようにカーボン粒子自体の抵抗とカーボン粒子間の静電容量が複雑に結合した形として考えることができる．この材料では，周波数に反比例して静電容量のインピーダンス $1/j\omega C$ が低くなり，周波数が高くなるに従い抵抗に電流が流れるため損失が起きる．一例として，カーボン含有量を変化させて製作した発泡ポリエチレン誘電性損失材料 A および B の周波数 2 〜 100 GHz における複素比誘電率 $\varepsilon_r$ を図 5.8 (b) に示す．ここで，複素比誘電率の虚部 $\varepsilon''_r$ は周波数に反比例して小さな値となることが分かる．なお，カーボン含有量を調整することより，誘電損失材料の複素比誘電率 $\varepsilon_r$ をコントロールすることができる．

　カーボンをポリエチレンに均一に分散させ，発泡成形して製作したシート型電波吸収体を紹介する．厚さ 7.0 mm で製作したシート型電波吸収体を粘着層 50 μm を介してアルミ板に貼付け，周波数 33 〜 95 GHz，入射角度 3°で反射量を測定した結果を図 5.9 の○印で示す．また，複素比誘電率 $\varepsilon_r$ から計算した反射量を，厚さ 6.5 mm では小破線，厚さ 7.0 mm では実線，厚さ 7.5 mm では大破線で示す．図 5.9 に示すように，厚さ 7.0 mm のシート型電波吸収体では，反射量 − 20 dB 以下が得られる周波数帯は 45 GHz，62 〜 66 GHz および 79 〜 87 GHz，反射量 − 10 dB 以下が得られる周波数帯は 40 GHz 以上となり，単一なシートで広帯域な電波吸収特性が得られることが分かる．また，計算結果の実線ともよい一致を示していることが分かる．なお，厚さを 6.5 mm から 7.5 mm と変化させた計算より，− 20 dB の

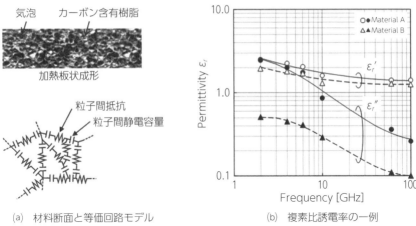

図 5.8　カーボン含有発泡ポリエチレン誘電損失材料の一例

(a) 材料断面と等価回路モデル　　(b) 複素比誘電率の一例

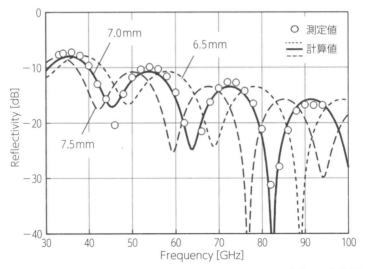

図 5.9　カーボン含有発泡ポリエチレンを用いたシート型電波吸収体の吸収特性例

反射量が得られる周波数帯を調整できることが分かる．

(3) **磁性吸収材によるマイクロ波ミリ波帯電波吸収体**

　ミリ波帯に有効な磁性吸収材は，六方晶フェライトやカルボニル鉄などが挙げられる．ここで，カルボニル鉄を合成ゴムなどの樹脂に均一に分散させたシート型電波吸収体は，ミリ波帯で優れた電波吸収性能を示すことが知られている．カルボニル鉄とは，鉄カルボニル $Fe(CO)_5$ を熱分解して得られる球状に近い鉄粉であり，

(a) カルボニル鉄

(b) 製作シート

図 5.10　カルボニル鉄磁性吸収材によるシート型電波吸収体の一例

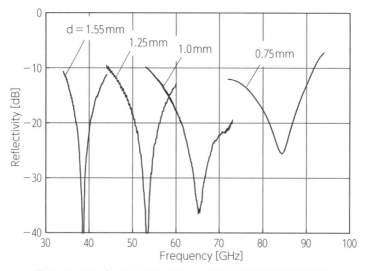

図 5.11　カルボニル鉄を用いたシート型電波吸収体の吸収特性例

　表面コート処理を施した粒子径が数ミクロンのものが電波吸収体に使用されている．樹脂に適度な割合で均一分散させることにより，複合樹脂および磁性損失材料粒子内に高周波電磁界が侵入でき，磁壁とスピンの共鳴による複素比透磁率 $\dot{\mu}_r$ の周波数分散から損失が起きる．
　一例として，図 5.10（a）および（b）に示す粒子径 4～5 µm のカルボニル鉄を，合成ゴムを基準として 1：3～1：5 程度の割合で均一に分散させて，熱プレス成形して製作したシート型電波吸収体の反射量を図 5.11 に示す．なお，カルボニル鉄の混合量，合成ゴムとの体積比率を変化させて，反射量 −20 dB 以下が得られる厚さに調整してシート型電波吸収体を製作した．図 5.11 に示すように，カルボニル

鉄の混合量変化および最適なシート厚さ 1.55 mm から 0.75 mm で，最小反射量が得られる周波数が 9 GHz から 32 GHz まで調整することができる．なお，反射量 −20 dB の比帯域幅 $\Delta f/f_0$ は 10 % から 25 % を得ている．

### 5.1.4 強磁性金属箔帯による磁気シールド[9][10]

近年，心磁界などを観測する高感度医用磁気センサが商品化されており，さらに，そのセンサをアレイ状に構成したディジタル面センサへと進化している．また，その画像診断も 2 次元から 3 次元へと高度化している．ここで，心磁界は 100 pT 程度で微弱であるため，その計測には地磁気や周囲の外乱磁気雑音を，厚さが数 mm のパーマロイ等の磁性材料を用いて多層化するなどの磁気シールドが必要となっている．しかし，厚さが数 mm の磁性材料を多量に用いるのみでは，重量，コストや省資源化の観点から問題がある．ここでは，厚さが数十 μm の強磁性金属箔帯を用いた磁気シールドについて紹介する．

(1) 強磁性金属箔帯の磁気シェイキング効果[11]

強磁性金属である Co 系アモルファス磁性箔帯に磁気シェイキングを施すことにより増分透磁率が飛躍的に増大し，その効果を極低周波磁界のシールドに適用すると大きなシールド効果が得られることが報告されている．ここでは，各種 Co 系アモルファスと PC パーマロイを，それぞれ 23，32 μm の箔帯で構成した円筒型構造体の外層に適用し，その磁気シェイキング効果を把握した結果について述べる．

図 5.12 に検討に用いた円筒形構造体を示す．構造体には，直径 200 mm，長

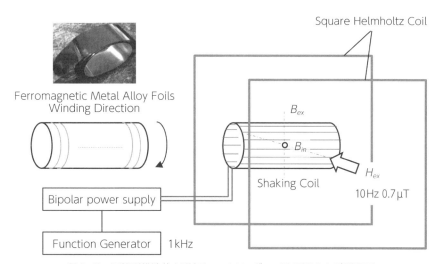

図 5.12　円筒形構造体と磁気シェイキングコイル配置および測定系

表 5.1 強磁性金属箔帯　　　　　　　＊@10 Hz 測定値

| 試　料 | 幅／厚 | 飽和磁化* | 保磁力* |
|---|---|---|---|
| Co 系アモルファス A | 48 mm / 23 μm | 0.46 T | 1.4 A/m |
| Co 系アモルファス B | 50 mm / 23 μm | 0.59 T | 1.3 A/m |
| Co 系アモルファス C | 50 mm / 23 μm | 0.65 T | 2.7 A/m |
| PC パーマロイ | 50 mm / 32 μm | 0.54 T | 4.9 A/m |

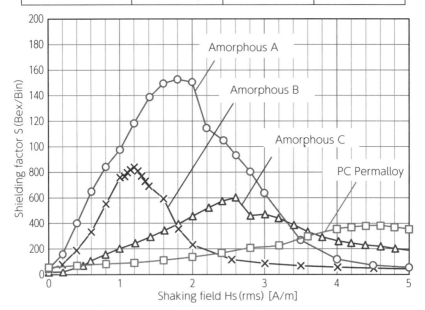

図 5.13　磁気シェイキング磁界下の各種磁性箔帯のシールド比 @10 Hz

600 mm のボイド管を使用し，表面に表 5.1 に示す 3 種類の Co 系アモルファス磁性箔帯および PC パーマロイ箔帯を図 5.12 に示す巻方向で 3 層（箔帯間 1-2 mm で重ね）にて構成し，磁気シェイキング磁界を印加するためのコイル（20 ターン）を配置した．そして，1 辺約 1200 mm を有する四角形ヘルムホルツコイルを用いて，周波数 10 Hz，0.7 μT の均一磁界を径方向に印加し，構造体中心の径方向に対する磁束密度を FG センサにより測定した．磁気シェイキングの周波数は 1 kHz とし，コイルの励磁電流を変化させて磁束密度を測定した．磁気シールド性能は，シールド比として構造体有無で測定した磁束密度の比から求めた．なお，地磁気を抑圧した状態で消磁してから測定を実施した．

励磁電流より計算した磁気シェイキング磁界に対する各種磁性箔帯のシールド比を図 5.13 に示す．Co 系アモルファス A および B のシールド比は，シェイキング

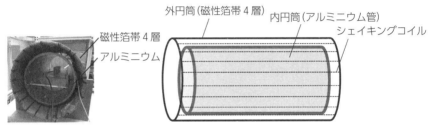

図5.14 外円筒と内円筒を用いた構造体と磁気シェイキングコイル配置

磁界強度が小さな領域で急峻に立上り，CoアモルファスAのシールド比が約150と最も高い値を示すことが分かる．一方，Co系アモルファスCおよびPCパーマロイのシールド比は，シェイキング磁界強度に対して立上りが鈍く，60，40程度となることが分かる．これらの結果はCo系アモルファスAおよびBのBHループの立上りが急峻で，Co系アモルファスCおよびPCパーマロイのBHループの立上りが鈍いことで説明される．

(2) 磁気シェイキング下における漏えい磁界の抑圧[12]

Co系アモルファス磁性箔帯に磁気シェイキングを施すことにより大きなシールド効果が得られることを把握したが，磁気シェイキング周波数に起因した漏えい磁界が生じるため，その抑圧が必要となる．ここでは，渦電流による漏えい磁界の抑圧を目的に，アルミニウム管を最内層に配置した抑圧効果を実験的に把握した結果について述べる．

図5.14に検討に用いた円筒形構造体を示す．外円筒には，直径250 mm，長さ750 mmのボイド管を使用し，表面に表5.1の幅48 mmのCo系アモルファス磁性箔帯Aを図5.13と同様に巻方向で4層（総厚さ92 μm）に構成し，磁気シェイキング磁界を印加するためのコイル（20ターン）を配置した．また，内円筒には，直径216 mm，長さ600 mm，厚さ4 mmのAl-Mgアルミニウム管を使用した．ここで，図5.13に示した測定系を用いて，周波数10 Hz，磁界強度1 μTの均一磁界を径方向に印加して，構造体中心径方向の磁束密度をFGセンサにより測定した．磁気シェイキング周波数は1 kHzとし，コイルの励磁電流を変化させて，外円筒のみの構造体と，外円筒と内円筒を2層に組み合わせた構造体の10 Hz磁束密度と1 kHz漏えい磁束密度を測定した．磁気シールド性能は，構造体有無で測定した磁束密度の比から求めた．なお，地磁気をキャンセルした状態で消磁してから測定を実施した．

外円筒のみの構造体，外円筒と内円筒を2層に組み合わせた構造体の1 kHz磁気シェイキング下の磁界強度に対する10 Hzのシールド比を図5.15 (a)に示す．また，それぞれの構造体の1 kHzにおける漏えい磁束密度を図5.15 (b)に示す．

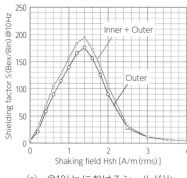
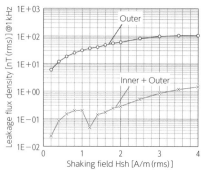

(a) @10Hz におけるシールド比　　(b) @1kHz における漏えい磁束密度

図 5.15　外円筒のみの構造体，外円筒と内円筒を 2 層に組み合わせた構造体比較

図 5.15 (a) より，外円筒のみの構造体，外円筒と内円筒を 2 層に組み合わせた構造体の最大シールド比が得られる磁気シェイキング磁界強度は 1.4 A/m と一致しており，それぞれのシールド比は約 175，195 であり，アルミニウム管の挿入によりシールド比は若干向上することが分かる．一方，図 5.15 (b) より，磁気シェイキング磁界強度 1.4 A/m における外円筒のみの構造体と，外円筒と内円筒を 2 層に組み合わせた構造体の漏えい磁束密度を比較すると，39.5 nT から 0.14 nT まで抑圧（抑圧比 280）され，アルミニウム管に誘導された渦電流による抑圧効果を確認した．

内円筒および外円筒のみの構造体，外円筒と内円筒を 2 層に組み合わせた構造体の磁気シェイキングなしと 1 kHz，1.4 A/m の磁気シェイキングありの 1 Hz～1 kHz までのシールド比を図 5.16 に示す．内円筒のアルミニウム管のシールド比は 10 Hz 程度から発現し，1 kHz で 40 程度となることが分かる．また，外円筒のみ，外円筒と内円筒を 2 層に組み合わせた磁気シェイキングなしのシールド比をみると，外円筒のみは周波数によらず 4～5 程度となり，内円筒を組み合わせると内円筒のシールド比が加算されることが分かる．一方，外円筒のみの磁気シェイキングによるシールド比は，周波数が高くなるに従い，200 @1 Hz 程度から 30 @1 kHz 程度まで緩やかに減少していくことが分かる．こちらも同様に，内円筒を組み合わせると内円筒のシールド比が加算されることが分かる．

本節では，様々な電磁環境整備ならびに電波暗室で適用され，発展してきた様々な電波吸収体について紹介した．一方，生体磁気観測など極低周波の磁気環境整備へ適用が期待される強磁性金属箔帯による磁気シールドについて紹介した．今後新たな通信産業や，電気電子機器ならびにシステムが創出されると，それに伴う電磁環境整備が必要となり，電波吸収体および電磁遮蔽体の使用も高まるものと考える．本節で紹介した電波吸収体および電磁遮蔽体が参考になれば幸いである．

# 新しいシールド材料の技術

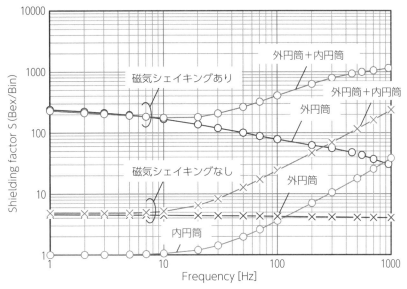

図 5.16　内円筒および外円筒のみの構造体，外円筒と内円筒を 2 層に組み合わせた構造体のシールド比の周波数特性

## 5.2　新しいシールド材料の技術
### 5.2.1　透明導電フィルムのシールド効果とノイズ対策事例

　光の透過性がありシールド効果が期待できる透明導電シールド材は，液晶パネルや表示装置の放射ノイズ抑制の目的で使用されるが導電メッシュ等を内包したパネルでは光透過率が 50 % 前後と低く表示部の視認性が悪い課題があった．近年モバイル端末等の表示部にも取り付けできるフィルム状の透明導電シールド材が開発され，光透過率が高いタッチパネルに使用されている ITO 薄膜技術を応用し Ag を添加するなどして表面抵抗を下げた ITO 複合薄膜をフィルムにスパッタリングしたものが実用されている．光透過率も高く 90 % 以上を達成している．そのシールド効果は 100 MHz で約 40 dB あり，さらに 18 GHz までの周波数で 30 dB 以上確保できている．従来の ITO 薄膜単体ではシールド効果は 20 dB しか確保できていなかった．それら各種透明導電フィルムを MIL-STD-285 で測定したシールド効果を図 5.17 に示す．

　透明導電フィルムを車載機器の表示パネル部に取り付けてそのノイズ抑制効果を確認した結果を図 5.18，図 5.19 に示す．実験では表面抵抗が75Ω品を使用した．150 kHz～5 MHz では約 10 dB 以上の抑制効果が，300 MHz～1 GHz では 15 dB 以上の抑制効果がそれぞれ確認できる結果となった．

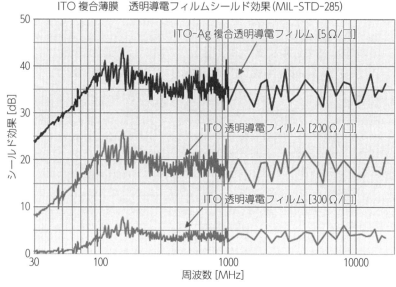

図 5.17 透明導電フィルム

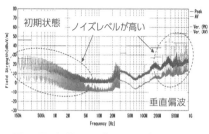

図 5.18 初期ノイズレベル．（150 kHz〜1 GHz）

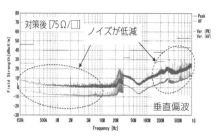

図 5.19 透明導電フィルム取り付け後．（150 kHz〜1 GHz）

### 5.2.2 超薄型導電フィルム

　シールド材料で従来にない薄さで実現した超薄型の導電フィルムは，ほとんどスペースがない部位にも取り付けができモバイル端末や画像センサーユニット等に実用されている．導電層の厚みは 0.2 μm で，スパッタリング製造技術でフィルムに多層膜として金属薄膜を形成させている．フィルムの厚みは 25 μm が標準厚みであるが，さらに薄いフィルムに導電層を形成させることができる．そのシールド効果と外観を図 5.20 に示す．導電層が僅か 0.2 μm にも関わらず，そのシールド効果は 100 MHz 以上の周波数で 60 dB を超えている．また，このシールド材料はフレキシブル性が高く屈曲した FPC ケーブル等のシールド対策としても有用である．

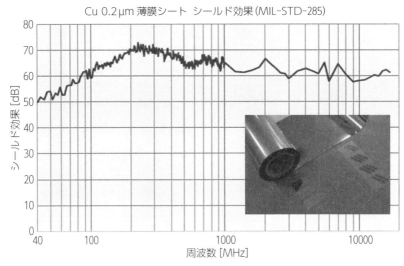

図 5.20　超薄型導電フィルムのシールド効果

## 5.3　ケーブルのシールド技術[13]

　ケーブルのシールド材の接地方法で放射ノイズの抑制効果が異なる事が知られているが，実験でその検証を行ったのでその結果を記す．実験モデルのブロック図を図 5.21 に，その写真を図 5.22 に示す．25 MHz のクロックをノイズ発生源として IC チップに入力し，その出力を長さ 1.8 m のケーブルに接続した．負荷とノイズ発生源はそれぞれシールドケースに入れている．この実験モデルの場合，ケーブルにはクロックの高調波成分がコモンモード電流となり流れ，リターンは床金属面や空間を伝搬しノイズ源に戻るが，このコモンモード電流が放射ノイズとなる．その放射ノイズを低減させるためにケーブルをシールドする手法がある．しかし，ケーブルに取り付けられたシールド材の接地方法で放射ノイズレベルが大きく異なる．実験ではシールド材を取り付ける前のノイズレベルを初期値とし，図 5.23 に示す．次にシールド材をケーブルに取り付けるが接地なしのノイズレベルを図 5.24，ノイズ源側で片端接地した場合のノイズレベルを図 5.25，負荷側で片端接地した場

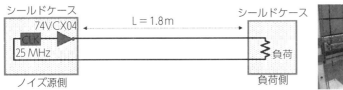

図 5.21　実験モデル

図 5.22　実験の様子

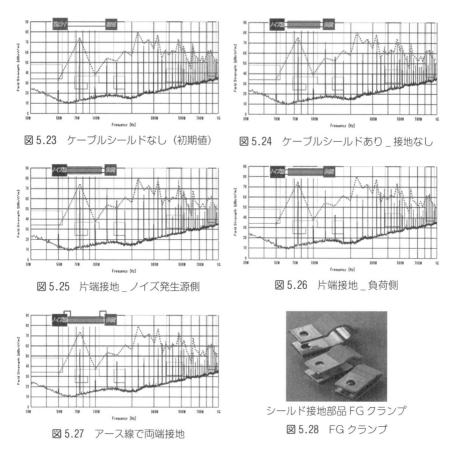

図 5.23　ケーブルシールドなし（初期値）　　図 5.24　ケーブルシールドあり_接地なし

図 5.25　片端接地_ノイズ発生源側　　図 5.26　片端接地_負荷側

図 5.27　アース線で両端接地

シールド接地部品 FG クランプ
図 5.28　FG クランプ

合を図 5.26 に示す．接地なし，および片端接地の両者ともほとんどノイズ低減ができていない．次に，アース線で両端接地させた場合を図 5.27 に示すが，この手法でも全帯域をノイズ低減させることができない．これらの結果から分かることはケーブルを流れるコモンモード電流の全量をシールド材で帰還させることができていないため，床面や空間をリターンする経路が残り放射ノイズレベルが低減できないと考える．ノイズを低減させるのはコモンモード電流のリターン経路のインピーダンスを下げ，全量をシールド材で帰還させなければならない．しかし，アース線で接地する方法では高周波域のインピーダンスが高くなってしまう．また，片端接地も同じく経路のインピーダンスが高い．図 5.28 に示す FG クランプ等でシールド材を短く太く接地させることで接地インピーダンスを下げることができ，リターン電流のほぼ全量をシールド材で帰還させることができる．それにより床面や空間を伝搬するコモンモード電流が減少し，放射ノイズは大幅に低減させることができ

電子機器のノイズ対策

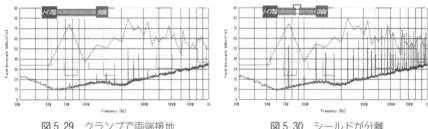

図 5.29　クランプで両端接地　　　　図 5.30　シールドが分離

たと考える．結果を図 5.29 に示す．また，図 5.30 に示すようにシールド材が途中で切れていたり，アース線でつないだりしても同様にリターン経路のインピーダンスが高くなるためノイズ低減ができないので注意が必要である．

## 5.4　電子機器のノイズ対策

### 5.4.1　イントラシステム EMC 問題とは

電子機器に無線通信モジュールを組み込むと，ノイズを出す側と受ける側が近接する．この場合，単体では通信性能が保たれていた無線通信モジュールでも，電子機器自体からのノイズで受信感度が悪くなる．このような自家中毒を起こす問題を「イントラシステム EMC 問題」という．このノイズ対策は，ある一定の距離以上離れた機器を保護するための CISPR 32（マルチメディア機器のエミッション規格）などを満足させるよりも，より難易度が高くなる．その第 1 の理由は，距離が近接すると急激にノイズが強くなるためである．この現象の確認例を図 5.31 に示す．

第 2 の理由は，GND（グラウンド）は共通なので，GND を伝搬するノイズの影響を受けやすいためである．SW（Switching）DC-DC コンバータで発生したノイズが基板全体に伝搬していることの確認例を図 5.32 に示す．この基板の GND にガスケットを取り付けて，LCD パネルの金属ケースに接続することでノイズレベ

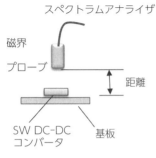
(a)　測定配置

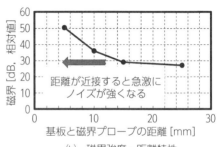
(b)　磁界強度・距離特性

図 5.31　距離がノイズに与える影響

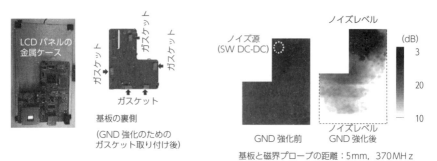

(a) ノイズを測定した基板　　　　(b) ノイズの測定結果

図 5.32　GND を伝搬するノイズの測定例

ルが低減されている．このことより，ノイズが GND を伝搬していることが分かる．このように GND の高周波域でのインピーダンスを低減させることを GND 強化という．このノイズは，ノイズ発生源である SW DC-DC コンバータに EMI フィルタを取り付けるなどしても，低減させることができる．

### 5.4.2　ノイズ対策法のポイント

イントラシステム EMC 問題を解決するためのノイズ対策法のポイントを，携帯電話を例に紹介する．

(1) シールドと GND 強化によるノイズ対策

基板から直接放射するノイズを低減させるために，部分的なシールドが利用されている．また，GND を伝搬するノイズを低減させるために，GND 強化がされている．その例を図 5.33 に示す．

(2) EMI フィルタによる対策

基板に接続されるケーブルはノイズのアンテナとなりやすいため，その接続部にコモンモードチョークコイルやフェライトビーズなどの EMI フィルタが取り付けられている．また，電源ラインを伝搬するノイズを抑制するために，コンデンサやフェライトビーズが取り付けられている．これらの EMI フィルタの使用例を図 5.34 に示す．

フェライトビーズは，ノイズを抑制するためのインピーダンスが抵抗成分主体のインダクタである（図 5.35）．GHz 帯のノイズに対応するためにインピーダンスの自己共振周波数を高くしたり，電源ライン用に低直流抵抗にしたりするトレンドがある．

信号ライン用のコモンモードチョークコイルは，差動伝送信号ライン用のフィルタである（図 5.36）．GHz 帯のノイズ対策のために，コモンモードインピーダンス

# 電子機器のノイズ対策

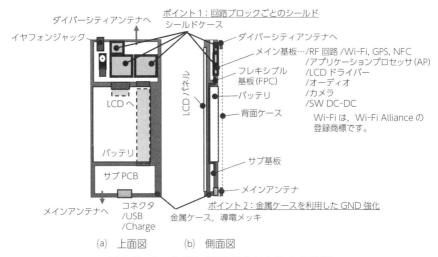

図 5.33 シールドや GND 強化によるノイズ対策

図 5.34 EMI フィルタによるノイズ対策

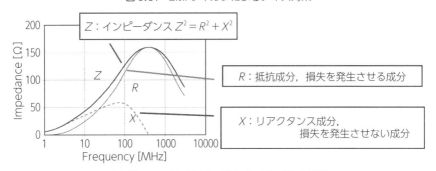

図 5.35 フェライトビーズのインピーダンス特性

図 5.36　コモンモードチョークコイルの構造

の自己共振周波数を高くするトレンドがある．また，高速差動伝送に対応するため，デファレンシャルモードインピーダンスをより小さくするトレンドがある．

### 5.4.3　ノイズ対策事例

ノイズ対策により，イントラシステム EMC 問題を解決した例を紹介する．

(1)　**ノイズ対策した EUT**

LTE モジュールを内蔵したホームサーバを EUT（Equipment Under Test：被試験機器）としたときの対策例である．この EUT は，LTE モジュールで通信し，記憶装置へデータを入出力する（図 5.37）．この EUT は受信感度が悪く，規定の値を満足できない問題があった．

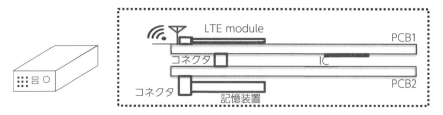

図 5.37　ノイズ対策した EUT（LTE モジュールを内蔵したホームサーバ）

この受信感度の改善を図 5.38 に示す手順で実施した．

図 5.38　ノイズ対策による受信感度改善の手順

(2)　**受信感度の測定法**

通信のビットエラーレート（誤り率）の許容値を満足できる最小の電力値を受信感度という．この受信感度の測定法を紹介する．

受信感度の測定システムを図 5.39 に示す．テストセット（基地局の役割を行う信号発生器）と接続されたアンテナと EUT は，電波が外部に漏えいしないように，電波暗室や電波暗箱の中に配置した．

電子機器のノイズ対策

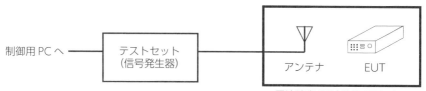

図 5.39　受信感度の測定システム

受信感度の測定例を図 5.40 に示す．その測定手順は以下のとおりである．
- テストセットからデータを送信する．EUT の受信（Rx）電力と送信（Tx）電力の差を確認する．
- テストセットからの電力を徐々に低下させる．その Rx 電力は Tx 電力との差から導出する．
- EUT に通信エラーが発生すると，テストセットはデータ再送要求を受けるので，この情報よりビットエラーレートを導出する．
- ビットエラーレートの許容値を満足できた最小の Rx 電力，つまり受信感度を測定する．

(3)　**ノイズ調査**

アンテナが受信するノイズを測定し，ノイズが問題である場合は，ノイズ源を分析する．以下にその方法を紹介する．

アンテナが受信するノイズ（アンテナ結合ノイズ）の測定システムを図 5.41 に示す．信号ラインを切断し，その信号ラインに同軸ケーブルを取り付け，スペクトラムアナライザでノイズを測定する．測定結果を図 5.42 に示す．アンテナがノイズを受信していることが分かった．

次に，EUT の動作状態によるアンテナ結合ノイズの変化を観測した．図 5.43 に示すように，記憶装置を停止させるとノイズが低減したため，記憶装置の動作に関係する回路がノイズ源であることが分かった．他の方法としては，ノイズの周波数

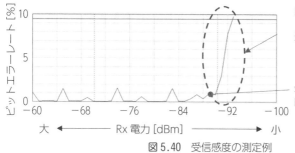

図 5.40　受信感度の測定例

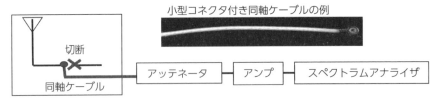

図 5.41　アンテナ結合ノイズの測定システム

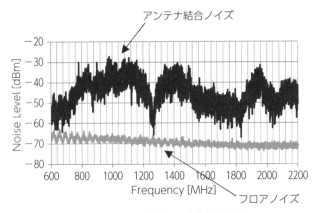

図 5.42　アンテナ結合ノイズの測定結果

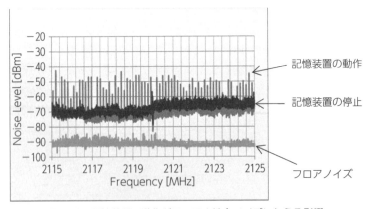

図 5.43　記憶装置の動作がアンテナ結合ノイズに与える影響

間隔からノイズ源の基本周波数の推定なども行った．

さらにノイズ源を特定するために，コンデンサ結合型接触プローブ（図 5.44）を用い，記憶装置に関係する回路のノイズレベルを観測した．このプローブは，同軸ケーブルの芯線に直流カットのためのコンデンサを接続したものである．同軸ケー

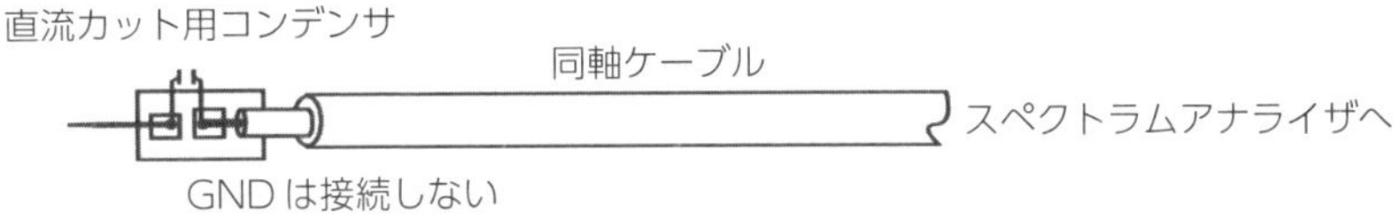

電子機器のノイズ対策

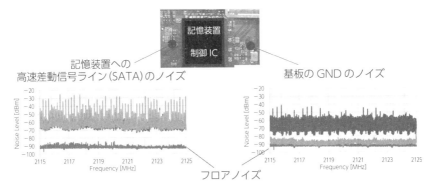

図 5.44 コンデンサ結合型接触プローブ

図 5.45 コンデンサ結合型接触プローブによるノイズレベルの確認結果

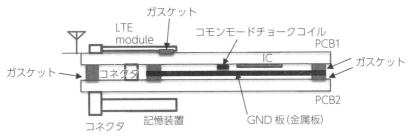

図 5.46 ノイズ対策の内容

ブルの GND は接続しないので相対的であるが，GND のノイズレベルも観測できる．

　プローブによる調査の結果，以下の箇所のノイズが強いことが分かった（図 5.45）．
- SATA（記憶装置への高速差動信号ライン）
- 基板の GND

(4) **ノイズ対策の内容とその結果**

　ノイズ対策の内容を図 5.46 に示す．
- SATA の信号ライン：高速差動信号ラインからのノイズを低減させるために，高速差動信号ライン用のノイズフィルタであるコモンモードチョークコイルを取り付けた．
- GND：GND のインピーダンスを低くし，GND のノイズを低減させるために，

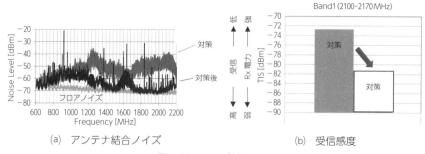

図 5.47　ノイズ対策結果

基板間に GND 板（金属板）を追加し，基板の GND と接続した．また，LTE モジュールの GND を基板の GND と接続した．

ノイズ対策結果を図 5.47 に示す．ビットエラーレートの許容値を満足できる最小の Rx 電力，および最小の受信電力である受信感度を導出し，これらが改善できたことが確認できた．

(5) ノイズ対策事例のまとめ

電子機器に無線機能を追加した場合，受信感度などが問題となるイントラシステム EMC 問題が発生する．ノイズ源とノイズを受ける側が近接しているので，ノイズの影響が強く，一般的なノイズ規格を満足させるよりも，よりノイズを低減させる必要がある．その対策として，シールドや GND 強化や，ケーブル接続部および電源ラインへの EMI フィルタ取り付けが有効である．

## 5.5　ノイズ抑制シートと EMI フィルタ
### 5.5.1　はじめに

近年，インバータ等パワーエレクトロニクス機器に搭載されるパワーデバイスとして SiC や GaN 等の高速スイッチング素子が普及してきている．このような高速スイッチング素子を搭載したインバータ機器からはスイッチング周波数の高調波成分等が GHz 帯にまで及ぶ高い周波数の放射ノイズ（不要電波）として発生する．移動体通信のトラヒックは今後も急速な拡大が予測され，広帯域の周波数を確保するため，2020 年より第 5 世代移動通信方式（5G）の本格的サービスが開始され，家電や自動車，ビルや工場など，世界中の様々なモノがインターネットへつながり，その数は爆発的に増加することが予想されている．このような IoT の広がりにより，移動通信システムのトラヒックは急増し，そのため 5G では通信帯域幅拡大のため，SHF 帯（3-30 GHz）等，既存の帯域よりも高い周波数帯域が利用される．家庭や車内のように家電製品や電子機器等が稠密に設置された環境ではインバータ機器の

近傍で使用される移動通信機器等の通信性能劣化の要因となることが懸念されている[14]. インバータ機器において，電力の入出力や制御系の信号伝送に用いられるハーネスはノイズの伝搬経路/放射源の一つになり得る. 通常，ハーネスからの放射ノイズはフェライト等磁性体のコア（EMI コア）をケーブルに装荷する手法により対策されているが，SHF 帯までに及ぶ高い周波数帯では複素透磁率（$\mu = \mu' - j\mu''$）の低下により効果が期待できない. 一方，移動通信端末等の小型電子機器内部での高周波電磁干渉対策に，磁性扁平粉がポリマー中に分散された複合構造のノイズ抑制シート（NSS）[15]が広く用いられている. NSS は，GHz 帯まで高い $\mu$ を保ち，主に虚部 $\mu''$ の損失により電磁干渉を抑制する. 上記のような移動通信周波数の高周波化と電磁ノイズの高周波化により，従来の通信周波数帯での電磁干渉問題に加え，これまでにない高い周波数での電磁干渉問題の発生が予想される. しかしながら，このような電磁干渉問題の高周波化に対応するためには，高い $\mu''$ をより高い周波数まで維持する NSS の開発が必要となる. また一方で，NSS はその複合構造により，面内方向に比較的高い複素比誘電率（$\varepsilon = \varepsilon' - j\varepsilon''$）を有し，高い周波数では近傍界での空間電磁結合を助長してしまう懸念があるため，高 $\mu$ でありながら $\varepsilon$ を考慮した新たな設計が必要となる.

　本報告では，始めに NSS の開発動向について述べ，その中で高 $\mu$・低 $\varepsilon$ の新たな設計指針に基づく SHF 帯対応 NSS の研究開発事例を紹介する. 次に，NSS と金属箔からなる新たな構造の GHz 帯対応 EMI フィルタの研究開発事例について紹介する.

## 5.5.2　ノイズ抑制シートの開発動向

　ノイズ抑制シートは，高い電気抵抗と磁気共鳴による周波数選択性の損失特性を有し，二次的な電磁障害のような副作用を伴うことなく高周波ノイズだけを効果的に抑制することができるノイズ対策部品である（図 5.48）. 薄くて柔軟であるという特長を活かし，「貼るだけで効く」簡便な対策部品として，主に小型デジタル機器での輻射ノイズ対策や，内部干渉（自家中毒）対策等に広く用いられている. スマートフォンやタブレット PC などの高性能モバイル機器の普及が進んでおり，これらの通信端末は小型化・薄型化志向が強い上，高性能・多機能化が進んだため部品実装が一段と高密度化している. その結果，当該機器内で発生したノイズが同一機器内の無線回路への干渉を及ぼし，高速・大容量の移動通信や Wi-Fi などのデータ通信に対し受信感度劣化を招く問題が生じ，対策がより重要になっている. また，近年はノイズ対策に加え，機器外部からの ESD（Electrostatic discharge）による誤動作対策や，NFC（Near field communication）の受信距離向上や非接触給

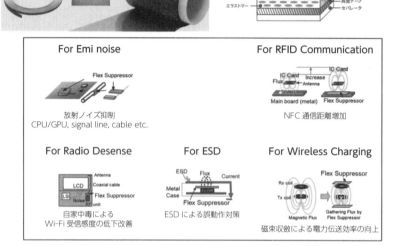

図 5.48 ノイズ抑制シートとそのアプリケーション

電システムにおける給電効率の向上にも用いられ，用途が多様化してきている．

このような電子機器の進化やアプリケーションの多様化に対応するため，以下に示すような各種 NSS の開発が進められている．

① 難燃 UL94 V-0 対応

高い難燃性が要求される用途に，UL94 V-0 規格準拠の赤燐フリータイプが，またカーインフォテインメント等の車載機器用途にも対応する AEC-Q200 規格準拠タイプ等が開発されている．

② 高透磁率化

従来から用いられている移動通信帯域の受信感度対策用に加え，$\mu = 200$ を超える超高透磁率タイプが開発されている．これらの高透磁率タイプ NSS は，ノイズ対策のみならず，非接触給電システムにおける給電効率の向上に対する効果も期待できる．

③ GHz 帯高性能化

主に WiFi，GPS（Global positioning system）の受信感度対策用として GHz 帯の性能を高めたタイプが開発されている．

④ SHF 帯対応

5G の分野においては，通信帯域幅拡大のため，SHF 帯（3-30 GHz）等，既存の帯域よりも高い周波数帯域が利用され，また高効率超高速伝送を実現するた

め，広帯域超多素子アンテナを用いたマルチビームフォーミングが検討されている．5G通信基地局等で用いられる光トランシーバや5G通信端末等に搭載されるSHF帯アンテナと高周波回路との電磁干渉問題や放射ノイズ問題に対応するNSSとして，後述するようなSHF帯対応タイプが開発されている．

### 5.5.3 SHF帯対応ノイズ抑制シートの設計と開発
(1) SHF帯対応ノイズ抑制シートの設計指針

SHF帯対応NSSの設計指針を構築するため，図5.49に示すような小型電子機器内部での電磁干渉を模擬した電磁界シミュレーションを行った[16]．シミュレーションモデルは，図5.50に示すとおり，ノイズ源（Aggressor）とそこからの干渉を受ける回路（Victim）を模擬した二つのループコイルと金属筐体を模擬した金属板からなる．ここで，ループコイルの構造と寸法は，NSSの評価方法を定めた国際標準であるIEC62333-2で規定された条件を満たしている．ポート1から1Wの電

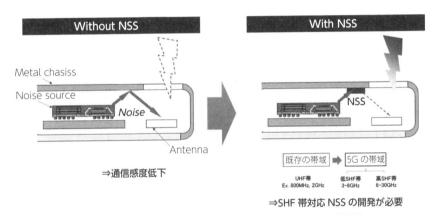

図5.49　移動通信端末での電磁干渉問題とNSSによる対策例

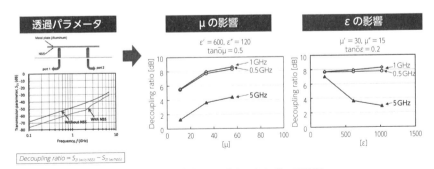

図5.50　減結合率に及ぼす $\mu$ および $\varepsilon$ の影響

力を入力した際の透過パラメータ $S_{21}$ を有限要素法で計算した．NSS あり / なしの場合（金属板とループコイルの間に挿入）の $S_{21}$ の差分を減結合率（Decoupling ratio）と定義し，NSS による電磁干渉抑制効果の尺度とした．なお，定性的な理解を容易にするため，NSS の μ と ε は周波数に対して一定であると仮定して計算した．

NSS の μ のロスタンジェント（$\tan\delta_\mu = \mu''/\mu'$）一定で μ の絶対値（|μ|）を変化させた場合，および NSS の ε のロスタンジェント（$\tan\delta_\varepsilon = \varepsilon''/\varepsilon'$）一定で ε の絶対値（|ε|）を変化させた場合の減結合率の計算結果を図 5.50 に示す．0.5 GHz，1 GHz，5 GHz いずれの周波数においても，NSS の |μ| が高いほど減結合率は大きくなる結果となった．これは，μ′ が高いほど磁束を集束する効果が増し，かつ μ″ が高いほど大きな磁気損失が得られるためと考える．一方，減結合率は 0.5 GHz および 1 GHz においては |ε| の影響をほとんど受けないが，5 GHz においては |ε| が高いほど減結合率は劣化する傾向が見られる．これは，周波数が高くなると NSS がその |ε| により，あたかも金属板のように振る舞い，電磁波を反射させ，上述の |μ| による効果を弱めるためと考える．

以上のとおり，SHF 帯のように 1 GHz を大きく超える周波数において大きな減結合効果を得るためには，従来からの指針である高 μ に加えて低 ε の NSS 設計が不可欠であることを示した．

### (2) SHF 帯対応ノイズ抑制シートの開発事例

SHF 帯まで高い μ を保つ NSS を得るためには，飽和磁化と磁気異方性を考慮した粉末組成の選定が不可欠であることが明らかにされている[17]．一方，既述のとおり，NSS は軟磁性金属粉末とポリマーの複合体を基本構造としており，電気的にはポリマーを誘電体とするキャパシタの集合体ともみなせる．NSS の μ を高めつつ ε を低く抑えるためには，粉末の充填率を高めつつ，キャパシタの電極間距離に相当する粉末間距離が小さくなり過ぎないようにすること（すなわち，粉末の充填率を高めつつポリマー内で均一に分散させること），また，電極面積に相当する粉末粒径を小さくすることが必要となる．

以上のような指針に基づき，粉末の組成，粒径および粒度分布，ポリマーの組成，複合化プロセス等の詳細な検討により，図 5.51 に示す新しい NSS が開発されている（商品名：バスタレイド EFS タイプ）．なお，μ は 1 GHz 以下はインピーダンスアナライザを用いて，1 GHz 以上は同軸管とネットワークアナライザを用いて測定しており（Nicolson-Ross 法），18 GHz 以上は参考値である．EFS は，低周波数領域において μ′ = 10（3 MHz における値）であり，既存 NSS である EFW タイプ（μ′ = 200），EFG2 タイプ（μ′ = 35）よりも低いが，10 GHz 以上の周波数まで高い値を保つ．なお，ε は，同じく同軸管を用いた測定により，1 GHz において 23 程度で

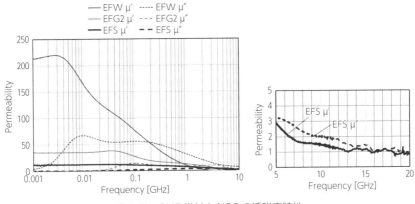

図 5.51　SHF 帯対応 NSS の透磁率特性

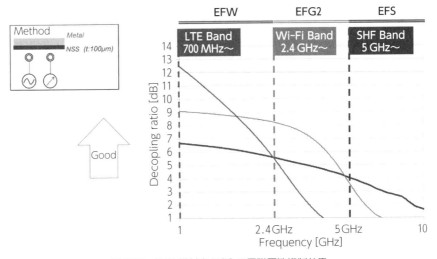

図 5.52　SHF 帯対応 NSS の電磁干渉抑制効果

あり従来 NSS の 1/10 以下に抑えられていることを確認した．

　減結合特性の測定結果例を図 5.52 に示す．EFS は，高い μ と低い ε により，5 GHz 以上の高い周波数においても大きな減結合効果を示している．したがって，5G に対応する端末や小型基地局の内部における電磁干渉を改善する効果が期待できる．さらには，データセンター等で光電変換を行う光トランシーバにおける 10 GHz や 25 GHz の放射ノイズ問題に対しても改善効果が期待できる．

### 5.5.4 ノイズ抑制シートと金属箔で構成されるGHz帯対応EMIフィルタ

**(1) 電磁界シミュレーションによるノイズ抑制効果検証**

インバータ等パワーエレクトロニクス機器の電力の入出力や制御系の信号伝送に用いられるハーネスからの放射されるGHz帯にまで及ぶノイズを抑制する新たなEMIフィルタとして，リングコア状に加工したNSSによるインダクタンス成分（L）または抵抗成分（R）に，ケーブルの一部を金属箔で覆い接地させることによる接地容量（C）を付加した構造の検討を行った[18]．

本フィルタの妥当性を検証するため，図5.53に示す計算モデルを用いて有限要素法による3次元電磁界シミュレーションを行った．このモデルは金属筐体で覆われたパワーエレクトロニクス機器の電源出力ケーブル出口近傍に磁性コア（NSSの加工体を想定）とケーブルの一部を覆う金属箔を敷設したものである．

モデル左端のポートに1Wのエネルギーを入力した際の1GHzにおける電界分布の計算結果を図5.54に示す．長さ1mの導体路（ケーブルを模擬）へNSSの加工体と金属箔からなるEMIフィルタを適用することで，磁性コアのみを適用した場合と比較し，ケーブルから放射される電界強度が1/10程度に抑制されることがシミュレーションにより確認された．

**(2) 実機を用いたノイズ抑制効果検証**

実機を用いて本フィルタのノイズ抑制効果を検証するため，スイッチング素子としてSiCを搭載する降圧チョッパ電源を用いて評価を行った．評価に使用した降圧チョッパ電源（以下，EUT）は，スイッチングに直接起因するノイズ以外は極力出ないように設計されており，整流回路，降圧チョッパ回路，スイッチング周波数生成回路および駆動回路で構成されている（図5.55）．EUTを電波暗室内に設置し，スイッチング周波数100 kHz，出力電力2.6 kW（INPUT：AC200 V，OUTPUT：DC185 V-14.1 A）で動作させた．床面からの高さ15 cmに水平に固定した電源出力ケーブル（長さ：60 cm）から距離70 cmの位置に固定したホーンアンテナ（周波数範囲：500 MHz～6 GHz）で水平偏波成分を評価した．なお，チョッパ電源本体部から直接放射される成分と切り分けるために，チョッパ電源本体部

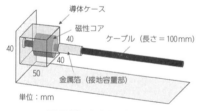

図5.53 NSSの加工体を用いたEMIフィルタのシミュレーションモデル

# ノイズ抑制シートと EMI フィルタ

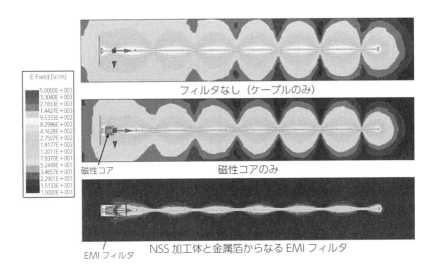

図 5.54 NSS の加工体を用いた EMI フィルタによる放射ノイズ抑制効果（シミュレーション結果）

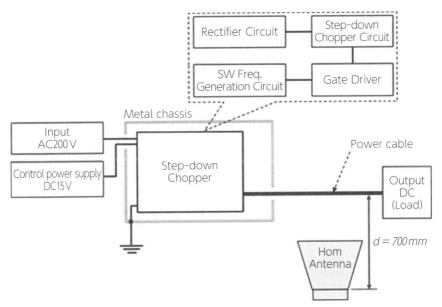

図 5.55 NSS の加工体を用いた EMI フィルタの実機を用いた評価系

を，電波暗室床面に接地した金属ケースに格納し遮蔽した状態で評価を実施した．

リングコア状に加工した NSS によるインダクタンスまたは抵抗（L または R）に，ケーブルの一部を金属箔で覆い接地させることによる接地容量（C）を付加した

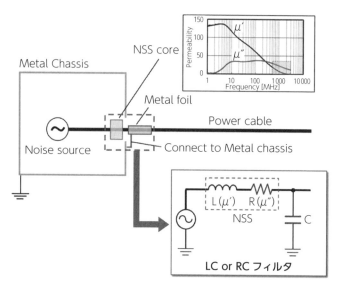

図 5.56　NSS の加工体を用いた EMI フィルタの構成

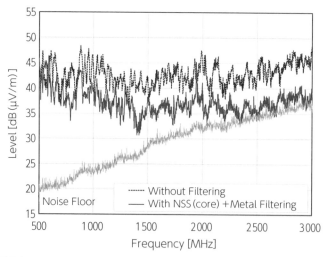

図 5.57　NSS の加工体を用いた EMI フィルタによる放射ノイズ抑制効果

LC または RC フィルタ構成の検討を行った．NSS には UHF 帯〜2 GHz 程度で虚部透磁率 $\mu''$ が高くノイズ抑制効果が優れている $\mu = 130$，厚さ 300 µm の磁性シートを採用した．図 5.56 に示すように，電源出力ケーブル出口近傍に NSS と金属箔を敷設した．その結果，図 5.57 に示すように，およそ 600 MHz 以上の全帯域において 10 dB 程度の抑制効果が確認できた．NSS の $\mu'$ は GHz 帯では大きく低下し，

L成分は小さくなり，$\mu''$ はGHz帯でも高い値を維持するため，主にNSSのR成分が機能した結果と推定される．

### 5.5.5　まとめ

10 GHz以上まで高い$\mu$を保ち，かつ$\varepsilon$を従来NSSの1/10以下に抑えたSHF帯対応NSS，および，GHz帯で効果のあるNSSの加工体を用いたEMIフィルタについて紹介した．本NSSおよびフィルタにより，5Gに対応する通信端末，小型基地局や高い周波数のノイズを発生するパワーエレクトロニクス機器の電磁干渉を抑制する効果が期待できる．

謝辞

本稿の研究開発の一部は，総務省の「電波資源拡大のための研究開発（JPJ000254）」の補助を受けて行われた．本研究開発に関してご指導いただいた，東北大学　吉田栄吉特任教授，ならびに，東京都立大学　清水敏久教授に深謝する．

## 5.6　フェライトの技術紹介と対策事例[19]

### 5.6.1　フェライトコア材料の分類と特徴

#### (1)　フェライトコア材料の分類

ノイズ対策用として使用されているフェライトコアの材料の種類は多く，図5.58で示すように分類される．代表的なフェライトコア材料としてMn-Zn系フェライト，Ni-Zn系フェライトがよく知られているが，両者ともスピネル型フェライトで立方晶の結晶構造を有する同じ仲間である．また，マグネトプラムバイト型フェライトは結晶構造が六方晶で，一般的にはBaフェライトやSrフェライトなどフェライト磁石として使用されているが，その中のフェロックスプレーナー型フェライトは主にGHz用の電波吸収体用途などに研究がされている．

#### (2)　各種フェライトコア材料の特徴と最近の動向

Mn-Zn系フェライトコアは透磁率が高く30 MHz以下の低周波ノイズ対策用として使用されている．しかし体積抵抗が低くショートの危険性があるため，ケーブルの導体と直接接触する場合は絶縁処理が必要となる．近年，透磁率が10,000を超えるようなノイズ抑制用のMn-Znフェライトコアも実用化され，従来，透磁率5,000前後のMn-Zn系フェライトコアでは150 kHz付近の低周波ノイズをケーブルに挿入するだけで低減させることが困難であったが，低減効果が期待できるようになった．

Ni-Zn系フェライトコアは体積抵抗が高くケーブル等に挿入して使用する場合で

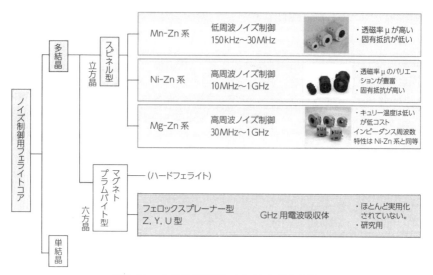

図5.58 ノイズ対策用フェライトコアの分類

も絶縁処理の必要はない．ノイズを抑制できる周波数範囲も広く30 MHz～1 GHzまでカバーする．しかし，30 MHz付近の比較的低い周波数域のノイズは，従来，透磁率800前後のNi-Zn系フェライトコアではインピーダンスが低いため抑制できるレベルが小さかったが，高い透磁率を有するNi-Zn系フェライトコアをノイズ対策用として実用化がされ，これらの帯域の周波数でも抑制効果が期待できるようになった．

Mg-Zn系フェライトコアは古くはブラウン管の偏向ヨークコアとして広く使われてきたが，低コストでインピーダンス周波数特性がNi-Zn系フェライトコアと似ていることから高周波ノイズ対策用として最近実用化が進み幅広く普及している．しかし，Ni-Zn系フェライトコアに比べキュリー温度が低く使用温度範囲が狭いので高温状態で使用する場合は確認が必要である．

(3) GHz用フェライト材料

フェライト材料の分類で述べたフェロックスプレーナー型の六方晶フェライト材料は古くから研究がなされ論文も多く発表されているが実用化はほとんどない．その種類は多くGHz帯域まで透磁率を維持しノイズ対策用として可能性が高い．代表的な種類としてZ型，Y型があるが，Z型のフェライトの結晶粒の形は板状で，1 GHzでの透磁率は10前後と比較的高く損失を表す$\mu''$は5 GHzまで伸びる．一方，Y型は結晶粒の形は針状で1 GHzでの透磁率は5前後と低いが5 GHzまで維持し，$\mu''$は10 GHz程度まで達する．Z型でCoを添加したCoZの焼結表面の電子顕微鏡

# フェライトの技術紹介と対策事例

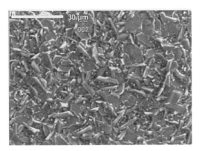

図 5.59　CoY 型 SEM 画像

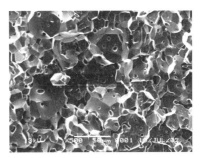

図 5.60　Ni-Zn 系 SEM 画像

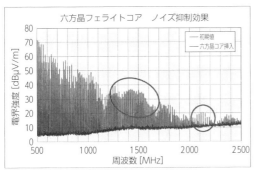

図 5.61　放射ノイズ抑制効果

図 5.62　実験状況

SEM 写真を図 5.59 に示す．板状の結晶粒が観察される．参考までにスピネル型の Ni-Zn 系フェライトの SEM 写真を図 5.60 に示す．

　CoY 型六方晶フェライトを外形 7 mm，内径 3 mm，長さ 6 mm のトロイダル状のコアを作製し，10 MHz クロックで発振する回路で構成したノイズ発生器を用いて，ケーブルにフェライトコアを挿入して 500 MHz～2500 MHz の帯域で放射ノイズ抑制効果を確認した結果を図 5.61 に示す．実験状況を図 5.62 に示す．1.5 GHz，2.1 GHz 付近で約 5～10 dB の抑制効果が見られた．

## 5.6.2　フェライトの重要特性とノイズ抑制効果

### (1)　透磁率周波数特性

　代表的なフェライトコアの透磁率周波数特性の実測値を図 5.63 に示す．透磁率は複素透磁率で表され，実部 $\mu'$ はある周波数までは一定の値を示し，その周波数を超えると $\mu'$ は急激に低下する特徴を有する．透磁率が高い材料ほど，より低い周波数で $\mu'$ の低下が始まる．このような現象をスネークの限界と呼ばれている．スピネル型の結晶構造をもつフェライトコアの特有な特性である．図中の虚部 $\mu''$ はフェ

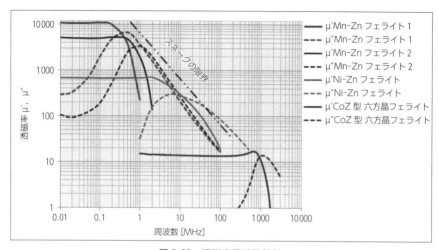

図 5.63　透磁率周波数特性

ライトの損失を表し，実部 $\mu'$ の低下が始まる周波数で最大値を示す．スネークの限界線に起因し高透磁率のフェライトコアは低周波数域で，低透磁率のフェライトコアは高周波数域でそれぞれの $\mu''$ が最大となることが図から分かる．ノイズ対策でケーブルに挿入して使用するフェライトコアは，このような特性から低周波域のノイズを抑制するためには高透磁率の材料を選択し，高周波域のノイズを抑制するためには低透磁率の材料を選択することが望ましい．

次に透磁率が異なる 3 種類の材料のフェライトコア（形状はすべて同じ）を汎用 AC インバーターの電源ラインに挿入して雑音端子電圧を測定し，ノイズ抑制効果と透磁率との関係を検証した結果を図 5.64〜図 5.66 に示す．透磁率が 10000 のフェライトコアを挿入したときは 150 kHz 付近のノイズを抑制することができたが，透磁率 5000 のフェライトコアではほとんど抑制できていない．しかし 1 MHz 付近の周波数域では透磁率 10000 のフェライトコアに比べて約 5 dB ほど抑制効果が高い．さらに透磁率の低い透磁率 1600 のコアでは 10 MHz 付近の周波数域で低減効果が

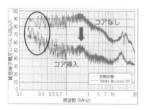

図 5.64　Mn-Zn 系　透磁率 10000

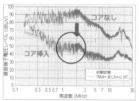

図 5.65　Mn-Zn 系　透磁率 5000

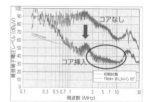

図 5.66　Ni-Zn 系　透磁率 1600

フェライトの技術紹介と対策事例    277

図 5.67　形状係数

図 5.68　コア外観

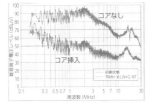

①コア挿入

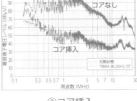

②コア挿入

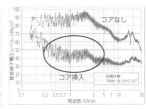

③コア挿入

図 5.69　ノイズ抑制効果と形状係数との関係

高くなる．このように，より高い透磁率のフェライトコアほどより低い周波域でノイズ抑制効果が高く，ノイズ抑制できる周波数範囲は透磁率に依存することが分かる．

(2)　形状係数

　同材質の場合，形状の違いでフェライトコアのインピーダンスは異なるが，形状に依存するする二つの係数で構成された形状係数がインピーダンスとの比例関係系となる．その形状係数はコアの断面積 Ae（図 5.67 に示す面積）と，コアの平均磁路長 Le（図 5.67 に示す長さ）の比で計算できる．

　　コアの形状係数＝ Ae/Le　（コアの形状係数はコア定数とも呼ばれている）

　形状係数の関係式からフェライトコアの断面積が大きくなればなる程，形状係数は大きくなり比例してインピーダンスも高くなるためノイズ抑制効果は高くなることが期待できる．しかし，平均磁路長が大きくなると形状係数は小さくなりインピーダンスも低下することになりノイズ抑制効果も低くなる．この形状係数を計算することでフェライトコアのインピーダンスの比較ができる．このことからノイズ抑制効果を高めるためには形状係数のより大きな形状を選択することが望ましい．

　実際に形状係数が異なる図 5.68 に示すフェライトコア①～③を AC インバーターの電源ラインに挿入して雑音端子電圧を測定し，ノイズ抑制効果と形状係数との関係を検証した結果を図 5.69 に示す．また，フェライトコア①～③の形状係数を計算した数値を図 5.70 に示す．形状係数が 1.38 となる①のフェライトコアを挿入

|  | 形状係数 | 体積比 |
|---|---|---|
| ① | 1.38 | 1 |
| ② | 1.03 | 0.60 |
| ③ | 2.39 | 0.85 |

図5.70 形状係数

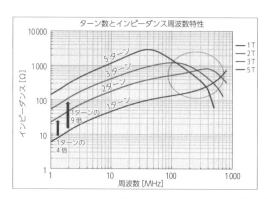
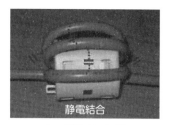

図5.71 ターン数とインピーダンスの関係

したときのノイズ抑制効果と，形状係数が2.39となる③のフェライトコアを挿入したときのノイズ抑制効果を1MHz付近の周波数帯域で比較すると③のほうが約5dBほど抑制効果が高いことが分かる．形状係数が2倍となるため，インピーダンスも2倍となりノイズ抑制効果は①よりも高くなった．

また，これらのフェライトコアの体積計算をすると，③のフェライトコアは①のフェライトコアに比べ0.85倍となり15％も体積が小さい．体積が小さくても形状係数が大きくなればノイズ抑制効果も高いので，装置の小型軽量化をしていくためには，装着するフェライトコアの形状係数は重要な要素となる．

(3) ターン数とインピーダンス周波数特性の関係

ケーブルをフェライトコアに直線上に挿入するだけを1ターンという．そしてもう一回フェライトコアに通すと2ターンとなりインピーダンスはターン数の2乗に比例して増大するため2ターンは1ターンに比べ4倍となる．しかし，その関係は低周波域だけであり，図5.71のように周波数が高くなると逆転現象が発生しターン数が増すほどインピーダンスは低くなってしまう．このような現象はターンしたときのケーブル間の浮遊容量が関係している．フェライトコアのインダクタンスL成分と浮遊容量C成分とで並列共振が発生し共振点が現れる．ターン数が多くなる

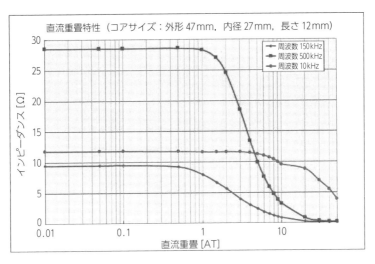

図 5.72　直流重畳特性

と C 成分が大きくなり共振点の周波数が下がる．そして共振周波数よりも高周波域ではフェライトコアは容量性として働きインピーダンスは急激に低下する．このことから，低周波域のノイズ抑制をするためにはできるだけターン数を増やしインピーダンスを向上させるが，高周波域はターン数を増やしてもインピーダンスは上昇しないためノイズ低減効果が期待できない．実機にフェライトコアを挿入する場合は，ケーブルのインピーダンスや周囲の影響を受けるので共振周波数が変化する．そのため，100 MHz 以上のノイズを低減させるには 1 ターンまたは 2 ターンまでが望ましい．

(4)　磁気飽和

　フェライトコアは透磁率の効果で磁束を多く通すことができるが限界があり磁気飽和する．フェライトコア内部の磁束密度が限界を超えると，図 5.72 のようにインピーダンスは低下しノイズ低減ができなくなる．そのため装置の電源ケーブルにフェライトコアを挿入する場合などは，電源電流でフェライトコアを飽和させないようにしなければならない．単相 AC ケーブルであれば，L,N ライン 2 本を同時にフェライトコアに挿入することで電源電流の磁束はフェライトコア内部では対向することになり磁束はキャンセルされ磁気飽和を回避できる．しかし，大型の装置などはコモンモードのノイズ電流が大きく数 A に達する場合があり，ノイズ電流でフェライトコアを磁気飽和させることがあるので要注意である．

(5)　温度特性

　フェライトコアは温度による磁気特性の変化が大きい材料で，代表的なフェライ

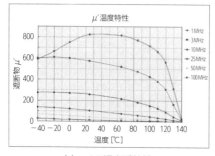
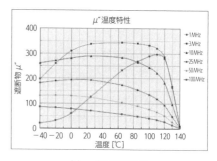

(a) μ'の温度透特性　　　　(b) μ"の温度特性

**図 5.73　代表的なフェライトコアの各周波数の複素透磁率温度特性**

トコアの各周波数の複素透磁率温度特性を図 5.73 に示す．特にノイズ抑制に寄与する損失を表す μ" の温度変化が大きい．また，フェライトコアはキュリー温度を超えると磁性を失う特性を有する．フェライト材料によってキュリー温度は異なるが，キュリー温度付近ではフェライトコアの透磁率が著しく低下するため，高温環境下で使用する場合はキュリー温度の高い材料を選定するのがよい．図 5.73 のフェライトコア材料のキュリー温度は 140℃である．

　フェライトコアでノイズ対策された装置の EMC 試験をする場合は暖機運転の時間を十分取りフェライトコア内部の温度が安定してから試験を開始することを推奨する．特に熱源に近い場所にフェライトコアが取り付けられていると，フェライトコア内部の温度変化でノイズ抑制効果が変化し，再現性が取れない場合が発生するおそれがあるので注意を要する．

### 5.6.3　フェライトコアを用いたノイズ対策事例
(1)　実験モデル

　サーボアンプとサーボモーターは図 5.74 に示すとおり 2 m の距離で配置し，モーター電源線も 2 m として 3 m 法電波暗室でまず放射ノイズを測定した．その水平偏波の電界強度を図 5.75 に示す．サーボアンプは供給電圧を PWM 制御してスイッチングさせているので，多くの高調波成分を含んだコモンモード電流がモーター電源線，エンコーダ線（信号線），および電源入力線を伝搬し，それらのケーブルがアンテナとなり励振しノイズを放射している．

(2)　ノイズ源とノイズ伝播経路

　各ケーブル単体からどれだけの放射ノイズが出ているか確認するため仕分け分離して，水平偏波を測定した結果を図 5.76 に示す．これらの合成で，実験モデルの水平偏波の放射ノイズとして測定される．そのため，ノイズ対策はそれぞれのケー

# フェライトの技術紹介と対策事例

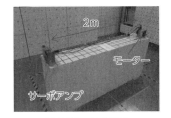

図 5.74 実験状況

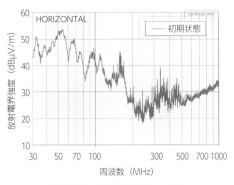

図 5.75 水平偏波放射ノイズ

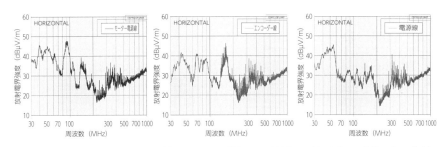

(a) モーター電源線からの放射　(b) エンコーダ線からの放射　(c) 電源入力線からの放射

図 5.76 各ケーブル単体からの放射

ブルで対策が必要となるが，本稿の実験ではモーター電源線だけに絞ってフェライトコアでの対策の手法を紹介する．

　放射ノイズ対策をする手法として，コモンモード電流の伝播経路の詳細を把握し対策をする方法があるが，高周波電流プローブを用いてモーター電源線を流れるコモンモード電流を測定した．この高周波電流プローブはコモンモード電流の周波数特性を直接測定できる．本稿の実験モデルではモーター電源線にはアース線が配線されているため，図 5.77 に示すとおり伝播経路が異なる 2 種類のコモンモード電流がモーター電源線に流れている．モーター電源線を同相で流れ，リターンはアース線を流れるコモンモード電流（コモンモード①とする）と，もう一つの経路として，モーター電源線とアース線を同相で流れ，リターンは空間や金属床面を伝播するコモンモード電流（コモンモード②とする）が流れている．それぞれのコモンモード電流を高周波電流プローブで測定した結果を図 5.78，図 5.79 に示す．

　伝播経路の長さや伝播経路のインピーダンスなどが異なるためコモンモード電流の周波数特性が異なる．図 5.76（a）のモーター電源線からの放射ノイズで

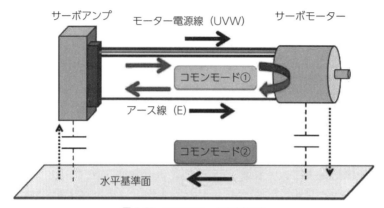

図 5.77　コモンモード伝播経路

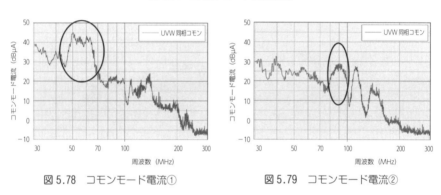

図 5.78　コモンモード電流①　　　図 5.79　コモンモード電流②

50 MHz 付近のノイズはコモンモード①が起因していることが分かり，90 MHz 付近の放射ノイズはコモンモード②が起因していることが分かる．しかしながら，このように二つの異なるコモンモード電流がモーター電源線に流れている場合のノイズ対策は，両者のコモンモード電流に気を配りながら行う必要がある．片方だけ対策しても，もう片方からのコモンモード電流が対策できていないと放射ノイズは低減できないが，その事例を次の項で述べる．

(3)　フェライトコアを用いた対策

　フェライトコアを用いて対策する場合，コモンモード①を低減させるためには，通常，図 5.80 に示すようにアース線を外しモーター電源線だけに高周波用フェライトコアを挿入することになるが，その結果は図 5.81 となり，放射ノイズがほとんど低減できていない．また，アース線も一緒にフェライトコアに挿入しても結果は同じで放射ノイズを十分低減させることができない．二つの経路でコモンモード電流が流れている場合は，それぞれのコモンモード電流経路に合わせてフェライト

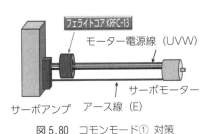

図 5.80 コモンモード① 対策

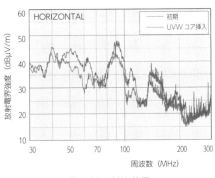

図 5.81 対策効果

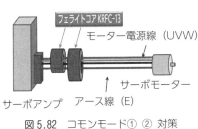

図 5.82 コモンモード① ② 対策

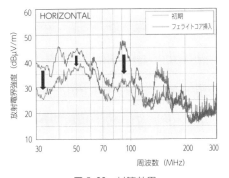

図 5.83 対策効果

コアを挿入しなければ放射ノイズを確実に低減できない．コモンモード①，コモンモード②の両者に対して低減させるためには図 5.82 に示すとおり 2 個のフェライトコアを二つの経路に挿入することで，図 5.83 に示すとおり対策効果が期待できる．

ノイズ周波数に合わせてフェライトコアの材料を選択することも重要であるが，コモンモード電流の伝播経路を把握し最適な挿入手段を取ることがノイズを低減させる鍵となる．

## 5.7 パターンレイアウトの電気特性に着目したプリント配線板の EMC 設計

「センシング」，「信号処理」，「通信」などの様々な機能が集約された IoT 関連機器では小型，低電力，低コストの制約が厳しくなり，従来以上に部品点数の削減や部品実装の効率化，高密度化が求められる．この分野における無線通信では 900 MHz〜5.8 GHz の ISM 帯の電波が広く利用される．この周波数帯の配線板内での波長はおよそ 30〜170 mm であり，一般的な配線板のパターン長と同程度かそれ以下となり，分布定数線路としての特性が顕著となる．

分布定数線路では終端の条件や線路長と波長の関係を調整することにより，キャパシタやインダクタなどのリアクタンス素子と等価な特性や，特定の周波数帯域において所望のリアクタンス値をもつ素子として機能する．従来，配線板上の配線パターンはもっぱら，デジタル信号を伝搬するためのインターコネクト，およびICや発振器などの能動デバイスに直流の電源を供給するための電源供給ネットワークとしての役割が中心であった．配線板のパターンを回路の電気特性を調整するリアクタンス素子的な手段として利用することができれば，素子固有の特性のばらつきや寄生成分の影響を低減することが可能となり，特性の安定化や製造コストの軽減につながる．

本節では，配線板上のパターンを分布定数線路としてみたときの電圧と電流の挙動を確認しながら，線路の特徴を利用したEMCの改善手法の具体的な例を紹介する．

### 5.7.1 終端短絡，および終端開放の分布定数線路の特性

線路の終端に接続される負荷インピーダンス $Z_L$ が線路の特性インピーダンス $Z_c$ に等しい場合，電圧反射係数 $\varGamma = 0$ となり，線路の終端では反射は生じない．多くのデジタル信号処理回路ではシグナルインテグリティをよくするため，終端に整合負荷を設けインピーダンス不整合による反射を抑制する．本項では配線パターンによるリアクタンス素子としての特性を利用する場合を考えるため，終端として代表的な終端短絡（$Z_L = 0$）と終端開放（$Z_L \to \infty$）の二つのケースを取り上げ，その際の特性を説明するとともに適用事例を紹介することにする．

#### (1) 終端短絡線路

終端を短絡（$Z_L = 0$）した場合，反射係数 $\varGamma = -1$ となる．これは入射波の電圧に対して，終端における反射波の電圧は振幅が入射波に等しく，位相は $\pi$（180°）異なることを示している．終端から $l$ の長さの距離における電圧と電流の特性は，

$$V(l) = \text{j}2M \sin \beta l \tag{5.6}$$
$$I(l) = (2M/Z_c)\cos \beta l \tag{5.7}$$

となる．ここで $M$ は実定数である．

図5.84（a）に終端を短絡した特性インピーダンス 50Ω の無損失線路に振幅 1V の電圧の信号が入力された場合の線路上の電圧と電流分布を示す．破線はある時刻における電圧と電流の特性，実線はその包絡線である．電圧，電流ともに振幅の等しい進行波と反射波の重ね合わせにより包絡線は時間によらず一定の波動となる．この包絡線は定在波分布と呼ばれ，電圧の振幅最大値は 2V，最小値は 0V，電流の振幅最大値は 0.04A，最小値は 0A である．短絡された終端における電圧は常に

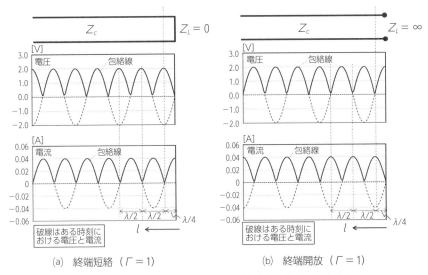

(a) 終端短絡（$\varGamma = 1$）　　　　(b) 終端開放（$\varGamma = 1$）

図 5.84　終端短絡，終端開放線路の線路上の電圧，電流分布

ゼロ，電流は最大である．

長さ $l$ の終端短絡分布定数線路の入力インピーダンス $Z_{short}(l)(=V(l)/I(l))$ は

$$Z_{short}(l) = jZ_c \sin(\beta l)/\cos(\beta l) = jZ_c \tan(\beta l) \tag{5.8}$$

で表され，線路の長さが半波長（$\lambda/2$）の整数倍に相当する場合，常に電圧がゼロ，電流は最大の短絡端と等価な特性（$Z_{short}(n\lambda/2)=0$; n = 1, 2, …）になる．一方，$\lambda/4$, $3\lambda/4$, $5\lambda/4$ のように 1/4 波長の奇数倍に相当する長さを有する線路の場合，入力インピーダンスは電圧が最大，電流はゼロの開放端と等価の特性（$Z_{short}((2n-1)\lambda/4) \to \infty$; n = 1, 2, …）となる．

終端からの距離 $l$ が波長に比べて十分短い（$\beta l = 2\pi l/\lambda \ll 1$）短絡線路では，$\tan\beta l \approx \beta l$ の関係が成り立つので，

$$Z_{short}(l) \cong jZ_c \beta l = j\omega Ll \tag{5.9}$$

となる．このとき，入力インピーダンスは近似的にインダクタンス $Ll$（$L$ は線路の単位長さ当たりのインダクタンス）のインピーダンスと等価である．

(2) 終端開放線路

終端開放（$Z_L \to \infty$）では $\varGamma = 1$　このとき，

$$V(l) = 2M\cos\beta l \tag{5.10}$$
$$I(l) = (j2M/Z_c)\sin\beta l \tag{5.11}$$

となる．したがって，終端から $l$ の距離における入力インピーダンス $Z_{open}(l)(=V(l)/I(l))$ は

$$Z_{open}(l) = \cos\beta x / (\text{j}\sin\beta l / Z_c) = -\text{j}Z_c / \tan\beta l \tag{5.12}$$

と表される.

**図**5.84 (b) に終端を開放した特性インピーダンス $50\Omega$ の線路に電圧 1 V の信号を入力したときの線路上の電圧と電流の特性を示す.破線はある時刻における電圧と電流の特性,実線はその包絡線である.終端短絡の場合と同様に包絡線は時間によらず一定の定在波となる.開放端における電圧は常に最大値,電流はゼロとなり,終端短絡の場合と同様に,電圧,電流ともに 1/4 波長ごとに最大値とゼロを繰り返す.終端が開放の状態であるにも関わらず,線路の長さが 1/4 波長の場合には $Z_{open}$ $(\lambda/4) = 0$ となり,短絡終端と同等の特性となる.この電気的な特性を利用した EMC 対策として,オープンスタブ (Open Stub) 型 EBG 構造[20]や仮想グラウンド壁 (Virtual Ground Fence) 構造[21]などと呼ばれる特定の周波数においてノイズの伝搬を抑制する手法が提案されている.これらの技術に関しては 5.7.2 項で詳細に述べる.

また,短絡端の場合と同様に長さ $l$ が波長に比べ十分に短い $((\beta l = 2\pi l) / \lambda \ll 1)$ 終端開放線路は,$\tan\beta l \approx \beta l$ の関係が成り立つので入力インピーダンスは

$$Z_{open}(l) \cong \frac{-\text{j}Z_c}{\beta l} = \frac{1}{\text{j}\omega Cl} \tag{5.13}$$

となり,近似的に $Cl$（$C$ は線路の単位長さ当たりの容量成分）の容量を有するキャパシタとして扱うことができる.終端開放線路によるキャパシタの効果を利用したノイズ対策として,差動配線の屈曲部におけるコモンモード成分の抑制手法が報告されている[22].5.7.3 項において同技術の詳細を述べる.

### 5.7.2 1/4 波長終端開放線路（オープンスタブ 2）によるノイズ抑制手法

多くの IoT 関連機器ではセンサやカメラなどで収集した物理データや映像データを,無線通信を介してインターネット上のデータ処理回路に伝送するため,無線回路とディジタル回路が混載されている.このような機器ではディジタル信号処理回路で発生したノイズが無線通信回路へ混入する内部干渉（イントラ EMI）の問題が頻繁に発生するため,ノイズ抑制シートの適用や電磁シールドによる干渉抑制対策が行われる.ここではこのイントラ EMI 対策として,上記の分布定数線路の特性を利用した技術を紹介する.

IC や発振器などの能動デバイスに電源を供給する PDN (Power Distribution Network：電源供給ネットワーク) の配線パターンは高周波ノイズを伝搬させる線路としても作用[23][24],ディジタル回路で発生したノイズの無線回路への混入経路となっている.PDN の本来の役割は能動デバイスへの直流電圧の供給にあるた

# パターンレイアウトの電気特性に着目したプリント配線板のEMC設計

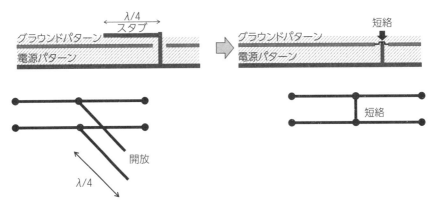

(a) 配線断面の構造と等価回路　　(b) 無線周波数帯域での特性と等価回路

図 5.85　1/4 波長オープンスタブによる電源ノイズの抑制

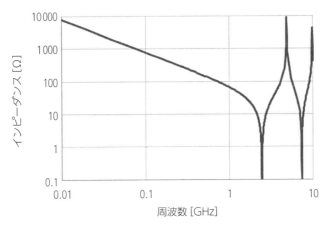

図 5.86　終端開放 $\lambda/4$ 波長線路の入力インピーダンス特性

め，この種の干渉の抑制には直流信号のみを伝搬し，無線周波数帯域の信号を遮断する低域通過フィルタや帯域遮断型のフィルタの適用が有効である．帯域遮断特性をもつ回路として図 5.85 (a) に示すような終端を開放した長さ 1/4 波長の線路をスタブとして利用する手法が報告されている[20][21]．

　図 5.86 に，式 (5.12) により計算した 2.4 GHz において 1/4 波長に相当する長さを有する終端開放線路の入力インピーダンス特性を示す．この長さは一般的なプリント配線板におけるマイクロストリップ構造の配線の場合，およそ 18 mm である．直流では入力インピーダンスは無限大となるため，電源パターンとグラウンドは開放となり電源供給のための電圧が保たれる．一方，2.4 GHz においては $Z_{open}(\lambda/4)$

＝0となるため，図5.85（b）に示すように電圧ゼロの短絡回路として作用し，ノイズの伝搬は遮断される．実際の配線板では開放端の浮遊容量やPDNにスタブを接続する際の寄生インダクタンスの影響により完全な短絡回路とはならないため，複数スタブ適用など配線レイアウトに応じたスタブ構成が適用される[21][25]．

### 5.7.3 長さの短いオープンスタブ線路の適用による差動配線屈曲部におけるコモンモードノイズの抑制

図5.87に示すような差動信号線路の屈曲部では構造の不平衡性からコモンモード成分が発生し，しばしばSIのみならず，EMIやイミュニティの問題を引き起こす．線路が不平衡となる要因の一つに屈曲部における二本の線路の長さの差がある．差動線路の屈曲部は同図に示すように $1 \to 2$ の線路（A）と $3 \to 4$ の線路（B）では線路長が異なるためこの部分を信号が伝搬する際，両者に位相差が生じ，コモンモード成分が誘起される．

一般に伝送線路を伝搬する進行波 $a(x)$ は

$$a(x) = (V(x) + I(x)Z_c)/2\sqrt{Z_c} \tag{5.14}$$

と表される．この進行波は

$$a(x) = (M/\sqrt{Z_c})e^{-j\beta x} \tag{5.15}$$

と表すことができ，その位相は $-\beta x (\beta = 2\pi/\lambda)$ で $x$ に対して直線的に変化する．図5.88に周波数1 GHz，2 GHz，および3 GHzにおける配線に沿った位相の変化を示す．ここでは，いずれの周波数においても波長短縮率を真空中の波長の2/3としている．周波数が高くなる（波長が短くなる）と伝搬定数が大きくなるため位相の傾きは大きくなる．

線路（A），線路（B）の間には屈曲部を含めて結合がなく，それぞれ独立の線路

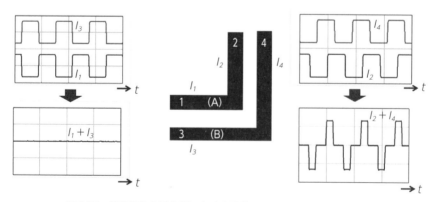

図5.87　差動配線の屈曲部における電流のコモンモード成分発生例

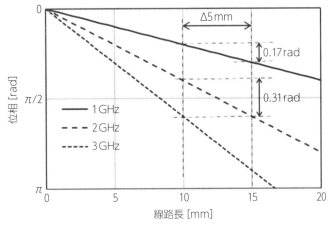

図 5.88 線路に沿った位相の変化

であると仮定すると，外周にレイアウトされた線路（B）は内周の線路（A）に比べ線路が長いため，位相の遅れが大きくなり，屈曲部通過後の両配線には位相差が生じる．ここで，線路（A）と線路（B）の線路長の差（$l_{34} - l_{12}$）を 5 mm と仮定して両配線の位相の差を求めると，周波数 1 GHz では約 0.17 rad，2 GHz では約 0.31 rad，3 GHz では約 0.47 rad の差となる．2 GHz における位相差はおよそ 1/20 周期（一周期は $2\pi$）である．

こうした不平衡の影響を補正する手段として，等価的にインダクタンスとして作用する配線パターンを内周配線の屈曲部に設ける手法[26]やミアンダ配線による配線長の補正[27]などの配線パターンの工夫による位相補正手段がいくつか提案されているが，その一つに図 5.89 に示すような終端を開放した短い配線（オープンスタブ）の適用がある[22]．これは 5.7.2 項で述べた波長に比べて長さの短いオープンスタブのキャパシタとしての作用（式 (5.13) 参照）を利用したものである．

図 5.89 (b) に示すようなキャパシタがシャントに挿入された分布定数線路の $S_{21}$ 特性は回路理論から

$$S_{21} = 2Z_c / (2Z_c + j\omega C Z_c^2) \tag{5.16}$$

となり，位相の変化 $\theta_c$ は

$$\theta_c = \tan^{-1}(-j\omega C Z_c / 2) \tag{5.17}$$

となる．$\omega C Z_c / 2 \ll 1$ の条件のもとでは

$$\theta_c \cong -j\omega C Z_c / 2 \tag{5.18}$$

となり，挿入されたキャパシタの容量と周波数に比例して線路を伝搬する信号の位相に遅延が生じ，配線が等価的に長くなる．この効果を差動配線屈曲部に適用した

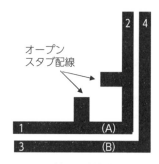 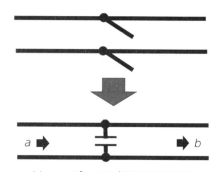

(a) 配線構造　　　　(b) オープンスタブ構造の等価回路

図 5.89　オープンスタブ配線の装荷による等価回路

ときの位相特性を図 5.88 に示す．入力インピーダンスが適切な容量と等価となるよう，配線長や線路幅を調整したオープンスタブを線長の短い内周配線（A）に適用すると，同配線に位相遅延が発生する．その結果，屈曲部通過後の内周配線（A）と外周配線（B）の位相は等しくなり，電気的に等長の状態が維持されコモンモード成分の発生が抑えられる．

　ディジタル信号処理回路と無線通信機能の混在するケースが増える IoT 関連の機器，システムにおいては，従来から考慮されてきた他の機器やデバイスへの影響だけでなく，内部での電磁干渉の抑制（イントラ EMC）がさらに重要になる．今後，プリント配線板で扱う回路の高周波化が進むと，キャパシタやインダクタなどの個別のリアクタンス素子では素子固有の寄生インダクタンスや浮遊容量，また，素子の配線板実装に伴う寄生成分の影響が大きくなり，機器の設計は益々難しくなることが予想される．一方，本稿でみてきたように，高周波領域では配線パターンの分布定数線路としての振る舞いがより顕著となるため，パターンのコントロールによるリアクタンス素子の実現が容易となる．

　プリント配線板のレイアウト設計では，インピーダンス・コントロールや等長配線などの設計精度の向上要求に対応することでその技術が磨かれてきた．ここに配線パターンの特性を積極的に利用し，EMC や SI をコントロールする新たな価値を付加し，機器の小型，低電力，低コストなどの要求に応えていくことが IoT 時代の機器開発には重要である．

## 5.8　プリント配線板の EMC モデリングとビッグデータ分析
### 5.8.1　はじめに

　電子機器から放射される不要な電磁界は，テレビやラジオに加えて WiFi や 5G 通信，GPS（Global Positioning System）などの電波を利用する電子機器に影響を

与え，動作を妨害する．そのため，各国では電子機器から放射される電界強度に対して，規制[28][29]が行われており，電子機器から放射される電界強度は，この規制を守らないと販売ができない．（ただし，日本では自主規制[30]となっている．）よって，電子機器を製造しているメーカは，機器から放射される電界強度を規制値以下にする必要があるが，この試験は製品の最終段階で行われるため，根本的な対策が難しい．実際，場当たり的な対策になり，熟練設計者の経験と勘に頼ることが多い．

このような状況の中，設計上流で電子機器から発生する不要な放射電界の対策を効果的に行うために，電磁界シミュレーションの活用が，ここ20年ほどで劇的に進歩した．電磁界シミュレータを利用することで，共振現象により大きな放射電界が発生することが分かってきた[31]．また，シールドケーブルも外部導体に交流電流が流れることにより，放射電界を発生することも分かってきた[32]．

このように，配線や電源–グラウンド，筐体の共振など部品単位では，放射電界の発生メカニズムの理解は進んでいる．しかし，電子機器全体では相互作用により大きな放射電界が発生する．例えば，プリント基板単体では放射電界は少ないが，2枚のプリント基板をケーブルで接続した結果，大きな放射電界が発生することがある．この原因はケーブルに交流電流が流れ，それが放射電界の源になったためであるが，これはケーブル接続状態で電磁界シミュレーションを行わないと予測できない．実際の電子機器のプリント基板は複数あり，さらにモータやアクチェータなどの機構部品，電源回路など様々なユニットがある．これらの相互作用により大きな放射電界を発生することがある．電子機器内部のユニットをすべてモデル化し，電磁界シミュレーションが可能であれば，機器全体からの放射電界の予測もできるが，現在のハードウェアでは計算時間が膨大となるため，現実的ではない．

また，LSIやケーブル，コネクタ，モータなどのすべての電子部品の物理形状や材料特性が電磁界シミュレーションに必要である．しかし，部品メーカからすべての情報を入手するのは難しく，モデル化する際，この点も問題となる．

電磁界シミュレータは放射電界の計算以外にも，電流分布や磁界分布，電界分布，放射パターンなどの様々な情報を計算して出力することができる．これらの情報は放射電界の発生メカニズムを解明するのに役立ち，実際にマイクロストリップラインや面状の電源–グラウンド構造など単純な形状であれば，原因を特定できる．しかし，複雑な構造をもつプリント基板全体の電磁界分布や電流分布を見ても，人間では役立つ情報を得ることは難しい．一方で，昨今のビッグデータ解析や機械学習を用いることにより，人間には無意味に見える電磁界や電流分布から放射源の特定や，放射電界の原因を解明できる可能性が出てきた[33]．

本稿では，電磁界シミュレーションのためのプリント基板や筐体のモデリング方

法と，機械学習を用いた放射電界の予測方法を解説する．機械学習は多くの訓練データが必要であるが，日頃の電磁界シミュレーション結果を訓練データとして蓄積すれば，まとまった量の訓練データにもなり，また，企業の垣根を越えて，訓練データを収集して機械学習に利用することも可能と考える．

### 5.8.2 電磁界シミュレータ

電磁界シミュレータは，表5.2に示すようにFEM（Finite Element Method）[34]，Mom（Method of Moments）[35]，FDTD（Finite Differential Time Domain）[36]がある．

FEM，Momは周波数領域，FDTDは時間領域で計算する．各シミュレータで取り扱える素子は抵抗，キャパシタ，インダクタになり，周波数領域のFEMやMomは正弦波，時間領域のFDTDはパルス波形が取り扱える．

表5.2　電磁界シミュレータの特徴

| シミュレータ | FEM | Mom | FDTD |
|---|---|---|---|
| 解析領域 | 周波数 | 周波数 | 時間 |
| 波源，終端 | 線形（R, L, C, 正弦波） | 線形（R, L, C, 正弦波） | 線形（R, L, C, パルス波等） |
| 長所 | 誘電体（FR4等），任意形状（曲面）の取り扱いが容易 | 吸収境界が不要（解析対象のみモデル化），アンテナ，放射電界の解析が容易 | 誘電体（FR4等）の取り扱いが容易 |
| 長所 | 形状のアスペクト比を大きくとれる（部分的に微少な形状可） | 同左 | 1回の計算で広帯域の放射電界解析が可能 |
| 長所 | | 比較的少ない要素数でモデリングできる | |
| 短所 | 放射電界解析には広い解析空間，吸収境界が必要 | 誘電体を考慮すると未知数が増え，計算時間が増大 | 放射電界解析には広い解析空間，吸収境界が必要 |
| 短所 | 解析周波数ポイントが多いと計算時間が増大 | 解析周波数ポイントが多いと計算時間が増大 | 形状のアスペクト比が大きいと計算時間が増大 |
| 短所 | | | 共振問題では計算時間が増大 |
| 用途 | 多数の誘電体（空気以外の絶縁体）を含む，複雑な形状，共振の多い電源プレーン形状 | 単一誘電体，アスペクト比の大きい形状（PCB＋ケーブル） | 多数の誘電体を含む，複雑な形状，広帯域の放射電界解析，共振の少ない伝送線路 |

FEM の長所は曲面や誘電体の取り扱いが容易で，部分的に小さい形状があっても計算時間が大きく増加しない．短所は放射電界の計算には比較的広い解析空間が必要なこと，解析する周波数の数に比例して計算時間が長くなることである．用途としては，多数の誘電体を含む複雑な形状や，共振現象の計算に向いている．

Mom の長所は，電流の流れる導体のみ分割すればよい点である．また，何もない空間は分割する必要がなく，比較的少ない要素数で解析対象をモデル化できる．短所は誘電体を含めた計算では未知数が増え，計算時間が増大することである．また FEM と同様に計算する周波数の数が多いと，それに応じて計算時間が増える．用途としては，解析対象が単一の誘電体を含む場合や，プリント基板にケーブルが接続されたようなアスペクト比が大きいモデルの計算に適切である．

FDTD は時間領域の計算になり，ESD（Electro Static Discharge）などの過渡現象を直接計算できる．また，1回の計算で周波数領域のデータを広帯域に求める事が可能である．その反面，共振が発生する現象では，計算が収束するまで長い時間がかかる事が短所である．また，FEM と同様に何もない空間も要素分割する必要があり，さらに，直交座標系で要素分割するため，曲面は階段近似になる．用途としては，多数の誘電体を含む複雑な形状，広帯域の S パラメータや放射電界，過渡現象を求めるのに適している．

電磁界シミュレータは計算方法により長所，短所があるが，現在市販されているシミュレータはここで述べた短所を克服している．また，計算時間に大差はなく，様々な分野で利用されている．次項で，マイクロストリップライン（MSL：Micro Strip Line），平行平板，シールドボックスのシミュレーション事例を取り上げる．

## 5.8.3　モデリング

先に述べたとおり，電子機器を丸ごとモデル化して電磁界シミュレーションを行うには，高性能なハードウェアと長時間の計算が必要になり非効率的である．仮に，大規模なモデルが計算できる環境があったとしても，それは，電波暗室での実験を机上計算に置き換えただけに過ぎず，結果に対する考察が難しい．また，放射電界の発生原因やメカニズムが分からず，ノイズ低減対策を効果的に行えない．
シミュレーションを有効活用するためにも，仮説を立て，その仮説から結果を予測し，シミュレーションを実施するべきである．したがって，物理形状や波源の精密なモデル化に拘るのではなく，仮説や理論を証明できる範囲で簡略化を行うほうがよい．また，物理形状なども複数の値を使ってモデル化したほうが，放射電界の原因や発生メカニズムを把握する上では有効である．

(1) MSL (Micro Strip Line) からの放射電界シミュレーション

シミュレーションに用いたモデルを図5.90に示す．MSLは配線幅0.35 mm，長さ170 mmであり，基板中央に位置する．また，MSLの特性インピーダンスは50Ωである．絶縁層は厚さ0.2 mm，比誘電率4.2，電流の帰路となるグラウンドは幅50 mm，長さ200 mmであり，MSLとグラウンドの厚さはともに0.05 mm，導電率は$5.8 \times 10^7$ S/mである．波源は1 V振幅の交流電圧源と1Ωの出力抵抗が直列に接続され，終端抵抗は10 kΩである．図5.91にFEM，Mom，FDTDの計算結果を示す．図5.91の横軸は周波数，縦軸は3 m遠方の放射電界を示す．

このモデルは波源抵抗（1Ω）が短絡，終端抵抗（10 kΩ）は開放と考える事ができるので，式，式に示すように配線長に対して，1/4波長および3/4波長の信号が入力されたときに，共振により大きな放射電界が発生する．それぞれの共振周波数を第一共振周波数，第二共振周波数とすれば，それぞれ0.25 GHzと0.75 GHzとなる．第一共振周波数，第二共振周波数に対する各シミュレータ間の差は，0.02 GHzと0.05 GHzとなり，完全に一致はしないが，概ね同じ値となった．

$$f_{\frac{1}{4}} = \frac{\frac{c}{\sqrt{\varepsilon_{eff}}}}{4l} \tag{5.19}$$

$$f_{\frac{3}{4}} = \frac{\frac{c}{\sqrt{\varepsilon_{eff}}}}{\frac{4l}{3}} \tag{5.20}$$

ただし，$c$：光速 [m/s]，$l$：配線長 [m]，$\varepsilon_{eff}$：実効比誘電率である．

(2) 平行平板からの放射電界シミュレーション

電子機器に使われるプリント配線板は多層基板が一般的に用いられ，4層基板を使う場合は，1層目，4層目が配線層および部品実装面となり，2層目，3層目に

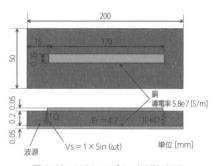

図5.90　MSLモデル（外形寸法）

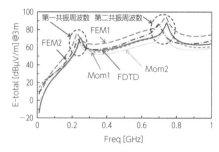

図5.91　MSLモデルの放射電界

# プリント配線板のEMCモデリングとビッグデータ分析

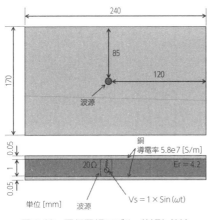

図 5.92 平行平板モデル（外形寸法）

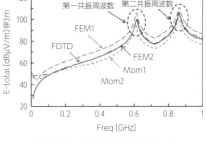

図 5.93 平行平板の放射電界

グラウンド面，電源面を配置することが多い．この電源 - グラウンドの 2 層分だけ抜き出したのが平行平板モデルとなる．電源 - グラウンドは直流電圧であるが，式に示すように電源 - グラウンドがもつインダクタンスLにより，プリント基板上に実装されたLSIがスイッチング動作する度に逆起電力 $v$ が発生し，これが放射電界として空間に飛び出す．図5.92にシミュレーションに使った平行平板モデルの外形寸法を示す．基板外形は 170 mm × 240 mm，厚さ 0.05 mm の銅箔で比誘電率 4.2 の絶縁材（厚さ 1 mm）を挟む構造となっている．波源は基板中央に位置し，1 V 振幅の正弦波を発生する電圧源に 20Ω の出力抵抗が直列に接続されている．

$$v = -L\frac{di}{dt} \tag{5.21}$$

ただし，$v$：逆起電力 [V]，$i$：電流 [A]，$t$：時間 [s]．

このモデルは，中央にLSIが実装された状態を模擬している．放射電界のシミュレーション結果は図5.93のとおりであり，式で計算される共振周波数（0.61 GHz と 0.86 GHz）に一致している．

$$f_{m,n} = \frac{c}{\sqrt{\varepsilon_r}}\sqrt{\left(\frac{m}{2W}\right)^2 + \left(\frac{n}{2H}\right)^2} \tag{5.22}$$

ただし，$c$：光速 [m/s]，$\varepsilon_r$：比誘電率，$m$, $n$：任意の整数，$W$：基板横寸法 [m]，$H$：基板縦寸法 [m] である．

シミュレータにより放射電界の値は若干異なるが，共振周波数は 0.01 GHz 以下の誤差で一致した．

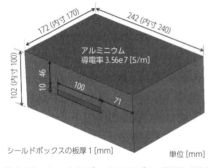
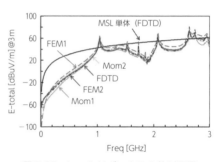

図 5.94　シールドボックスモデル（外形寸法）　　図 5.95　シールドボックスの放射電界

(3) シールドボックスからの放射電界シミュレーション

電子機器からの放射電界を防ぐためにシールドボックスを用いるが，実際のシールドボックスは冷却のためのスリットやインターフェースケーブルを通すために複数の孔がある．シールド性に対するスリットや孔の影響を確認するために，図 5.94 に示すシールドボックス内部に MSL 基板を入れて，放射電界のシミュレーションを行った．ただし，MSL 基板は，3 GHz 以下では共振が発生しない寸法にした．シールドボックスは内寸が 170 mm × 100 mm × 240 mm で幅 100 mm 高さ 10 mm のスリットが開いている．

シミュレーション結果を図 5.95 に示す．電界強度はシミュレータにより若干異なるが，放射電界が極大値となる周波数は 0.03 GHz 以下の精度で一致している．このシミュレーションはシールドボックスで遮蔽した結果，基板単体の場合より放射電界が大きくなる帯域があることを示す．これは，式に示すように，シールドボックス内部で空洞共振が発生し，強め合った電界がスリットから放射されるためである．

$$f_{m,n,l} = \frac{c}{\sqrt{\varepsilon_r}} \sqrt{\left(\frac{m}{2W}\right)^2 + \left(\frac{n}{2H}\right)^2 + \left(\frac{l}{2D}\right)^2} \quad (5.23)$$

ただし，$c$：光速 [m/s]，$\varepsilon_r$：比誘電率，$m$, $n$, $l$：任意の整数，$W$：横寸法 [m]，$H$：縦寸法 [m]，$D$：奥行寸法 [m]　である．

### 5.8.4　機械学習を使った放射電界の予測

MSL や平行平板等の簡単な要素に分解して放射電界シミュレーションを行い，その結果を考察した．本項では，電磁界シミュレーションの代替として機械学習を適用した事例を紹介する．機械学習によりプリント基板からの放射電界が求まれば，

電磁界シミュレーションを行わずに，設計しながら放射電界の予測が可能になる．

(1) 機械学習とは

機械学習は訓練データを準備して，機械（ソフトウェア）を訓練し，ある入力（説明変数）に対する出力（目的変数）を求めることである．

(2) MSLモデルを使った機械学習の事例

図5.96に示すMSLモデルから発生する放射電界を目的変数，配線長L，絶縁層厚さT，波源出力抵抗Rs，終端抵抗RLを説明変数として機械学習を行った．プリント基板は170 mm×50 mm，配線幅は0.168 mmである．表5.3に示すL, T, Rs, RLをランダムに組み合わせて放射電界を計算し，訓練データとした．基板モデルは合計で593通り，周波数帯域は5 MHz刻みで10 MHzから1000 MHzまでの199通りである．よって，訓練データは約12万通りとなる．図5.97に訓練に用いた放射電磁界を示す．訓練データは配線長に応じて放射電界の極大値が観測されている．

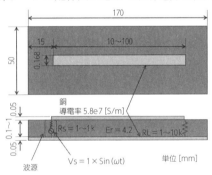

図5.96 MSLモデル（外形寸法）

表5.3 訓練データ

| 説明変数 | 値 | 個数 |
| --- | --- | --- |
| L [mm] | 10, 20, 30, … 100 | 10 |
| Rs [Ω] | 1, 2, 5, 10, 20, 50, 100, 200, 500, 1k | 10 |
| RL [Ω] | 1, 2, 5, 10, 20, 50, 100, 200, 500, 1k, 2k, 5k, 10k | 13 |
| T [mm] | 0.1, 0.2, 0.3, …, 1 | 10 |
| Freq [MHz] | 10, 15, 20, 25, …, 1000 | 199 |

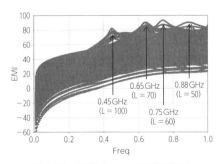

図5.97 訓練データ（放射電磁界）

機械学習にはBreimanにより提唱されたランダムフォレスト[37]を用いて，重回帰モデルを作成した．ツールとしてはScikit-learn[38]を用いた．ランダムフォレストは同じ集団学習であるバギング[39]やブースティング[40]に比較して精度も高く，計算資源が少ないのが特徴である．

(3) **機械学習モデルの評価方法**

機械学習モデルの予測精度を検証するために，式 (5.24) の決定係数[41]を利用した．ただし，機械学習で予測した $i$ 番目の電界強度の最大値を $E_{Pred,i}$，電磁界シミュレーションによって求められた正解の電界強度の最大値を $E_{Corr,i}$，電界強度の平均値を $E_{corr}$ とする．

$$R^2 = 1 - \frac{\sum_{i=1}^{n}(E_{Corr,i} - E_{Pred,i})^2}{\sum_{i=1}^{n}(E_{corr,i} - \overline{E_{corr}})^2} \quad (5.24)$$

右辺第2項の分子は正解データと予測データの偏差，分母は正解データの分散を示し，正解データと予測データが全く同じであれば，分子はゼロになり $R^2$ は1となる．一方，予測データの偏差と正解データの分散が同じであれば，右辺第2項は1となり，$R^2$ はゼロとなる．よって，$R^2$ は一般的に0〜1の値をもち，1に近いほうが予測精度は高い．今後は，この決定係数を学習モデルの精度検証に使う．

(4) **学習済みモデルの検証**

機械学習の予測精度検証のために，訓練に利用していないテストデータと機械学習による予測データを図 5.98 と図 5.99，図 5.100 に示す．

比較に用いた説明変数は，配線長 L を 10 mm，50 mm，100 mm の3種類，波源抵抗 Rs = 1Ω，終端抵抗 RL = 10 kΩ，絶縁層厚み T = 0.1 mm は共通とした．これらの個々のパラメータは訓練データで利用されているが，例えば，(L = 10 mm, T = 0.1 mm, R = 1Ω, RL = 10 kΩ) や (L = 50 mm, T = 0.1 mm, R = 1Ω, RL = 10 kΩ)，

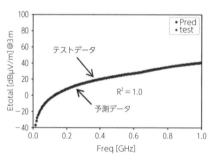

**図 5.98** テストデータと予測データの比較
(L = 10, Rs = 1Ω, RL = 10 kΩ, T = 0.1)

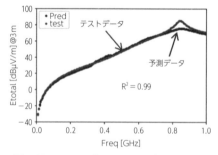

**図 5.99** テストデータと予測データの比較
(L = 50, Rs = 1Ω, RL = 10 kΩ, T = 0.1)

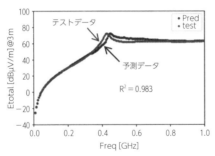

図 5.100　テストデータと予測データの比較
(L = 100, Rs = 1Ω, RL = 10 kΩ, T = 0.1)

(L = 100 mm, T = 0.1 mm, R = 1Ω, RL = 10 kΩ) の組み合わせは訓練に利用していない.

図 5.98 は配線長が 10 mm の場合で，決定係数 $R^2$ は 1 となっており，正確に放射電界を予測できている．図 5.99 は配線長が 50 mm の場合であり，こちらも $R^2$ は 0.99 と高精度で予測できている．図 5.100 は配線長が 100 mm の場合で $R^2$ は 0.983 である．放射電界の極大周波数は若干ずれているが，波形の形状はテストデータに近い値を予測している．

これらの結果から，十分な訓練データを準備し，MSL のような単純な構造であれば，放射電界が極大となる周波数や，電界強度を正確に予測できることが分かった．

### 5.8.5　むすび

電磁界シミュレータの特徴，基本モデルの計算結果，機械学習の実例を紹介した．ハードウェアやソフトウェアの進歩により，電磁界シミュレータを使って複雑な問題も解けるようになった．しかし，実際の電子機器はそれを上回る複雑さがあり，さらに大規模である．ハードウェアやソフトウェアは今後も進歩するが電子機器も年々，複雑化，大規模化しているため，追いつくのは難しい．一方で，機械学習の分野の発展は目覚しく，手軽に機械学習を試す環境や情報があり，訓練データを準備できれば，精度の高い予測が可能である．電磁界シミュレータと機械学習を上手く組み合わせる事により，将来，大規模な電子機器の放射電界を短時間で予測できる事を願ってむすびとする．

## 5.9 電気自動車の EMC 規格

### 5.9.1 背景

電気自動車は，モビリティの役割のみならずエネルギー問題を解く一つのパーツとしてその普及拡大が注目されている．将来社会のグランドデザインに自動運転とともに重要な要素として組み込まれている．過去に何度か繰り返された一時的なブームとは異なり持続的な取り組みに対する期待が高い．

自動車の電動化による EMC は，内燃機関の火花放電による広帯域な点火ノイズからパワーエレクトロニクスの狭帯域なスイッチングノイズに代わりその周波数分布も大きく異なっている．クラス B 機器と見なされるパワエレ機器の EMC 対策の難しさに加えて低周波磁界に対する人体ばく露評価（EMF）も加わる．もう一つの大きな違いは，プラグインによるバッテリー充電（または双方向放電放電）のための電力グリッドと接続されることである．外部電源に接続される電気自動車は，充電インフラ側の EMC 要件との整合が必要になる．

自動車および自動車用充電器の EMC 規格は，次の標準化委員会で審議されている．

- ISO/TC22（自動車)/SC32（電子電装）：自動車および車載部品のイミュニティ試験の規格
- CISPR/D（自動車と内燃機関）：自動車および車載部品からのエミッション試験の規格
- IEC/TC69（電気自動車および電動産業車両）：車載充電器，充電スタンドの製品規格

これら標準化委員会で審議されている電気自動車とそれに関わる充電器の EMC 規格は，EMC 法規に引用されている．電気自動車の EMC における規格と法規の現状と課題を紹介する．

### 5.9.2 電気自動車関連の EMC 規格と型式認証試験

#### 5.9.2.1 自動車の EMC 規格

自動車と車載部品に関する EMC 規格をそれぞれ**表 5.4**，**表 5.5** に示す．

実車試験では，内燃機関の自動車が走行モードを想定した試験のみであるのに対し，電動車の EMC 試験は，走行モードに加え充電モードの試験が追加となることである．

実車試験は，次の三つの試験動作条件で行う．

① キーオン/エンジンオフモード
② エンジンランニングモード
③ 充電モード

電気自動車の EMC 規格 301

表 5.4　自動車の EMC 国際規格

| | 試験 | 国際規格 | 印可点／測定点 | 試験周波数 | 充電モード試験 |
|---|---|---|---|---|---|
| 実車試験 | E M I | 広帯域雑音測定 | CISPR12 第 6.1 版 | 10 m か 3 m の距離で電界測定 | 30 MHz ～1 GHz | 次版で対応予定 |
| | | 狭帯域雑音測定 | | 10 m か 3 m の距離で電界測定 | 30 MHz ～1 GHz | 次版で対応予定 |
| | | 車載受信機保護 | CISPR25 第 5 版 | 自車アンテナの電圧測定 | 150 kHz ～5925 MHz | 規定済み |
| | | 低周波放射妨害 | CISPR36 第 1 版 | 3 m の距離で磁界測定 | 150 kHz ～30 MHz | 次版で対応予定 |
| | E M S | 実車試験一般 | ISO11451-1 第 4 版 | ― | ― | 規定済み |
| | | 車外放射源法 | ISO11451-2 第 4 版 | 車両に外部から印可 | 10 kHz ～18 GHz | 規定済み |
| | | 可搬型送信機法 | ISO11451-3 第 3 版 | 可搬型送信機により印可 | 1.8 MHz ～6 GHz | 規定済み |
| | | BCI 法/TWC 法 | ISO11451-4 第 4 版 | ハーネスに印可 | 100 kHz ～3 GHz | ISO11451-1 に従い実施可能 |
| | | リバブレーションチャンバ法 | ISO11451-4 第 1 版 | 車両に外部から印可 | LUF～ 18 GHz | 規定済み |
| | | 静電気放電試験 | ISO10605 第 3 版 | 人が接触可能部位に印可 | ― | 規定済み |

　内燃機関の自動車や外部からの充電を必要としない電気自動車は上記①②であるのに対し，伝導充電やワイヤレス充電を伴う電気自動車には充電モードが加わる．その充電モードの規定状況を，表 5.4 の充電モード試験の列に示す（2023 年 9 月 27 日現在）．図 5.101 に充電モード試験の例として ISO11451-2 の試験セットアップを示す．車両バッテリーのエネルギーで家電製品を動作させるような給電モードに関しては，表 5.4 の規格ではまだ議論されていない．

　自動車部品規格において，12 V や 24 V の部品に加えて高電圧部品の試験セットアップや擬似電源回路網を明確に記載しているものといないものを表 5.5 に示したが，明確に記載されていなくても，例えばストリップライン法やリバブレーションチャンバー法などは高電圧部品に適用できるものと思われる．図 5.102 に高電圧試験の例として CISPR25 の試験セットアップを示す．

## 表5.5 自動車部品の EMC 国際規格

<table>
<tr><th colspan="3">試験</th><th>国際規格</th><th>印可点／測定点</th><th>試験周波数</th><th>EV 高電圧部品試験</th></tr>
<tr><td rowspan="18">部品試験</td><td rowspan="1">E M I</td><td>車載受信機保護</td><td>CISPR25<br>第 5 版</td><td>1 m の距離で電界測定<br>伝導エミッション測定</td><td>150 kHz<br>～5925 MHz</td><td>規定済み</td></tr>
<tr><td rowspan="11">E M S</td><td>部品試験一般</td><td>ISO11452-1<br>第 4 版</td><td>―</td><td>―</td><td>規定済み</td></tr>
<tr><td>無響室法（ALSE）</td><td>ISO11452-2<br>第 4 版</td><td>ハーネス／<br>ECU に印可</td><td>80 MHz<br>～18 GHz</td><td>規定済み</td></tr>
<tr><td>TEM セル法</td><td>ISO11452-3<br>第 3 版</td><td>ハーネス／<br>ECU に印可</td><td>10 kHz<br>～（200 MHz）</td><td>規定なし</td></tr>
<tr><td>BCI 法/TWC 法</td><td>ISO11452-4<br>第 4 版</td><td>ハーネスに印可</td><td>100 kHz<br>～3 GHz</td><td>規定済み</td></tr>
<tr><td>ストリップライン法</td><td>ISO11452-5<br>第 3 版</td><td>ハーネス（と<br>ECU）に印可</td><td>10 kHz<br>～400 MHz</td><td>規定なし</td></tr>
<tr><td>直接電力注入法<br>（DPI）</td><td>ISO11452-7<br>第 2.1 版</td><td>コネクタピンに<br>印可</td><td>250 kHz<br>～500 MHz</td><td>規定なし</td></tr>
<tr><td>低周波磁界</td><td>ISO11452-8<br>第 2 版</td><td>ECU に印可</td><td>DC, 15 Hz<br>～150 kHz</td><td>規定なし</td></tr>
<tr><td>可搬型送信機</td><td>ISO11452-9<br>第 2 版</td><td>ハーネス／<br>ECU に印可</td><td>142 MHz<br>～6 GHz</td><td>規定済み</td></tr>
<tr><td>低周波伝導</td><td>ISO11452-10<br>第 1 版</td><td>ハーネスに印可</td><td>15 Hz～<br>250 kHz</td><td>規定なし</td></tr>
<tr><td>リバブレーションチャンバ法</td><td>ISO11452-11<br>第 1 版</td><td>ハーネス／<br>ECU に印可</td><td>LUF～18 GHz</td><td>ISO11452-1<br>に従い実施可能</td></tr>
<tr><td>静電気放電試験</td><td>ISO10605<br>第 3 版</td><td>ハーネス／<br>ECU に印可</td><td>―</td><td>規定あり</td></tr>
<tr><td rowspan="5">過渡電圧</td><td>試験一般</td><td>ISO7637-1<br>第 3 版</td><td>―</td><td>―</td><td>次版で対応予定</td></tr>
<tr><td>伝導</td><td>ISO7637-2<br>第 3 版</td><td>電源線にパルス<br>印可／測定</td><td>―</td><td>規定なし</td></tr>
<tr><td>結合</td><td>ISO7637-3<br>第 3 版</td><td>電源線以外の線<br>に印可</td><td>―</td><td>規定なし</td></tr>
<tr><td>高電圧部品用</td><td>ISO/TS7637-4<br>第 1 版</td><td>高電圧線に印可</td><td>―</td><td>規定なし</td></tr>
<tr><td>試験器の検証法</td><td>ISO/TR7637-5<br>第 1 版</td><td>―</td><td>―</td><td>規定なし</td></tr>
</table>

電気自動車の EMC 規格

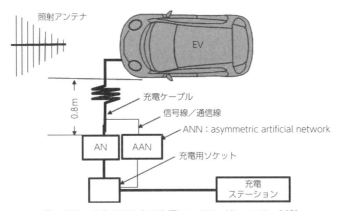

図 5.101　ISO11451-2 の充電モードのイミュニティ試験

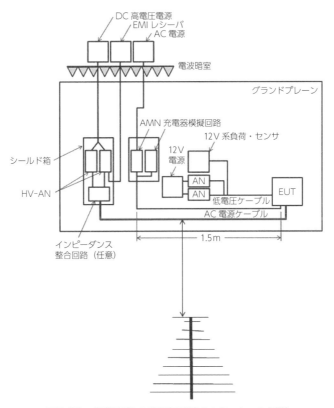

図 5.102　CISPR25 の高電圧部品のエミッション試験

### 5.9.2.2 電気自動車用充電器の EMC 規格

充電器の EMC 規格を**表5.6**に示す．

### (1) コンダクティブ充電

電気自動車のコンダクティブ充電に関する EMC 試験は，2001 年 5 月に発行された IEC61851-21 がはじまりであるが，第 2 版の改定審議において外部接続充電の安全要件が ISO に分離されたことから，EMC 要件は車載充電器と非車載の充電ステーションとに分け，IEC 61851-21-1 と IEC 61851-21-2 とに分けて新たに作成されることになった．

IEC 61851-21-1 作成の審議が行われていた 2013 年頃，車載充電器の EMC 試験は自動車の国際的な型式認証基準である国連規則第 10 号（R10）においても議論されており，2014 年に第 5 改定版に織込まれ発効された．このため IEC61851-21-1 (2017) は，第 5 改定版とほぼ同じ内容で作成れている．規格には，R10 と同様自動車に搭載した状態での試験と部品として試験台上で行う試験の二つの方法が規定されている．

IEC 61851-21-2 は，IEC 61851-1 で定義されている**表5.7**に示したモード 1 〜 4 の充電器すべてをカバーしている．

モード 2 の充電器は，乗用車タイプの電気自動車を購入したときに一般的に付い

**表5.6** 電気自動車用充電器の EMC 国際規格

| 充電方式 | 製品 | 規格 | 試験 | 備考 |
|---|---|---|---|---|
| コンダクティブ充電 | 車載充電器 | IEC61851-21-1 | EMI/EMS 全般 | R10-05 とほぼ同じ内容 |
| | 充電ステーション | IEC61851-21-2 | EMI/EMS 全般 | モード 1 〜 4 の充電器が対象 |
| ワイヤレス充電器（WPT） | 地上側機器（一次側） | IEC61980-1, -3 | EMI/EMS 全般 | WPT の一次側の装置が対象 |

**表5.7** IEC61851-1 に定義されている電気自動車の充電モード

| 充電モード | 交流／直流 | 特徴 |
|---|---|---|
| モード 1 | 交流 | 車両との充電制御通信がないケーブルのみによる充電 |
| モード 2 | 交流 | 充電制御通信機能を有する装置（IC-CPD）を備えた充電ケーブルによる充電 |
| モード 3 | 交流 | 充電制御通信機能を備えた充電ステーションによる充電 |
| モード 4 | 直流 | IEC61851-23 の制御方式を備えた充電ステーションによる充電 |

てくる充電ケーブルのことを指し，テーブルトップ機器として EMC 試験は行われる．モード 4 の充電器は，CHAdeMO 協議会が世界に先駆けて標準化を進めていたことから CHAdeMO 仕様 1.0（2012）の EMC 規定をベースとして作成が行われた．

⑵　ワイヤレス充電（WPT）
　IEC 61980 シリーズの EMC は，地上側の装置を対象としている．WPT の基本周波数は，乗用車クラスでは 79 kHz〜90 kHz と規定されているなど主に 150 kHz 以下の周波数が使われる．CISPR11 では，自動車用の WPT システムはグループ 2 機器として対象機器としているが，9 kHz〜150 kHz の周波数帯に対する放射エミッションの 10 m 限度値が CISPR11 には存在しない．WPT 用の限度値や試験方法を CISPR11 に規定するため日本主導で 2015 年から WPT のタスクフォースを立ち上げたが 2023 年 9 月時点でまだ規格制定には至っていない．IEC 61980-1 では，CISPR11 の投票用委員会原案（CDV）で反対意見のなかった 79 kHz〜90 kHz 帯などの限度値を採用して発行されている．CISPR11 の WPT に関して現在，9 kHz〜150 kHz の伝導エミッションの限度値，30 MHz 未満のモノポールアンテナによる電界強度測定法とその限度値などの議論が行われている．なお，CISPR11 での電気自動車用 WPT システムの対象機器は，IEC 61980 シリーズと同様，地上側の装置であり車載側の装置は含まない．

### 5.9.3　自動車 EMC の国連規則第 10 号（R10）
　自動車 EMC の法規試験である国連規則第 10 号（R10）は，第 6 改定版が 2020 年 10 月 15 日に発効されている．
　表 5.8 に示すように，車両試験と部品（ESA）試験の両方で充電モードが規定されている．試験方法は，CISPR，ISO 規格等の版を指定して引用し，特記すべき項目のみを R10 に記載するという規格の直接参照方式となっている．充電モードの試験は，第 4 改訂版（2011）で初めて追加されたが，当時国際規格で規定されていない試験に関しては ISO や CISPR で目途が立ったものを先行的に R10 に記載することによって対応された．第 6 改定版においても，引用している CISPR12 の第 5 版には充電モードの試験規定はないが，CISPR12 第 7 版の委員会原案段階の試験法が先行して採用されている．

### 5.9.4　電気自動車の EMC 試験における議論すべき論点や課題について
　電気自動車の EMC 規格は，CISPR や ISO において 2010 年頃から本格的に議論されてきており現在では概ね整ってきたと言えるが，新しい技術や製品への対応や

**表5.8 R10第6改定版の構成**

| 試験 | R10第6改定版の箇条 | | 車両試験 | 部品試験 | 引用規格 |
|---|---|---|---|---|---|
| | 走行モード | 充電モード | | | |
| 附則4 広帯域エミッション | 6.2 | 7.2 | ○ | — | CISPR12ed5 |
| 附則5 狭帯域エミッション | 6.3 | — | ○ | — | CISPR12ed5<br>CISPR25ed2 + corri. |
| 附則6 RF イミュニティ | 6.4 | 7.7 | ○ | — | ISO11451-2ed4<br>ISO11451-4ed3 |
| 附則7 広帯域エミッション | 6.5 | 7.10 | — | ○ | CISPR25ed2 |
| 附則8 狭帯域エミッション | 6.6 | | — | ○ | CISPR25ed2 |
| 附則9 RF イミュニティ | 6.8 | 7.18 | — | ○ | ISO11452-2ed2<br>ISO11452-3ed3<br>ISO11452-4ed4<br>ISO11452-5ed2 |
| 附則10 過渡電圧 | 6.7 (EMI)<br>6.9 (EMS) | 7.17 (EMI)<br>7.19 (EMS) | — | ○ | ISO7637-2ed2 |
| 附則11 充電時 AC 電源線高調波 | | 7.3 | ○ | — | IEC61000-3-2ed3.2<br>IEC61000-3-12ed1 |
| 附則12 充電時 AC 電源線電圧変動フリッカ | | 7.4 | ○ | — | IEC61000-3-3ed2<br>IEC61000-3-11ed1 |
| 附則13 充電時 AC, DC 電源線伝導エミッション | | 7.5 | ○ | — | CISPR16-2-1ed2<br>CISPR16-1-2ed2 |
| 附則14 充電時 通信線伝導エミッション | | 7.6 | ○ | — | CISPR22ed6 |
| 附則15 充電時 EFT/B | | 7.8 | ○ | — | IEC61000-4-4ed2 |
| 附則16 充電時 サージ | | 7.9 | ○ | — | IEC61000-4-5ed2 |
| 附則17 充電時 AC 電源線高調波 | | 7.11 | — | ○ | IEC61000-3-2ed3.2<br>+ A1 + A2<br>IEC61000-3-12ed1 |
| 附則18 充電時 AC 電力線電圧変動フリッカ | | 7.12 | — | ○ | IEC61000-3-3ed2<br>IEC61000-3-11ed1 |
| 附則19 充電時 AC, DC 電源線伝導エミッション | | 7.13 | — | ○ | CISPR 16-2-1ed2<br>CISPR 16-1-2ed2 |
| 附則20 充電時 通信線伝導エミッション | | 7.14 | — | ○ | CISPR22ed6 |
| 附則21 充電時 EFT/B | | 7.15 | — | ○ | IEC61000-4-4ed2 |
| 附則22 充電時 サージ | | 7.16 | — | ○ | IEC61000-4-5ed2 |

## 電気自動車の EMC 規格 307

今後電気自動車が急速に増えてきたときに求められる EMC 要件や議論が必要な課題はまだたくさん存在する．その中には，内燃機関の自動車において決められた試験方法を同じ考えのまま電気自動車に適用する難しさなどもある．代表的なものを以下に挙げる．

### 5.9.4.1 エミッションの尖塔値検波測定

電気自動車にはトラクションモータ駆動用のインバータや DC/DC コンバータなどのパワエレ機器からの妨害波だけでなく，12 V 等の低電圧で動作する電子機器やモータなども搭載されているため広帯域・狭帯域ノイズが混在した妨害波が観測される．妨害波のレベルは，車両の運転負荷条件によって測定中も変化するため，内燃機関の自動車では尖塔値検波で測定し，準尖塔値検波の限度値に 20 dB の補正を加えて評価が行われている．電気自動車ではパワエレ機器のスイッチングに起因する妨害波が加わるため，20 dB の補正係数の見直しが課題となっている．

### 5.9.4.2 ワイヤレス充電の実車エミッション試験

CISPR36 が 2020 年に発行されたが充電モードでの測定は規定されていない．特にワイヤレス充電に関しては，CISPR11 が地上側の機器のみを対象にしているため，車載側の機器に対する実車試験の規格が作成されていない．ワイヤレス充電の 30 MHz 未満における放射エミッションの実車試験の規格化は CISPR/D の将来テーマとして挙がっている．

### 5.9.4.3 コンダクティブ充電における実車試験と充電器試験

コンダクティブ充電における実車 EMC 試験は，表 5.4 の規格に規定されている．コンダクティブ充電器の EMC 試験は表 5.6 の IEC61851-21-2 で規定されている．しかしながら，図 5.103 に示すように，車両と充電器は別々の製品として分けて試験を行えるが，実態としては両者の組み合わせで試験が行われる場合が多い．

例えば，モード 2 の充電器である IC-CPD を備えた充電ケーブルは，附属品として電気自動車に付いてくるため実車に接続して実車とともに試験が行われる規定となっている．R10 の型式試験でも同様に行われるためモード 2 の充電ケーブルは実車とセットでの型式となる．マルチメディア機器などにも見られるように，電源ケーブルなどの同梱品は供試品の一部として接続した状態で試験するという考えになっている．モード 2 の充電ケーブルは客の要望により異なるケーブル長のものが存在するが，標準化された設計のため他社製品とも互換性があるため電気自動車は状況に応じていろいろなメーカの充電器で充電される機会がある．ケーブル長は試験

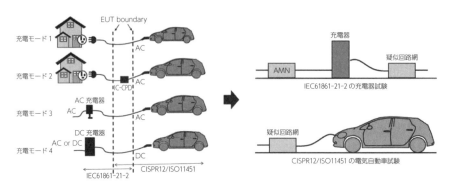

図5.103 コンダクティブ充電におけるEUT（被試験装置）境界と試験セットアップ

結果に影響するため車両の一部として捉えると型式試験では問題になる場合が出てくる．図5.103に示すように，電気自動車と充電器のEUT境界には適切な擬似回路網を置くことによって両者を分離し製品個別に試験できるようになっているが規格間やR10との間で整合が十分ではない点がある．モード2を含めた充電器においても，自動車のEマーク認証に対し，米国FCC認証や欧州CEマークとの二重認証の問題も生じる．

このようなことは製品の組み合わせで構成されるワイヤレス充電においても起き，一次側と二次側の装置の試験は分けられる規定になっているにも関わらず，実際に運用されるときには対向機にも実製品を求められる場合がある．

### 5.9.4.4 CISPR16およびIEC 61000-6シリーズとの差異

表5.4や表5.5の自動車関連のEMC規格は，長年内燃機関の自動車を対象に作成されたものであるため充電モードの試験に対してもCISPR16およびIEC61000-6シリーズとは異なる部分が多い．例えば，図5.103のように，電気自動車と充電器のEUT境界で使われる擬似回路網はDC充電の場合CISPR25のANが規定されている．その擬似回路網は30 MHz以上の放射エミッションにも使われる．実車試験におけるアンテナまでの測定距離は，充電モードにおいても自動車の両側面から規定されている．擬似回路網がアンテナとの間に配置されても散乱体としては考慮せず，測定距離も自動車の側面から距離が踏襲される．

### 5.9.4.5 大電力への対応

大容量のバッテリーを搭載する電気自動車が増えてきており，充電器においては，ChaoJi規格などで350 kWクラスやさらには900 kWクラスの仕様が整備されてきており，さらなる大電力化が進むと見込まれている．自動車は秘匿の理由のため電

波暗室内で試験が行われる．充電を定格電力の 90 ％の動作条件で試験を行うとすると電波暗室の電源の電力供給が不足する．大電力化が進むと 20 ％でさえ現実的には難しくなる．充電電流と妨害波レベルとの関係を明確にし，試験実施可能な最低電力条件を定めることが必要になる．充電器の場合には電波暗室に頼らず，in-situ での試験の可否などが議論されている．

## 5.10　先進運転支援システム（ADAS）のイミュニティ試験

### 5.10.1　はじめに

　先進運転支援システム（ADAS：Advanced Driver Assistance Systems）とは，自動運転のレベル 2 に位置付けられ，ドライバーや歩行者などの安全・快適を実現するために，車両に搭載されたミリ波レーダーなどの各種センサやカメラを用いて周囲の状況を把握し，ドライバーに的確に表示・警告を行ったり，ステアリングホイールやブレーキなどの操作に関与するなどして，ドライバーの操作を支援する機能の総称である．

　近年，ADAS を搭載した車両の市場拡大が進んでいる．これに合わせて，ADAS のイミュニティ試験の整備が進められており，UN R10[42]が審議される国際自動車工業連合会の EMC Task Force にて検討されている．イミュニティ試験法の策定において，ADAS で用いられる各機能の動作条件をどのように規定するかが主要な課題となっている．特に，電波暗室内のシャシダイナモ上を車両が定常走行する環境下において，ADAS に用いられる周辺監視のための各センサあるいはカメラが，電波暗室内のイミュニティ照射用のアンテナ等の金属物を検知してしまい，イミュニティ性能に起因しないエラーを発出してしまう可能性があるため，電波暗室環境下における適切なイミュニティ試験方法の策定が課題となっている．そこで本稿では，現在検討されている ADAS のイミュニティ試験方法の考え方を示す．

### 5.10.2　ADAS のイミュニティ試験について

#### 5.10.2.1　ミリ波レーダーを使った ADAS システムの例

　周辺監視のためにミリ波レーダーを使用した ADAS のイメージを図 5.104 に示す．システム差動の流れは以下のとおりである．

①　ミリ波レーダー（and/ or カメラ）のセンサにより，進路上にある車や障害物を検知

②　センサがプリクラッシュセーフティ ECU（Electronic Control Unit）に検知結果を送信

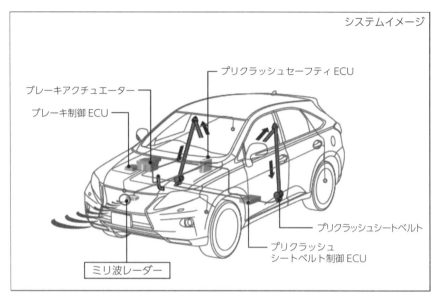

図 5.104　ミリ波レーダーを使った ADAS システムのイメージ

③ プリクラッシュセーフティ ECU が衝突リスクを判断する
④ 衝突の可能性が高い場合，プリクラッシュシートベルト制御 ECU やブレーキ制御 ECU へ信号を送信
⑤ 警報，プリクラッシュシートベルト，ブレーキが作動する

### 5.10.2.2　ハードウェアについて

　ADAS では様々なセンサや ECU の情報，データを集合させて状態の認知・判断・動作を行っている．したがって，各状態の遷移が正しく動作しているか確認する場合，対象の ECU はモニター用の端子やサブワイヤーハーネスを設けることが想定されるが，どこまでを許容するかは関係者と協議の上，決定する必要がある．

### 5.10.2.3　ソフトウェアについて

　UN R10 の試験対象とその同一性において，EMC 性能に影響を与える因子としてソフトウェアおよびその定数は対象としていない．この考え方からすれば，ADAS についてもハードウェア構成の同一性に着目して試験車の選定をすることが基本と考えられる．また，ハードウェアに対する試験をするために必要なソフトウェアの変更や定数の変更は許容されるものと考えられる．どのような変更まで許容するかは，関係者と協議の上，決定する必要がある．

### 5.10.2.4 作動させる機能について

UN R10におけるブレーキモード (0 km/h), もしくは, 定常走行モード (50 km/h) のいずれかにおいて, ADASのシステムONもしくは待機状態でイミュニティ照射試験を実施することを基本とする. ただし, 機能全体を再現させるのが難しい場合, 代表機能を切り分けて試験するか, 一部の機能を切り取って試験するという選択肢も考えられる. この場合, どのような組み合わせを許容するかは, 関係者と協議の上, 決定する必要がある.

### 5.10.2.5 電波暗室下における試験治具の使用について

ADASに用いられる周辺監視のためのミリ波レーダーが, 電波暗室内のイミュニティ照射用のアンテナ等の金属物を検知しないように, かつ, 先行車両の存在を電波暗室内で疑似的に検知させる方法として, ミリ波帯の電波吸収体やリフレクタを設置するケースがある (図5.105および図5.106). また, 周辺監視用のカメラに道路や白線を疑似的に検知させる方法として, スクリーンを設置して画像を投影する等のケースもある.

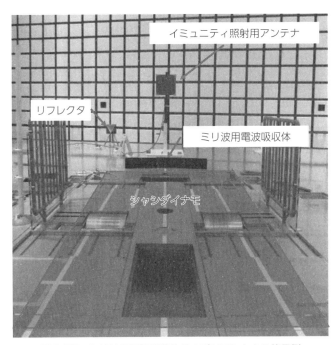

図5.105 ミリ波帯電波吸収体およびリフレクタの使用例

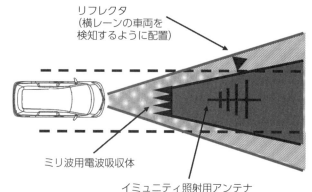

図 5.106　ミリ波帯電波吸収体およびリフレクタの配置例

### 5.10.2.6　ESA（Electorical／electronic sub assembly）認可の活用について

　電波暗室環境下では ADAS に用いられる周辺監視のための各種センサの動作に制約があるか，誤検知してしまう可能性がある．そのため，各種センサは，コンポーネントレベルで事前に EMC の適合確認を実施した上で（＝ ESA 認可），車両試験からは対象外（例：センサはダミー状態）とすることが考えられる．このように ESA 認可との併用で車両の適合確認を実施する方策は，現実的な対応方法であると考えられる．一方，コンポーネントレベルで車両環境をどこまで再現するか等，試験の運用方法や対象範囲に関しては，関係者と協議の上，決定する必要がある．

### 5.10.3　おわりに

　本稿では，現在検討されている ADAS のイミュニティ試験方法について，ハードウェア／ソフトウェアの対応方法や，電波暗室環境下での試験構成の考え方を示した．今後，自動運転レベル 3 に相当する技術の普及・拡大が見込まれ，これを実現するための車両の周辺監視システムが複雑化・高精度化することは明らかである．したがって，こうした変化に対応した EMC 試験方法の導出が必要不可欠と考えられる．

### 参考文献

[1] 電磁波の吸収と遮蔽編集委員会 編：「新版 電磁波の吸収と遮蔽」，オーム社（2014）
[2] 橋本修 著：「電波吸収体入門」，森北出版（1998）
[3] 橋本修 著：「電波吸収体のはなし」，日刊工業新聞社（2001）
[4] 橋本修 著：「次世代電波吸収体の技術と応用展開」，シーエムシー出版（2003）
[5] 畠山賢一・鷺岡孝則・三枝健二 編集：「最新 電波吸収体設計・応用技術」，シーエムシー

出版（2008）

[6] 電気学会 マグネティクス技術員会 編：「改訂 磁気工学の基礎と応用」，コロナ社（2013）

[7] 日本建築学会 編：「建築における電波吸収体とその応用」，丸善（2007）

[8] 監修 畠山賢一：「最新 ミリ波吸収，遮蔽，透過材の設計・実用化技術」，シーエムシー出版（2020）

[9] ALBRECHT J. MAGER: "Magnetic Shield", IEEE TRANSACTIONS ON RIAGSETICS, VOL. M. 4G-6, NO. 1, pp. 67-75 (1970)

[10] I.Sasada, S.Kubo, R.C.O'Handley, and K.Harada: "Low-frequency characteristics of the enhanced incremental permeability by magnetic shaking", J.Appl.Phys., Vol. 67, No. 9, pp. 5583-5585 (1990)

[11] 松田篤史・柳川太成・栗原弘・笹田一郎・西方敦博：「強磁性金属箔帯の磁気シェイキング効果」，通ソ大会，B-4-10（2019）

[12] 松田篤史・柳川太成・栗原弘・笹田一郎・西方敦博：「磁気シェイキング下における漏洩磁界の抑圧に関する一検討」，通総大会，B-4-23（2020）

[13] 伊藤健一：日刊工業「アースとケーブル」

[14] 山口正洋，田中聡，吉田栄吉，石山和志，永田真，近藤幸一，沖米田恭之，佐藤光晴，宮澤安範，畠山賢介，「不要電波の広帯域化に対応した電波環境計測技術と改善技術」，信学論B Vol. J101-B, No. 3, pp. 204-211（2018）

[15] 佐藤光晴，吉田栄吉，菅原英州，島田寛，「偏平状センダスト・ポリマー複合体の透磁率と電磁波吸収特性」，日本応用磁気学会誌，Vol. 20, pp. 421-424（1996）

[16] T. Igarashi, K. Kondo, T. Oka, M. Ikeda and S. Yoshida, "Novel noise suppression sheet exhibiting high decoupling effect up to 6 GHz", Proc. 2017 IEEE International Symposium on EMC + SIPI, Washington D.C., Industry Papers, pp. 151-156 (2017)

[17] T. Igarashi, K. Kondo and S. Yoshida, "Design and evaluation of noise suppression sheet for GHz band utilizing magneto-elastic effect", J. Magn. Magn. Mater., Vol. 444, pp. 390-393 (2017)

[18] 栗本正樹，大平祐介，近藤幸一，清水敏久，"ノイズ抑制シートによる降圧チョッパ電源の放射ノイズ抑制効果"，平成30年電気学会全国大会，（九州大学 伊都キャンパス，2018年3月14日）

[19] 平賀貞太郎，奥谷克伸，尾島輝彦：丸善 電子材料シリーズ「フェライト」pp. 77～123.

[20] 鳥屋尾博，安道徳明，「電源ノイズ抑制に向けたオープンスタブ型EBG構造の提案」，2008年電子情報通信学会エレクトロニクスソサエティ大会C-2-38, 2008年3月

[21] A. E. Engin, J. Bowman "Virtual Ground fence for GHz Power filtering on Printed Circuit Boards", IEEE Trans. on Electromagnetic Compatibility, Vol. 55 NO. 6 pp. 1277-1283, Dec. 2013

[22] M. A. Khorrami, "Noise reduction of bended differential transmission lines using compensation capacitance", Proc. of 2013 IEEE Int. Symposium on EMC, pp. 150-155, Aug. 2013

[23] T. Harada, H. Sasaki, Y. Kami "Investigation on Radiated Emission Characteristics of Multilayer Printed Circuit Boards", Trans. on IEICE Vol. E80-B No. 11, Nov. 1997

[24] M. Swaminathan, A. E. Engin Power Integrity Modeling and Design for Semiconductors and Systems, PRENTICE HALL, Oct, 2008

[25] 鳥屋尾博，半杭英二，小林隼人，「メタマテリアルを用いた電磁ノイズ抑制技術とその実用化」，NEC技法，66巻2号，pp74-77, 2014年2月

[26] C. H. Chang, R. Y. Fang, C. L. Wang, "Bended Differential Transmission Line Using Compensation Inductance for Common-Mode Noise Suppression" IEEE Trans. on CPMT, Vol. 2, No. 9, 2012

[27] J. Lim, S. Lee, J. Lee, Y. Kim, D. Oh, "Common-mode noise reduction of bended differential lines using meander line structure", Proc. of IEEE EMC/APEMC 2018, pp. 442-445, May 2018.

［28］小林岳彦訳，“EMC 設計の実際”，丸善，2000 年，pp. 7～9.
［29］https://www.fcc.gov/
［30］https://www.vcci.jp/
［31］池田浩昭，“ストリップラインからの放射ノイズ解析”，エレクトロニクス実装学会，超高速高周波エレクトロニクス実装研究会，Vol8, No. 1, 2008
［32］池田浩昭，“インターフェース用コネクタ，ケーブルの放射電磁界対策”，航空電子技報 No. 43, 2021. 3, P11-P19
［33］櫻井秋久，“EMC 設計技術の進化”，エレクトロニクス実装学会誌 Vol. 21, No. 5, 2018
［34］小柴正則，“光・波動のための有限要素法の基礎”，森北出版
［35］Daniel G.Swanson, Jr, Wolfgang J. R.Hoefer, “Microwave Circuit Modeling Using Electromagnetic Field Simulation”, P43-P50, Artech House Publishers
［36］宇野亨，“FDTD 法による電磁界およびアンテナ解析”，コロナ社
［37］Leo Breiman, “Random Forests”, Machine Learning, 45, 5-32, 2001
［38］https://scikit-learn.org/stable/
［39］Leo Breiman, “Bagging Predictors”, Machine Learning, 24, PP123-140, 1996
［40］Yoav Freund, Robert E.Schapire, “Experiments with a New Boosting Algorithm”, Proceedings of the Thirteenth International Conference, 1996
［41］金明哲，“R によるデータサイエンス”，森北出版 P140
［42］UN ECE Regulation No. 10 Revision 6: “Uniform provisions concerning the approval of vehicles with regard to electromagnetic compatibility”, （2019）

© 電気学会 IoT 時代のシステムと EMC 調査専門委員会 2025

## IoT のシステムと EMC

2025 年 2 月 10 日　第 1 版第 1 刷発行

編　者　電気学会 IoT 時代のシステムと EMC
　　　　調　査　専　門　委　員　会
発行者　田　　　　中　　　　聡

発　行　所
株式会社 電 気 書 院
ホームページ　www.denkishoin.co.jp
（振替口座　00190-5-18837）
〒101-0051　東京都千代田区神田神保町 1-3 ミヤタビル 2F
電話（03）5259-9160／FAX（03）5259-9162

印刷　創栄図書印刷株式会社
Printed in Japan／ISBN978-4-485-66565-7

- 落丁・乱丁の際は，送料弊社負担にてお取り替えいたします．
- 正誤のお問合せにつきましては，書名・版刷を明記の上，編集部宛に郵送・FAX（03-5259-9162）いただくか，当社ホームページの「お問い合わせ」をご利用ください．電話での質問はお受けできません．また，正誤以外の詳細な解説・受験指導は行っておりません．

---

**JCOPY** 〈出版者著作権管理機構 委託出版物〉

本書の無断複写（電子化含む）は著作権法上での例外を除き禁じられています．複写される場合は，そのつど事前に，出版者著作権管理機構（電話：03-5244-5088，FAX：03-5244-5089，e-mail: info@jcopy.or.jp）の許諾を得てください．また本書を代行業者等の第三者に依頼してスキャンやデジタル化することは，たとえ個人や家庭内での利用であっても一切認められません．

---

［本書の正誤に関するお問い合せ方法は，最終ページをご覧ください］

# 書籍の正誤について

万一,内容に誤りと思われる箇所がございましたら,以下の方法でご確認いただきますようお願いいたします.

なお,正誤のお問合せ以外の書籍の内容に関する解説や受験指導などは**行っておりません**.このようなお問合せにつきましては,お答えいたしかねますので,予めご了承ください.

## 正誤表の確認方法

最新の正誤表は,弊社Webページに掲載しております.書籍検索で「正誤表あり」や「キーワード検索」などを用いて,書籍詳細ページをご覧ください.

正誤表があるものに関しましては,書影の下の方に正誤表をダウンロードできるリンクが表示されます.表示されないものに関しましては,正誤表がございません.

弊社Webページアドレス
https://www.denkishoin.co.jp/

## 正誤のお問合せ方法

正誤表がない場合,あるいは当該箇所が掲載されていない場合は,書名,版刷,発行年月日,お客様のお名前,ご連絡先を明記の上,具体的な記載場所とお問合せの内容を添えて,下記のいずれかの方法でお問合せください.

回答まで,時間がかかる場合もございますので,予めご了承ください.

**郵便で問い合わせる** 郵送先 〒101-0051
東京都千代田区神田神保町1-3
ミヤタビル2F
㈱電気書院 編集部 正誤問合せ係

**FAXで問い合わせる** ファクス番号 03-5259-9162

**ネットで問い合わせる** 弊社Webページ右上の「**お問い合わせ**」から
https://www.denkishoin.co.jp/

## お電話でのお問合せは,承れません

(2024年12月現在)